U0258589

THiNKr
新思

新 一 代 人 的 思 想

如何制造一个人

Adventures in
Who We Are
and How We Are Made

改造生命的科学
和被科学塑造的文化

PHILIP BALL

[英] 菲利普·鲍尔…………著

李可 王雅婷…………译

中信出版集团 | 北京

图书在版编目（CIP）数据

如何制造一个人：改造生命的科学和被科学塑造的
文化 /（英）菲利普·鲍尔著；李可，王雅婷译. -- 北
京：中信出版社，2021.6
书名原文：How to Grow a Human: Adventures in
Who We Are and How We Are Made
ISBN 978-7-5217-2983-2

Ⅰ.①如… Ⅱ.①菲… ②李… ③王… Ⅲ.①生命科
学—普及读物 Ⅳ.①Q1-0

中国版本图书馆CIP数据核字 (2021) 第 082488 号

如何制造一个人——改造生命的科学和被科学塑造的文化

著　者：[英]菲利普·鲍尔
译　者：李可　王雅婷
出版发行：中信出版集团股份有限公司
　　　　　（北京市朝阳区惠新东街甲 4 号富盛大厦 2 座　邮编　100029）
承 印 者：天津丰富彩艺印刷有限公司

开　本：880mm×1230mm　1/32　印　张：13　字　数：301 千字
版　次：2021 年 6 月第 1 版　　印　次：2021 年 6 月第 1 次印刷
京权图字：01-2020-5263
书　号：ISBN 978-7-5217-2983-2
定　价：78.00 元

古希腊传说中有一个忒修斯之船的寓言：更换掉大船上的一根木头，这艘船好像还是原来那艘船，但如果慢慢地把船上的木头全都更换掉，这艘船还是原来那艘船吗？这个寓言也可以用在人体上：从出生的那一刻起，我们每个人就是一个生命，可是在我们的一生中，生命的组成模块——细胞其实经历了翻天覆地的变化，人体中的绝大部分细胞都会慢慢衰老并被新的细胞替换，只有极少数细胞（比如脑细胞）会陪伴我们终身。那么暮年的我们，和刚出生的我们，还是同一个人吗？

在菲利普·鲍尔博士撰写的这本《如何制造一个人》中，作者从最新的生命科学技术出发，深刻地探讨了细胞和生命的关系。诚然，我们的人体都是由细胞组成的，但鲍尔博士没有停留在千年前的思辨上，而是从最新的生命科学技术的角度，探讨了生命的基本模块——细胞究竟可以在多大程度上再现生命这个问题，这就是书名《如何制造一个人》的由来。

细胞被科学家发现是数百年前的事情，但生命科学领域过去数十年的最新进展，已经可以做到从基因水平修饰细胞，实现许多令人眼花缭乱的操作。其中最令人着迷的是两个新的技术。一个是用基因对细胞进行重编程，改变细胞的命运。另一个是重构细胞的组织方式，在培养皿中再现生物体的器官。细胞命运重编程的科学发现已经在 2012 年获得了诺贝尔生理学或医学奖。在第一个技术的基础上诞生的第二个新技术在最近数年间才发展起来，也是鲍尔博士撰写这本书的缘起。

你能想象将你的一小块皮肤取下来，通过在培养皿中的一系列操作，长出你的心脏、肝脏、甚至大脑吗？当然，不是真正意义的大脑，但确实是由你的细胞长成的大脑。严格地说，是由你的细胞组成的大脑类器官。人体的细胞就是如此神奇，当我们可以在基因水平改变它们的命运，让它们随性发挥的时候，如果指定它们形成脑细胞，它们居然就可以在培养皿中形成一团具有人脑基本结构的"神秘"组织。这是大脑吗？好像不是，不过这团"神秘"的组织会像大脑一样放电，谁知道这团组织会不会在有一天大彻大悟，具有人类的意识呢？

如果掌握了操纵基因的技术就能操纵生命，那未来会往何处发展？鲍尔博士在这本书的后半部分对这个严肃的科学问题做了深入的思考。如果我们可以随意地改变人类的基因，那么创造更好、更强的人类生命的诱惑简直难以抗拒。不是吗？这正是 2015、2017、2018 年一系列基因编辑人类胚胎的工作从科学尝试沦落为市井闲话，乃至最后触犯法律的糟糕历程。鲍尔博士在书中幽默地写到，当我们有朝一日真的能订制人类生命的时候，也许我们面临的还会是纠结的选择，比如是让下一代更聪明还是更好看？我们可以让下一代避免所有已知和未知的致病基因吗？在出生前就被安排了命运的下一代会感谢我们的选择吗？

对生命感兴趣的读者肯定会从这本书中了解到细胞科学的最新知识，同时陷入对人类生命未来的深刻思考，从培养皿中的类器官究竟在多大程度上是生物体，到人类在多大程度上可以重塑生命。在我看来，科学的边界总是不断拓展的，书中提到的试管婴儿技术在数十年前是在冒天下之大不韪，但在今天却是一个惠及人类的技术。生命也许在不远的将来确实可以被重塑，我们今天的所有思考都是在为未来的人类创造更好的生命做准备。

仇子龙

中国科学院脑科学与智能技术卓越创新中心高级研究员

神经科学国家重点实验室副主任

我写作本书的缘起是一项我参与过的实验。在这个非同寻常的实验中，我身体的一部分被"转化"成了身体的另一部分。

在我写这本书的过程中，我与许多科学家进行了交谈，谈话的内容涉及细胞生物学、生殖、胚胎学、医学、哲学以及伦理学。我开始慢慢意识到，科学，特别是这些领域的科学，有很大一部分是由"故事"推动着发展的。

这里我所说的"故事"并不是关于某个人或某些人的故事，不是为了吸引读者而讲的故事。我的意思是，我们谈论、叙述科学的方式影响着我们对科学的看法和态度。当科学发现和科学进展出现时，社会会赋予它们某种"故事"的形式。你经常可以在历史中找到这些故事的痕迹。在生物学领域，特别是发育生物学、细胞生物学和生殖生物学领域，这样的"故事"通常来自神话故事和科幻小说，而且常常会让我们感到焦虑。比如，这些"故事"可能来自《弗兰肯斯坦》[1]、《美丽新世界》或者《莫洛博士岛》。除此之外，科学家们也会自己创造出"故事"。这种情况在生物学中最为常见，因为生物学本

---

[1] 这本书也译作《科学怪人》。——译者注

身就是一门关于生长、发育的学科。在生物学领域，我们需要了解生命的历史，也经常谈论目标和目的：生物体、细胞和基因"想要"做什么，或者进化过程"试图"完成什么。

我写这本书的主要目的之一就是探索这些"故事"。这并不是一件坏事，相反，这些"故事"很重要，也可以给我们启示，因为它们反映了我们人类理解世界的方式，体现了我们探寻万物本源的本能。当然，这些"故事"也可能带来危险，让我们误以为事物的真相就在这些"故事"之中。

用"讲故事"的方式理解生物学的一个经典例子是理查德·道金斯有关"自私的基因"的概念。很明显，这种表达只是一种比喻，但很多人却指责它给基因赋予了角色和目的，道金斯不得不屡次予以澄清。在我看来，其中的问题是，当一个比喻变得家喻户晓时，人们就会开始把比喻视作现实。当道金斯将人类描述为基因"赖以生存的机器"时，他事实上并不是在定义人类，而只是在解释在这个语境下人类与基因的关系。这种描述只是试图从进化学的角度来解释基因的功能是什么。如果你不喜欢这个故事，或者觉得这个故事对你没什么帮助，那么你就不需要去接受它，因为它只是一个故事而已。道金斯自己也是这么说的，他承认《自私的基因》这本书，严格来说应该叫"有些自私的大部分染色体和更加自私的一小部分染色体"[1]。（他说过，如果真的这样命名，这本书多半不会这么成功，我想他是对的。）他在多年后甚至还说，这本书其实也可以叫作《合作的基因》。当然，这样他就需要从另一个角度来讲这个故事，也就是从另一个角度来解释基因的功能。

正如道金斯所说，生物学是一门复杂的学科，你很难用一个故事来反映它的全貌。正因为如此，我们需要故事来帮助我们理解这门学科，这些故事是我们攀登高峰时峭壁上的抓手，在我们穿越丛林时帮助我们找到方向。当然，故事，永远不会只有一个。

我们需要谨记的还不止于此。我们还要记住，"故事"在感情色彩上都不是中性的。当我们借用《美丽新世界》中的情节来描述一些医学进步时，我们不仅是在说："嘿，这听起来是不是很像阿道司·赫胥黎书中的人体工厂？"我们同时也会想："我们应该对这些技术可能会引发的后果多几分怀疑，甚至感到害怕。"《自私的基因》这本书也是一样。书的潜台词是，进化是残酷的，它创造了一个互相残杀的世界，所有的生物为了生存都要相互竞争。但道金斯解释说，这并不意味着人类自身就一定是自私的。事实上，他还解释了"自私的基因"是如何导致利他行为产生的。然而，动物的锋牙利爪还是带着一丝凶残的意味，道金斯因此也提出，我们应该努力抑制自私的本能，与人为善。但我想说的是，我们在谈论达尔文的进化论时，其实完全可以不用"自私"这个词。关于进化的故事完全可以是另一副模样，在这些图景下，生物的种种行为模式不再是一种自私的遗传策略，而是生物复杂性的体现：进化中既有合作也有竞争，既有战争也有和平，既有仁爱也有残酷。所有这些描述都是人类对生物学的理解，而生物学本身并不带有感情色彩。

因此，我总是会对"故事"保持警惕，会问："为什么是这个故事，而不是其他故事？"无论是癌症还是免疫，细胞信号还是组织工程，科学从故事一开始就被融入其中。这也意味着，是我们决定了故事的"正方"和"反方"，决定了故事中会包含哪些元素，决定了故事中某些特定的目标。其实，即使是科学家们在交谈时也会使用一些比喻，这有助于理解一些复杂而艰涩的理论。因此使用比喻和"故事"并不是什么坏事，但我们需要时刻提醒自己，不要把这些比喻和"故事"与客观事实等同起来。

我在本书中也会讲一些"故事"，我建议你对这些"故事"也保持警惕，毕竟我也很难抗拒这种"讲故事"的本能，我也会无意识地使用一些比喻。欢迎大家提出疑问，我一定不会介意。

　　除此之外，我认为了解科学发现或理论所产生的时代的历史背景也很重要。比如，我们会在本书中看到，细胞学说最初被认为具有政治含义，而体外培养技术的发展则是被社会议题所推动的。有些科学家可能会说："哦，这种事情只会发生在过去，现在我们已经摆脱了这种社会、政治方面的包袱，我们只研究事实。"但我相信，生殖和不孕不育领域的科学家一定不会这样说，他们也不应该这样想。因为他们深知，他们的研究和发现不可避免地会折射出整个社会对生育、性和性别的态度。作为一门学科，遗传学一直都笼罩在优生学的阴影之下。这并不仅仅是因为很多国家曾以优生学为依据，对"不健康"的人群进行强制绝育，或者纳粹德国曾积极推行过"优生"政策。还因为时至今日，当遗传学与种族、阶级、智力以及残疾等敏感话题联系在一起时，依然会饱受争议。这表明无论是过去还是现在，文化都会对科学产生影响：它影响着我们的研究方向，影响着我们的研究模型，也影响着我们所讲述的故事。

　　我的经验告诉我，一定会有读者说："我不在乎这些背景，告诉我科学就行了！"如果你也这样想，我会礼貌地回答，我无法"只告诉你科学"，因为科学本就是与故事联系在一起的。这是一个激动人心、复杂而又偶尔引人焦虑的领域，在这里，永远不可能"只有科学"。

　　当我们问"如何制造一个人？"时，这不可能是一个只关乎科学的问题。正因为如此，它才显得特别有趣。

目录 CONTENTS

INTRODUCTION

MY BRAIN IN A DISH

引言

培养皿中的大脑

2017 年夏天，我胳膊上的一小块组织被切了下来，并被转化成一个具有大脑基本结构的迷你大脑。我写这本书就是为了弄清楚这段奇怪的经历。

那是 7 月里炎热的一天，我躺在伦敦大学学院神经病学研究所的一张床上，神经科学家罗斯·帕特森（Ross Paterson）用一个苹果去核器一样的工具从我的肩膀上"挖"下了一块组织。多亏了麻醉剂，我没有感到疼痛，而且整个过程也没有流很多血，这让我长出了一口气。

这块组织随后被放入了试管，浸润在富含营养的培养液中。8 个月后，它将变成一个具有类似大脑结构的迷你大脑。

我的这个迷你大脑由一团神经元[1]组成，只有小扁豆大小。这些细胞相互连接，形成了一个致密的网络，能够像人体内的神经元那样相互发送信号。当然，迷你大脑中的这些神经活动还无法被称为"思考"：这些信号可能只是随机产生的，就像噪声一样，没有特定的含义。没有人知道迷你大脑内究竟在发生着什么，就像我们也搞不清楚

---

[1] 此处英文原文为"neuron"。关于神经系统中的细胞，本书英文版中主要使用了四个术语，分别是"neuron""glial cell""neural cell""nerve cell"。其中"neuron"是"神经元"，"glial cell"是"神经胶质细胞"，而"neural cell"和"nerve cell"中文直译都是"神经细胞"，但实际上"nerve cell"只是英语中神经元的一种别称，而"neural cell"则指的是神经系统中的所有细胞类型。为了避免混淆，中文版中"neuron"和"nerve cell"统一翻译为"神经元"，"neural cell"翻译为"神经细胞"。——译者注

当胎儿的大脑只有豌豆大小时，其中正在发生着什么。

在这项实验中，我胳膊上的这块组织只是被培养成了其他一些组织，并不能创造出一个人。但在这种技术的基础上，我们未来或许真能创造出整个人体。

对于今天的人来说，可能没有谁会认为在体外创造出一个人是一个好主意。但问题的关键并不在于在未来的某一天，人会像阿道司·赫胥黎的小说《美丽新世界》中描述的那样，从所谓的"人体工厂"中被制造出来，而在于"创造人体"这件事似乎正变得可能。这一切将让我们开始重新审视我们何以为人。当你的一块组织正在 8 千米外一个实验室的培养箱中慢慢长成迷你大脑时，你会本能地开始思考这个问题。

让我来解释一下这项研究。

培养我的迷你大脑的工作是由伦敦大学学院的神经科学家塞利娜·雷（Selina Wray）和克里斯托弗·拉夫乔伊（Christopher Lovejoy）领导进行的。他们想要研究大脑的发育过程，特别是某些基因突变是如何导致发育异常并引发阿尔茨海默病等神经退行性疾病的。我们中的很多人可能会患上这些退行性疾病，在英国，将近 100 万人正遭受着各类痴呆的困扰。造成这些神经退行性疾病的一部分原因是衰老，但也有一部分遗传的原因：有些基因突变会导致人更容易患痴呆类疾病，有一些早发型痴呆症（患者甚至在三四十岁时就会出现症状）也是可遗传的。2016—2018 年，惠康基金会资助了一项野心勃勃的项目——"凭空创造"（Created Out of Mind）。这项计划旨在改变公众对痴呆症的认识，并研发新的评估工具，用于评估各种艺术活动对痴呆症患者生活的影响。我所参与的"培养皿中的大脑"（Brains In A Dish）实验就是这个项目的一部分。

塞利娜和克里斯[1]希望用具有特定基因突变的病人的细胞来培养迷你大脑，通过研究这些迷你大脑中基因的活性，来理解这些疾病的发病原因，并最终找到有效的治疗方法。研究亨廷顿病[2]的科学家已经发现了一个特定基因与这种疾病的关联。他们还发现了一些可以抑制这个突变基因作用的药物，这些药物可以抑制这个基因产生一种容易错误折叠的蛋白质，这些错误折叠的蛋白能在脑中形成瘢痕并破坏脑组织。还有一些科学家在致力于开发疫苗，以防止错误折叠的蛋白在大脑中聚集或者清除已经聚集的蛋白，这些聚集的蛋白可能是阿尔茨海默病的诱因。

据我所知，我并没有携带早发型阿尔茨海默病的基因。由艺术家查理·墨菲组织协调的这项"培养皿中的大脑"计划的目标是通过参与者对这段经历的反应，来向更多的人解释这一类研究。这本书就是我对此的讲述。

我想澄清一下我这里所说的"迷你大脑"是什么意思。有些研究人员不愿意用这个词，我也理解他们为什么这么想。用这种方法培养的人类神经元并不能形成真正的大脑，即使是结构还很简单的胎儿早期的大脑都不行。但在它们的遗传"程序"的指引下，这些神经元确实在培养皿中自发形成了真实大脑所具有的某些特征结构。它们转变成了功能各不相同的细胞，不仅仅有神经元，还包括大脑中其他类型的细胞。它们也形成了类似大脑的结构：神经元是像大脑皮层中那

---

[1]　"克里斯"是"克里斯托弗"的昵称。——译者注

[2]　亨廷顿病是一种遗传性的神经退行性疾病，病人会出现运动、精神、认知等方面的障碍，其中运动控制方面的障碍表现为点头、做鬼脸等非自主的舞蹈样运动。——译者注

样分层排列的，而且这些细胞组成的结构上也有大脑那样的沟回状褶皱。这就像小孩子在画一个人，虽然不太像，但你还是能看出他们画的是什么，你也能看出这幅画还有进步的空间。事实上，这种在实验室体外培养出的结构的正式名称是"类器官"（organoid）。类器官具有类似体内器官的结构，但比真实器官小。目前，人们已经可以在体外培养类似肝脏、肾脏、视网膜、肠道以及大脑的类器官。类器官培养技术的出现到底意味着什么？这一切对于医学、基础生物学、哲学以及我们的自我认同意味着什么？我希望能找到这些问题的答案。

我不知道我该如何看待我的迷你大脑。当然，我没有因此而焦虑到夜不能寐的程度，这块由我的细胞培养成的组织也不能被看作一个人，但我确实莫名开始喜欢这些细胞了。在培养皿中，它们没有来自体内环境的引导，却努力成长。这团细胞似乎拥有某种潜能，这种潜能在从我身体上"挖"出的那块肉中是不存在的。这团细胞不仅在身体之外"活着"，还闪耀着源自我的生命的光芒。

当我们谈论生物学时，我们很难不谈到"目的"和"需求"。但细胞和很多低等生物其实就像机器人一样，本身并没有意志，只是机械地对外界刺激做出反应（当然，有人会说我们人类其实也是这样），这就是自然的法则。

当你亲眼看到培养皿中细胞的活动时，你会更加真切地感受到生命的存在。生命是一个不断变化的过程，而进化给了这种变化一个方向，或者说一个目标，直到死亡让一切归于平静。生命是什么，在科学上并没有一个明确的定义。生命是一个动态的过程，有既定的轨迹，但也时常有意外发生，如果认识不到这一点，谈论生命将毫无意义。随着科学和技术的发展，从我身上切下的那一小块组织得以开始自己新的生命，而类器官技术更重要的意义在于，人类现在拥有了控制生命发展方向的能力。

我的迷你大脑来自我的胳膊，确切地说，它是由我胳膊上的皮肤细胞培养而成的。这一切听起来似乎根本不可能办到。其实直到10多年前，大多数生物学家也是这么认为的。后来科学家们发现了实现这种"细胞转化"的技术，这项技术彻底改变了细胞生物学，也为器官和组织的再生提供了无限可能，同时也开启了胚胎学和发育生物学领域诸多新的研究方向。

　　大众媒体经常用各种夸张的词汇来描述这些"细胞转化"技术，但我不太确定这些技术背后的哲学含义（有人甚至会说精神含义）是否得到了充分的重视。比如，有媒体报道说：

　　　　我们身体的每一个部分都可以转化为另一个部分，也可以转变成一个全新的我们自己。

　　当然，我需要指出的是，目前这句话还没有实现。这些"转化"需要一些前提条件，而要实现这句话的后半部分，可能还需要进一步的研究。但无论如何，细胞的可塑性远远超出了我们的想象。认识到细胞具有可塑性是过去一个世纪医学进展和发现的巅峰。和科学上的许多重大发现一样，我们还不知道该如何理解和利用这些发现。很多时候，我们会对它们产生恐惧，并从奇幻故事的视角来描述它们。

　　举个例子，当你听到"培养皿中的大脑"时，你可能马上就会联想到《弗兰肯斯坦》中的情节。我在前文中还提到了《美丽新世界》，这本书中的故事与玛丽·雪莱在《弗兰肯斯坦》中所讲的故事有相似之处，只不过它的背景被设定在了工业化时代。这两本书至今仍很受欢迎，是生物医学上的进步给人类带来的焦虑与不安的最好例证。在为人类提供医学上新的可能的同时，"细胞转化"和类器官培养技术也引发了很多担忧，许多文艺作品（特别是科幻作品）都对此有所探讨，例如：

- 我们也许可以在猪的体内培养人类的大脑。每当想到这样的场景，我都会感到不安，其中一个原因可能是这会让我想起林赛·安德森在 1973 年执导的电影《幸运儿》开篇的情景。也许你还没看过这部电影，我就不剧透了。
- 我们或许可以在体外单独培养身体的各个部分，然后再把这些身体的"部件"组装成一个人，或者说是一个"类人体"（personoid）。在卡雷尔·恰佩克（Karel Čapek）1921 年创作的舞台剧《罗素姆万能机器人》（R.U.R.）中，第一个机器人就是这样制成的。
- 哲学家、伦理学家和神经科学家们会争论，在体外培养出的人类大脑到底意味着什么。这样的大脑有意识吗？它能感知"现实"吗？这些问题都在沃卓斯基姐妹执导的《黑客帝国》中有所体现。

　　我需要说明的是，上面这些场景在短时间内都不会成为现实。我会在本书后面的部分更详细地探讨这些问题。我想说的是，在本书中，我会讲述一些离奇而可怕的故事，其目的不是博眼球。随着生物技术的飞速发展，这些令人不安的场景正在慢慢成为可能，我们似乎需要这些故事来帮助我们理解和思考。而这本身就值得我们思考：导致这些故事产生的原因是什么？有哪些因素在塑造着这些故事？

　　在我看来，在这些故事的背后，可能是一个你初听到会觉得奇怪的想法：我们对我们自己的身体感到不安。

当然，你可能会说，我们难道不是"居住"在我们的身体之中的吗？这样的想法很自然，但仔细想一想你就会发现，这种描述并没有把"我们"和"我们的身体"视作一个整体。"居住"是什么意思呢？我们会说一个人居住在房子里。这样一来，"我们"又是什么呢？这种表述中蕴含着笛卡儿的二元论的观念：思维与肉体是分离的，或者说，躯体与灵魂是分离的。

我们确实会对我们的肉体感到不安：我们会对身体的一些正常生理过程、身体上长出的赘生物以及我们的体味和体液感到厌烦。我们会竭力改造我们的身体，还会对躯体的衰老满怀恐惧。在面对《养鬼吃人》《电锯惊魂》或者大卫·柯南伯格早年的大部分电影时，我们都不敢独自观看。冈瑟·冯·海根斯利用塑化技术将尸体制成标本，将我们对尸体的恐惧以艺术化的形式展现出来。为了帮助人们更平和地接受自己的躯体，马克·奎因、玛丽娜·阿布拉莫维奇等艺术家也做了一些尝试，他们的作品大胆而前卫，同时又充满了痛苦甚至会让观众感到不适（马克·奎因用自己的血和自己儿子的胎盘制作雕塑）。

人类对自己肉体的这种复杂情感有很多原因，这在各个时代的文化中都有所体现：身体上的穿孔和文身，葬礼上的仪式以及对尸体的处理，各个时代的种种禁忌，以及对外科手术的批判，等等。而体外细胞培养和"细胞转化"技术的出现可能是对人类与自身肉体关系的最大挑战。这些技术将人体分解成更小的单元，人体变成了一个个细胞。

过去，我们或许可以不去细想这到底意味着什么。细胞不过是构成人体的基本结构之一，就像蛋白质、原子或者夸克都是构成人体的结构一样。如果从人体上分离出一部分细胞，这部分细胞就不再是"我们"的一部分，它们会成为一团废物，很快就会死亡，会被微生物分解成小分子，回归自然。

而现在，当你的皮肤细胞能够被"转化"成神经元，这些神经元又能形成脑的类器官时，你大概会发现，我们此前对细胞的看法已经陈旧不堪了。当你在显微镜下看到这一切时，你会意识到培养皿中的细胞并不仅仅是"活着"那么简单：显微镜下的这些微小细胞充满了生机，它们似乎在为一个目的茁壮生长。

这就是生命。可这又是谁的生命？

确切地说，这并不是我的生命，但它们也不可能是别人的生命。这些细胞不再是"我的"，它们独立于我，但它们和那些依然还在我胳膊上的细胞，和我真正的大脑中的细胞（必须使用"真正"这个词来避免混淆，这一点还是让我感到有些奇怪），和我血管中流动的细胞以及我跳动的心脏中的细胞到底有什么不同？在思考这些问题后，我似乎必须接受一个事实：我事实上是一个细胞群落，这些细胞间的协作让我得以呼吸，它们之间的交流让我拥有了自我认同，也让我成为独一无二的个体。

我们对自己的肉体感到不安的深层原因正在于此。我们是由单个细胞发育而成的细胞群落，但我们却不知道在这一群细胞中，"我"究竟身居何处，也不知道在其发育过程中，"我"生于何时。

细胞生物学的发展让我们无法再忽视这些事实。说实话，我也不知道如何讲述这些"故事"才能让你觉得这一切很正常，但我觉得应该允许我们自己对这一切感到不安，因为这将赋予我们某种奇怪的自由。

CHAPTER 1

PIECES OF LIFE

Cells Past And Present

第 1 章

生命的碎片：
细胞的过去和现在

"卵生万物"（*Ex ovo omnia*）。17 世纪的英国医生威廉·哈维在他 1651 年出版的著作《动物的诞生》的标题页中这样写道。哈维曾担任过詹姆斯一世的医生，他的这句话表达了"所有生物皆源于卵"的观点（也只是他相信的一种观点而已）。

但事实却并非如此。很多生物并非源于"卵"，比如细菌和真菌。但人类确实源于"卵"（至少目前是如此，但我开始怀疑是否会一直如此）。

在威廉·哈维 1651 年出版的著作
《动物的诞生》的标题页上，印有他的名言"卵生万物"

（图片来源：1651 年版《动物的诞生》，绘刻者可能是英国雕刻家理查德·盖伍德）

"卵"是个略显奇怪的说法，事实上，哈维对这个词也描述得有些模糊。严格来说，"卵"指的是承载受精后的细胞（也就是受精卵）的"容器"。在受精卵中，来自精子的基因会与来自卵子的基因汇合到一起。在此必须指出，哈维当时提出这样一个假设是十分大胆的。在那时，包括哈维在内的所有人都从未见过人类的卵细胞，因此这种认为人类拥有和鸟类或两栖类动物相似的发育过程的想法简直可以说是异想天开。

直到生物学界确立"细胞"这一概念之后，哈维的理论的真实含义才能被世人所理解。细胞是"生物的原子"，提出这一概念的人通常被认为是与哈维几乎同时代的同胞罗伯特·胡克。17 世纪 60 至 70 年代，通过有效运用新近发明的显微镜，胡克做出了一系列新发现。他观察到，一片薄薄的软木塞的切片是由许多微小的隔间组成的，他把这些微小的隔间称为"细胞"（cell）。"细胞"一词通常被认为源自修道士在修道院中的隐秘隔间（拉丁文为"cella"，意思是"小房间"），但胡克却将其比作蜜蜂的蜂巢，当然这也可能受了"修道院"比喻的影响。

很多人认为，是胡克提出了所有生物都是由细胞构成的这一理论，但这种想法错了。胡克确实观察到了细胞，但当年的他没有理由认为他观察到的软木塞中的纤维和人的身体有任何相似之处。事实上，胡克认为树皮细胞只是液体在树皮中运输时所需的通道。他口中的细胞只是植物中没有生命的中空结构，而在现代生物学中，细胞是包含各种承载着生命功能的分子机器的实体。

更加令人兴奋的发现来自荷兰纺织商人安东尼·范·列文虎克（Antonie van Leeuwenhoek）。1673 年，列文虎克在显微镜下发现，雨水中有很多微小的活体生物，他将其称为"微小动物"。这些"微小动物"多数都是一类比细菌大的单细胞生物，我们今天称之为"原

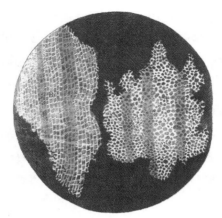

罗伯特·胡克绘制的显微镜视野下的软木塞中的细胞

（图片来源：1665 年版《显微图谱》）

生生物"。你可以想象一下，在得知我们每天喝的水中充满了这些生物后，当时的人会有多么不安。在这之后，他们还逐渐意识到一个更令人不安的事实：细菌和其他看不见的微生物其实无处不在，它们存在于我们的食物里，飘浮在空气中，附着在我们的皮肤上，藏匿于我们的肠道中。

　　列文虎克后来在精液中也发现了"微小动物"，这坚定了他"微小动物无处不在"的信念。他之所以观察精液，是因为伦敦皇家学会的秘书亨利·奥尔登堡的建议。在得知列文虎克关于雨水中微生物的研究后，奥尔登堡建议他开展这项研究。列文虎克观察了狗、兔子和人类的精液（他甚至也观察了自己的精液）。他在精液中观察到了蝌蚪状的物体，这些"蝌蚪"的尾巴"像蛇一样摆动，推动'蝌蚪'向前移动，就像鳗鱼在水中漫游一样"[1]。这些东西是寄生虫吗？还是说它们其实是具有生殖能力的"种子"？毕竟，在没有生育能力的男性（小男孩和老年男性）的精液中观察不到这些"蝌蚪"。

很多时候，人们倾向于赋予我们"身体的一部分"（但并非人体本身）一些我们所熟悉的人体特征。尼古拉斯·安德里·德·布瓦萨德是一名法国医生和寄生虫学专家，同时也是一名显微镜爱好者。他在 1701 年宣称，"精虫"具有胎儿的形状，有一个带尾巴的头。1694 年，荷兰显微镜学家尼古拉斯·哈特索科（Nicolaas Hartsoeker）画了一幅示意图，图中一个人形的胎儿蜷缩在精子中，胎儿巨大的头与精子的"头"紧紧贴合在一起，这幅图如今已成为一幅标志性的图像。有人说这是哈特索科亲眼所见的景象，但事实上，这只是他的想象。

这幅图很好地展示了胚胎发育的"先成论"（preformationist theory），这一理论认为，人体在受精时就已发育完成，之后只是在不断增大而已。根据这幅图，哈维提出的"卵"的作用在当时仍然被认为是不重要的，这种偏见可以追溯到亚里士多德：女性在生育过程中只发挥被动的作用，只是为来自男性的"小人"[1] 提供一个生长的"容器"。

哈维持与"先成论"不同的观点，他认为生物体是从没有固定结构的"卵"发育而来的。和亚里士多德一样，哈维也认为精液可以触发个体的发育过程。亚里士多德把个体的发育设想为某种液体在雌性体内的"凝固"过程。这种认为胚胎是从没有固定结构的"卵"逐渐发育而来的，而非来自预先形成的人体的理论被称为"后成论"（epigenesis）。在很长的一段时间里，这两种有关胚胎发育的对立假说一直处于竞争和并存的状态。18 世纪至 19 世纪初，人们得以用显

---

[1] 作者此处使用的单词是"homunculus"，这个单词的原意是据传中世纪的欧洲炼金术士所创造出的人工生命，被称为"何蒙库鲁兹"，后来在很多领域中（比如神经科学领域）被引申指"小人"。本书中按照语境情况，有的地方译作"小人"，有的地方译作"何蒙库鲁兹"。——译者注

在尼古拉斯·哈特索科的画作中，精子中有一个"小人"

（图片来源：哈特索科发表于 1694 年的论文《屈光度检测》）

微镜观察鸡蛋中鸡胚的发育过程。人们观察到，胚胎是逐渐发育出各种结构和器官的，这些研究彻底终结了"先成论"。自那以后（而且时至今日），胚胎学家关注的问题便成了胚胎中的各种组织和器官是如何发育形成的。

这些早期的观察并没有使显微镜学家们在当时提出生命是由细胞构成的这一理论。直到 19 世纪早期，才由德国动物学家西奥多·施旺（Theodor Schwann）提出细胞是生物体的基本组成物质。他在 1839 年写道："生物体组成部分的发育遵循一条普遍规律，这规律就寓于细胞这一构造中。"[2]

施旺是在柏林跟随生理学家约翰内斯·穆勒（Johannes Müller）学习时逐渐产生这些想法的，他随后与穆勒实验室的同事马蒂亚斯·雅各布·施莱登（Matthias Jakob Schleiden）合作建立了细胞理论。施莱登主要对植物学研究感兴趣，由于植物的细胞壁可以形成明显的边界，因此在显微镜下，人们更容易观察到植物组织中像拼图一样挨在一起的细胞。这样的结构有时在动物组织中很难观察到（特别是在毛发和牙齿中），但施旺和施莱登坚信所有生物体都是由细胞构成的。

施莱登认为细胞在生物体中是自发形成的，这种想法是 19 世纪初很多科学家仍然信奉的生物的"自然发生"学说的一种表现。但穆勒的另一名学生罗伯特·雷马克（Robert Remak）随后证明施莱登的观点是错误的，他发现细胞是通过分裂的方式复制的。雷马克的这一发现后来被穆勒的另一位弟子鲁道夫·菲尔绍（Rudolf Virchow）普及开来。如今，雷马克的贡献常常被人忽略，多数人都把这一发现归功于菲尔绍。菲尔绍总结道，所有细胞都来自另一个细胞，他还模仿哈维的风格写道，"细胞生于细胞"（*omnis cellula e cellula*）。新的细胞是由已存在的细胞分裂而来的，在两次细胞分裂之间，细胞会生长，从而避免细胞变得越来越小。菲尔绍还提出，所有疾病都是细胞本身发生变化的一种表现。

菲尔绍这样的人大概只可能出现在 19 世纪，或者说只可能出现在 19 世纪的德国，因为德国有着独特的教育理念，这样的教育产生了像歌德和亚历山大·冯·洪堡这样知识广博的学者。菲尔绍在赴柏林学习医学之前还曾学习过神学，在他成为著名的病理学家和医生的同时，他还是一名政治活动家和作家，并参加了 1848 年的革命 [1]。

---

[1] 1848 年，包括德意志诸国在内的欧洲许多国家爆发了革命，革命多以失败告终。——译者注

那是一个纷繁复杂的时代，作为一名著名生物学家和对宗教持怀疑态度的学者，菲尔绍却又强烈反对达尔文的进化论，而他的学生恩斯特·海克尔（Ernst Haeckel）却是进化论在德国最重要的拥护者。

这些经历使菲尔绍在众多领域中都有所涉足，但在他看来，这些领域都是相通的。回看历史，政治学、意识形态和哲学对科学的影响往往十分明显，而这些因素对 19 世纪的生理学的影响尤为突出。例如，施旺提出，"每个细胞在一定程度上都是一个完整而独立的个体"[3]，这种想法是受到了启蒙运动中倡导个体价值的理念的影响。生理学家恩斯特·冯·布吕克（Ernst von Brücke）在 1861 年时指出，细胞是有生命的，是"基本的生物体"[4]。这就意味着高等生物就像一个"社会"，由很多自主的微小生物构成，这种想法和当时盛行的国家是由其公民共同协作构成的观点十分相似。同时，施旺坚信生命是由细胞构成的，并且植物和动物在基本结构上是相似的，这样的想法也是受到了德国浪漫主义哲学传统的影响，这种哲学思想追求对宇宙万物普遍适用的解释。

菲尔绍认为生物体是由细胞共同构成的，这样的想法不只是一个比喻，也是政治和社会学规律的缩影。他认为在一个健康的社会中，每个人的生活都有赖于他人，整个社会并不需要中央集权。"一个细胞就像一个人，一个繁忙而活跃的人，"[5] 他在 1885 年写道，"人在社会中生存，而细胞以同样的方式在微观的社会中生存。"[6]

菲尔绍对生物体的这种看法使他坚信，当时忙于统一德国的普鲁士政治家奥托·冯·俾斯麦追求中央集权的努力是徒劳的。他抓住一切机会攻击俾斯麦的政策，谴责俾斯麦的军国主义倾向。菲尔绍的行为激怒了贵族出身的俾斯麦，俾斯麦最终向菲尔绍发起挑战，要与他决斗。菲尔绍对俾斯麦的决斗挑战采取了完全无视的态度，和那个一去不复返的贵族时代一样，俾斯麦的好斗之心也寻找不到方向。

如果我们认为生物体是由互相协作的细胞构成的"社会"，那么"病菌"就可以看作是一种来自微生物界的入侵者。这样的病菌理论与细胞理论的政治含义形成了一种呼应。19 世纪，路易·巴斯德和罗伯特·科赫证明，细菌等微生物是导致疾病的病原体，是"病菌"[1]。此后，一代又一代人教育自己的孩子，病菌是一种可怕的生物，在自然界中，病菌无处不在，是人类的劲敌。一本 1959 年出版的微生物学读物的标题就是"人类与病菌的对抗"。这种想法并非没有道理，毕竟，科学家在 1854 年发现，霍乱是霍乱弧菌导致的。巴斯德和科赫的研究也证明，病菌是炭疽、肺结核、伤寒和狂犬病的罪魁祸首。这些肮脏的病菌能致人死亡，但使用石炭酸皂能清除掉它们。19 世纪 40 年代，德裔匈牙利医生伊格纳兹·塞麦尔维斯（Ignaz Semmelweis）建立了一套消毒程序，随后约瑟夫·李斯特（Joseph Lister）也在英国建立了相似的消毒程序，这无疑挽救了无数生命。然而，塞麦尔维斯却在当时受到了不公正的质疑和嘲讽（"说得就跟手术前洗手有什么区别似的！"）。

这种关于疾病的新观点产生了深远的社会政治影响。此前，人们认为疾病源自"瘴气"。这种观点认为，"瘴气"是一团污浊的气体，会导致一定区域内的人患病。当疾病可以在人与人之间传染的理论被建立起来后，另一种关于责任与批判的理念也应运而生。1885 年，一位法国作家把疾病形容为"来自外界，像一群苏丹人一样穿透人体，会为了入侵和征服而将人体摧毁"。从这可以看出，病菌理论已经被赋予了一种政治和种族含义。这类言语中充满了帝国主义和殖民主义的气息，常常将疾病描绘成一种十分危险的外来品，会对本国的文明产生威胁。赞同这种疾病传染性理论的人通常在政治上偏向保

---

[1] "病菌"（germ）一词并没有明确的生物学定义，可以用于指代细菌，也可用于指代包括病毒、真菌在内的一切致病微生物。——译者注

守，而自由主义者则往往对这种理论持怀疑态度。

细胞理论描述了生物体是由细胞构成的这一事实，但它从一开始就被赋予了特定的道德、政治和哲学内涵，这些内涵深深地影响着人类对世界和自我的认知。

我们都是由两个特殊细胞融合后发育而来的，这两个细胞是来自父亲的精子和来自母亲的卵子，它们又被称为"配子"（gamete）。如今，我们在小学就会学习人类是如何繁衍的，但通常只会学习一些枯燥而抽象的理论知识，这容易让我们意识不到这个过程的精巧和美妙。我们的生命始于一个小到只有用显微镜才能观察到的细胞，起始于精子与卵子融合的那一刻。小小的受精卵中蕴含着强大的生命潜能，这一切显得无比神奇却又有些不合逻辑。仔细想想，这一切显得那么令人难以置信，而婴儿却似乎可以平静地接受这些魔法般的事实。

随着年级的增长，我们学到了更多的知识，我们知道了细胞的存在。在学校里，孩子们会学习细胞的结构，在细胞的示意图上标出那些奇怪的名称：线粒体（mitochondrion）、液泡、内质网（endoplasmic reticulum）、高尔基体（Golgi apparatus）。可是这些结构和我们的胳膊、腿、心脏和大脑有什么关系呢？很明显，细胞并不是哈特索科笔下的"小人"，但人体从何而来呢？

细胞和人体确实有一个共同之处，那就是它们都是有组织结构的。它们的结构并不是杂乱无章的，一切都有规划。

"规划"这个词虽然经常在生物学中被提起，却容易产生歧义。通常，在谈到一个"规划"时，我们不一定能从中解读出其目标和前瞻性。但当我们谈到一种生物身体的"规划"时，我们的意思是存在一个身体结构的"图纸"，而且这样的"图纸"只可能存在于细胞中。我们来做一个类比，一片雪花的"图纸"在哪里呢？当然，雪花和生物体有本质的区别，正是这样的区别决定了雪花不会通过遗传由另一片雪花演变而来，而是在冬天湿冷的天空中从无到有地产生。[1]但人体的发育与雪花的形成仍然存在一种共同点，那就是人体和雪花的生长都遵循一套明确的规则。

菲尔绍和与他同时代的学者已经开始意识到，细胞不只是一个充满液体的液囊。1831 年，苏格兰植物学家罗伯特·布朗（Robert Brown）发现，植物细胞中有一个致密的腔室结构，他把这个结构称为"细胞核"（nucleus）[2]。在菲尔绍所处的时代，人们认为细胞至少由三部分组成：一层包裹细胞的细胞膜、一个细胞核以及细胞内的一些黏稠液体。瑞士生理学家阿尔伯特·冯·科立克（Albert von Kölliker）把细胞内的液体部分称为"细胞质"（cytoplasm）。

科立克是最早用染色技术在显微镜下研究细胞结构的学者之一。当用染料处理细胞时，细胞中的不同结构对染料的吸收程度有所不同，使我们可以在显微镜下看清细胞的精细结构。他也是组织学的先

---

[1] 有些晶体确实会从其他晶体那里"继承"一些结构，因为它们可以作为晶体进一步生长的结构"模板"。受此启发，关于生命的起源，一些科学家推测，黏土矿物可以作为生命起源之前遗传物质的载体。1921 年，生物学家赫尔曼·穆勒（Hermann Muller）提出，细胞中遗传物质的复制可能与晶体按照模板结构生长的过程类似。1943 年，物理学家埃尔温·薛定谔提出了一个著名的观点，认为基因可能存在于"非周期性晶体"（一种原子结构没有规律的晶体）中。

[2] "nucleus"一词在物理学中指原子核。原子核位于原子的中央，拥有原子的大部分质量。罗伯特·布朗还观察到了花粉在水中的不规则运动。这种不规则运动是由粒子间的碰撞导致的，也被称为"布朗运动"。布朗运动的发现引领科学家在 1908 年用实验证明，原子是真实存在的，并不只是描述物质结构时臆想出的结构。3 年后，欧内斯特·卢瑟福（Ernest Rutherford）发现了原子核。这一连串巧合总是让我赞叹不已。

驱，这是一门研究生物组织的结构和细胞构成的学科。科立克对肌肉细胞尤其感兴趣，他发现肌肉是由多种不同类型的细胞构成的。其中一类细胞在染色后会显示出一些条纹，科立克注意到这类肌肉细胞中有很多微小的颗粒。这种颗粒结构后来被证明是动物细胞的一种细胞器，并在 1898 年被命名为"线粒体"。大约在同一时期，科学家还陆续发现了细胞内的其他一些细胞器，比如像海绵一样不规则折叠的膜结构（内质网）以及以意大利生物学家卡米洛·高尔基（Camillo Golgi）的名字命名的高尔基体。细胞内充满的胶状介质则被称为"原生质"（protoplasm）。关于原生质究竟是颗粒状的，网状的，还

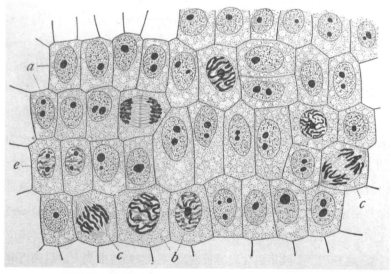

生物学家埃德蒙德·比彻·威尔逊 1900 年绘制的洋葱细胞图

图中展示了各种处于不同时期的细胞以及这些细胞内的一些结构。有的细胞内有一个致密的球状结构，这些结构是细胞核。在有的细胞中，细胞核似乎分裂成了丝状或者分裂成了两个球状结构。这时细胞中究竟发生了什么？

（图片来源：1900 年版《发育与遗传中的细胞》）

是纤维状的，人们进行了激烈的讨论。事实上，这三种状态都被观察到过，观察结果与在细胞生长的什么时期观察以及观察细胞的什么区域有关。

这些细胞内结构的发现使动物学家埃德蒙德·比彻·威尔逊（Edmund Beecher Wilson）感到无比遗憾，他认为使用"细胞"这个词来描述生命的基本结构很不合适。威尔逊认为"细胞"这个词具有误导性，在他看来，"无论一个细胞究竟是什么，它都绝不像字面意思那样，是一个由坚实的细胞壁围起来的中空腔室"[7]。另一些人则开始怀疑细胞并不是生物体的基本单元，因为有的时候很难在显微镜下观察到细胞的细胞膜。或许原生质中的那些结构才是生命的基础？1931 年，动物学家詹姆斯·格雷（James Gray）警告道："我们应该注意我们的表述，避免理所当然地把细胞默认为生命活动的基本单元。"[1], 8

不管怎样，细胞内的结构都称得上丰富，这些东西都有什么作用呢？

人们对细胞内的某些重要化学物质的了解也越来越深。一些对生命过程感兴趣的化学家发现（19 世纪末，他们的研究领域被称为"生物化学"），细胞中有一类被称为"酶"的化学物质，其功能是催化各种代谢反应。比如，有些酶可以让酵母进行发酵反应，将糖转化为酒精。1897 年，德国化学家爱德华·毕希纳（Eduard Buchner）证明，这一反应的发生并不需要完整的细胞：你可以把酵母"榨成汁"，这些"汁"就足以让发酵反应发生。毕希纳推测，这是因为酵母"汁"中保留了那些对发酵反应至关重要的酶。

---

[1] 令人惊讶的是，时至今日仍然有人支持这种生命的"原生质理论"。我们必须认识到，细胞膜和细胞壁绝不只是为细胞内的其他结构提供一个"房间"。细胞膜和细胞壁把细胞内部的结构与周围的环境隔离开，这对细胞的功能至关重要。

细胞中的这些分子就像城市里的工人。工人们必须要有组织有纪律，并在特定的时间和地点做相应的工作。同样，细胞中的众多化学反应也必须在正确的地点按正确的顺序进行，不同的地方发生着不同的反应。我们在前文中提到过，人体可以被看作由细胞组成的社会，而在这里，一个细胞也可以被看作一个社会。细胞就像一个工厂，各种酶和其他分子在工厂中协同合作。这些细胞中隐藏的机器维持着细胞的生命：它们从环境中汲取物质和能量，将其用于代谢反应，代谢反应一旦停止，细胞就会死亡。[1]

19 世纪末至 20 世纪初，显微镜的分辨率还不足以让人们看清细胞内部更加精细的结构。但有一点很明确：并不是所有细胞都具有相同的组成和结构。细菌和原生生物内部可以观察到的结构很少，它们被归为"原核生物"，通常是圆形或者长条形的，就像香肠一样。很多时候，生物学在分类时的用词有些"想当然"，但我们必须承认，细菌的细胞结构确实是相对"简单"的。它们没有细胞核，所以被称为"原核生物"。所谓"原核"，就是"在细胞核出现之前"的意思。（这也是"想当然"：人们似乎认为细菌还没有"意识到"细胞核的重要性，并认为总有一天它们会"意识到"的。但事实上，细菌是先于真核生物出现的，在很长的一段时间里，细菌和其他原核生物占据着整个地球生态系统的绝大部分。很明显，它们不需要进化出更复杂的结构也能茁壮生长。）

我们人类的细胞，和其他动物、植物、真菌和酵母的细胞一样，被称为"真核细胞"。所谓"真核"，就是"具有细胞核"的意思。真核生物既包括人类这样的多细胞生物，也包括酵母这样的单细胞生物。单细胞的真核生物被认为是"低等"的真核生物，这又是一个有

---

[1] 在特定的条件下，某些细胞和生物能暂停代谢活动，进入"休眠期"。和冬眠一样，这也是一种简单易行的生存策略。

些"想当然"的分类，但这些单细胞生物细胞的组织结构确实比高等真核生物（比如豌豆、果蝇和鲸）简单得多。

我们暂时先不谈原核生物，也暂时没有必要去了解人体细胞中每个结构的细节。我们只需要把细胞理解为一个腔室，在这个腔室中，不同的生理过程在有序地进行。细胞内被膜包裹的结构被称为细胞器，不同的细胞器行使不同的功能。线粒体是真核细胞产生能量的地方，这些能量以化学能的形式存储在一些小分子中。在酶的催化下，能量就会从这些小分子中释放出来。高尔基体是细胞中的"邮局"，可以对蛋白质进行加工，并把加工后的蛋白质运送到它们的目的地。细胞核则是存储染色体的地方，染色体上携带有基因，在细胞分裂或生物繁衍时会被传递给后代。还有必要多说一句，染色体决定了你是谁，而且对人的生存和生长至关重要。

到了 20 世纪初，人们已经很清楚，生命与非生命的区别并不只是在组成它们的化学物质上，也不只是它们的结构差异。当然，生

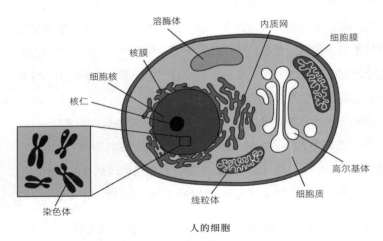

人的细胞

（图片来源：菲利普·鲍尔绘）

物体和细胞确实具有一层层的精妙结构，这样的结构也确实很重要（但当时还难以对此给出解释）。真正把生命与其他物质状态（比如气体和液体）区分开的重要因素在于生命是动态的。生命永远在变化，永远不会达到稳定的平衡态。对于生物来说，生存并不是在一种"活着"的状态中享受，而是无休止地"努力"，以保持"活着"的状态。

今天的学者可能会指出，这样的动态特征并不是生命所特有的。我们地球的生态系统也是如此：太阳和地球内部的能量源源不断地输出，引发洋流、大气和黏稠的地幔的循环流动。与此同时，各种化学物质和热量也在地球生态系统的不同组成部分之间流动。这个系统可以对外界做出响应，也可以适应变化，因此，一个有生命的生物体和地球本身是有一定相似性的。有鉴于此，科学家詹姆斯·洛夫洛克（James Lovelock）提出了"盖亚假说"（Gaia hypothesis）[1]，认为地球也是有生命的。也许有人会说地球有没有"生命"这个问题存在争议，但这样的争辩其实并没有意义，因为地球上的生命——雨林、海洋微生物，以及所有其他从外界吸收化学物质进行生理反应的生物——都是这个星球不可或缺的一部分，在行使着各自的"生理功能"。

地球上的生物诞生于大约 40 亿年前，并从那时起生生不息，进化至今。菲尔绍"细胞生于细胞"的理论的重要性可以说不亚于达尔文的进化论，而且进化论也是建立在菲尔绍的细胞理论基础上的（具有讽刺意味的是，菲尔绍并不赞成达尔文的进化论）。菲尔绍的细胞

---

[1] "盖亚假说"认为，由于生物体和所处的地球环境会发生相互作用，因此生物和地球共同构成了一个具有自我调节能力的有生命的整体，生物与地球的相互作用也会使地球环境变得更加适合生物的持续生存和发展。——译者注

理论为亚里士多德提出的"伟大的存在之链"[1] 提供了一个基础：生物的基本单位不再是有繁殖能力的生物体，而是能分裂的细胞。因此从进化的角度来看，所有细胞都是相互关联的，生命起源的问题也就变成第一个细胞是如何诞生的了。在第一个细胞诞生后，就再没有任何细胞是从无到有凭空产生的了。

我们必须认识到，"细胞生于细胞"只是对事实的描述，并不能解释其背后的原因。为什么细胞不"安于现状"地活着，直到生命的尽头呢？因为如果真是如此，那么细胞根本就不会诞生，因为组成细胞的各种化学物质几乎不可能从头"组装"成细胞。这里，我们又容易陷入赋予细胞人性的危险，认为细胞本能地想通过分裂来复制自己，或者犯同义反复的错误，认为"细胞生于细胞"是因为细胞的基本生物学功能就是产生更多的细胞（诺贝尔奖得主、生物学家弗朗索瓦·雅各布就曾说过，"每个细胞的梦想都是变成两个细胞"）。但这可能已经是关于细胞为什么要复制这个问题最好的阐述了。虽然很多分子生物学家和细胞生物学家对细胞复制的机制熟稔于心，但解释细胞为什么会这样却并不是一件容易的事。事实上，大部分生物学家甚至都不会去思考这个问题。但正是这种繁衍的"冲动"在推动着生物的进化，它是所有生物学现象的根本。

生命的繁衍过程并不是所有细胞一起努力完成一个终极目标。我们人类会很自然地这样想，因为我们喜欢讲故事，而且我们的人生中总会有目标，所以我们理所当然地认为所有生物都是如此。因此，我们告诉自己，生命的目标是繁衍后代，是构建躯体，是向完美进化（或者至少是自我完善），是把我们的基因一直传递下去。这些都是美好并且有益于智识的描述，却不是生命的终极意义。生命是一个一

---

[1] 亚里士多德认为，生物界是一个发展和连续的自然阶梯，不同的生物位于阶梯的不同等级，这种阶梯被后世称为"伟大的存在之链"。——译者注

旦开始就很难停下的过程。事实上，除非摧毁我们赖以生存的星球，我们似乎没有什么办法让生命停止。

　　生命由细胞构成，而细胞是最小的有生命的单位。[1] 我们经常把身体中的细胞看作构成各类组织的"建筑模块"，就像一座房子是由很多砖砌成的一样。如果我们观察一片植物组织切片上的细胞，比如本书前文中提到的威尔逊绘制的洋葱细胞的图，你就很容易理解这样的比喻了。但那幅图是静态的，并没有展示出细胞动态的一面。细胞能够运动，也能对外界环境做出反应。它们能接收并处理来自外界的信息，还有自己的生命周期，从生到死。就像菲尔绍指出的那样，细胞在一定程度上是一个个微小的自主化个体，在这个世界上努力地生存。

　　任何比细胞更小的结构，可能都无法被称为"生命"。细胞可以形成地球上的任何生物体。细胞是生命的基础，人类意识到这一点已经有差不多两个世纪了，但有时候我们似乎并没有把细胞看得那么重要。20 世纪后期，人们对基因的地位推崇至极，认为基因是生物可以传递给后代的信息的基本单元。而现在，风向又反过来了。"细

---

[1]　病毒可能是个例外。病毒比细胞小，仅由遗传物质 [DNA（脱氧核糖核酸）或 RNA（核糖核酸）] 和包裹这些遗传物质的蛋白质外壳组成。有生物学家曾经将病毒称为"蛋白包裹的坏消息"。这些具有感染性的微小生物可以"劫持"细胞，利用细胞的细胞器进行复制。病毒的复制依赖于宿主，因此病毒是不是"生命"还存在争议，因为我们对"生命"就没有严格的定义。但这其实并不重要。事实上，在存在细胞生命的情况下，病毒是一种在进化上稳定的有序物质形式，能够复制传播。当然，你可以说细胞在没有病毒的情况下仍然可以生存，而反之不然。但细胞的存在可能不可避免地导致了病毒的出现，就像只要有钱就会有放贷的人一样。病毒究竟是不是"寄生虫"其实取决于你从哪个角度来看待这个问题。

胞又逐渐成为如今生物医学、生物学和生物技术研究的中心,"生物社会学家汉娜·兰德克(Hannah Landecker)写道,"21 世纪初, 人们重新开始以细胞为基本单位思考生物学问题……细胞取代了基因,再次成为生命的根本。"[9]

细胞不只"活着", 它们还复制。细胞的复制和增殖过程推动着生物的进化。并不是生命让细胞的增殖成为可能, 生命的本质就是增殖。

19 世纪末, 生物学家开始意识到, 细胞并非像施旺所坚信的那样是自发形成的, 而是如菲尔绍所提出的那样, 通过一个细胞分裂成两个细胞的方式进行增殖。单细胞生物, 比如细菌, 只需要复制它们的染色体, 然后通过出芽的方式就能一分为二, 这一过程在生物学上被称为"二分裂"(binary fission)。真核细胞的分裂过程要更加复杂。细胞的分裂过程是在 19 世纪 30 年代首次被观察到的, 德国解剖学家瓦尔特·弗来明(Walther Flemming)利用两栖动物的细胞对细胞分裂进行了详细的研究, 并在 1882 年把真核细胞的分裂过程称为"有丝分裂"(mitosis)。

弗来明是细胞的"纤维模型"(filamentary model)的拥护者。这种模型认为, 细胞内的各个组成部分主要是以长长的纤维状结构组织在一起的。19 世纪 70 年代, 他发现动物细胞在分裂时, 原本致密的细胞核结构会消失, 变成一团丝状结构("有丝分裂"的英语单词"mitosis"源自希腊语, 正是"丝"的意思)。这些"丝"随后会聚集成 X 形, 并连接在一些形似星星的蛋白质纤维上, 这些蛋白质纤维被称为"星状体"(aster)。("aster"有"星星"的意思, 也有"紫菀"之意, 而星状体的结构其实更像紫菀花。)弗来明观察到, 星状体随后会变长并重新排列, 形成两个星状体, 连接在星状体上的染色体因此也一分为二。细胞随后会分裂, 这些染色体也会被分配到

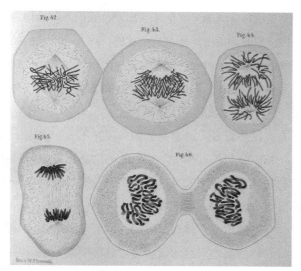

瓦尔特·弗来明在他 1882 年出版的著作《细胞内物质、细胞
核和细胞分裂》中描绘的细胞分裂（有丝分裂）的不同阶段

（图片来源：1882 年版《细胞内物质、细胞核和细胞分裂》）

两个子细胞中，并被包裹在新形成的细胞核里。[1] 因此，细胞在分
裂前会重新组织细胞内的物质，将这些物质小心地一分为二。弗来
明观察到的丝状物质很容易被染色，因此很容易在显微镜下被观察
到，所以它们被称为"染色质"（chromatin），这个名字源于希腊语
的"颜色"一词。那些单根的丝状结构在 1888 年被命名为"染色体"
（chromosome），意思是"有颜色的物体"。

　　同样是在 1888 年，德国生物学家西奥多·博韦里（Theodor Boveri）
发现，细胞分裂时染色体的运动是由一种被他称为"中心体"
（centrosome）的结构控制的，星状体正是从中心体开始以辐射状展

---

[1]　我用了比弗来明更清楚的文字来描述这个过程。

开的。两个星状体在细胞分裂前才会出现，它们以中心体为中心，可以看作是被一些弧形的细丝连接到一起的，这些细丝状的结构被称为"纺锤体"（mitotic spindle）。弗来明认为，是这些纺锤体结构引导染色体进入两个子细胞的。他的猜想是正确的，但当时的显微镜的分辨率还很低，这使他无法证实自己的猜想。

由于存在这些过程，动物细胞的分裂并不像一滴水一分为二那样简单。在细胞分裂的过程中，细胞内的物质也在大规模地重新组织。弗来明和其他科学家发现，整个细胞分裂过程可以分为几个阶段，细胞没有分裂迹象的时期被称为"分裂间期"（interphase）。当细胞核解体并暴露出染色体时，"分裂前期"（prophase）便开始了；星状体形成并移向细胞两端的阶段是"分裂中期"（metaphase）；随后，纺锤体结构一分为二，进入"分裂末期"（anaphase）；最终，分裂继续进行，细胞一分为二，细胞核重新形成。

这样的细胞分裂过程叫作"细胞周期"（cell cycle）。这是个很有趣的术语，意味着我们可以把生命理解为细胞不断自我更新和复制的过程，而不是生命由一群细胞构成，这些细胞活着只是为了最终分裂。虽然我们不应该过度以人的视角解读生物学现象，但我们或许可以把"伟大的存在之链"改称为"伟大的变化之链"（Great Chain of Becoming）。

到 19 世纪末 20 世纪初时，科学家们认识到，细胞分裂时细胞内物质的重新组织主要是为了把基因传递下去。基因是遗传的基本单元，被存储在染色体上。这一理论的建立可以说是现代生物学最为重要的转折点。在这些科学家通过显微镜观察到的现象中，隐藏着遗传和进化的基础。

　　遗传性状是由基因控制的这一观点是在 19 世纪中期与细胞理论同时发展起来的。通过一系列豌豆实验，摩拉维亚的修道士格雷戈尔·孟德尔提出，遗传性状是由一些"离散因子"（particulate factor）决定的。这个故事我们已经耳熟能详，在此无须赘言。19 世纪五六十年代，孟德尔观察到遗传性状似乎是非此即彼的：杂交产生的豌豆只有"圆粒"和"皱粒"两种形态，没有中间形态。当然，人类的遗传更加复杂，有些性状（比如头发或者眼睛的颜色）可能会像孟德尔的豌豆实验表现出的那样，是离散性状：子女只会具有父母中一人的性状，没有中间状态。但另一些性状（比如身高和肤色）则可能介于父母之间。孟德尔的观察结果引发了一个疑问：既然我们是父母生殖细胞结合的产物，为什么我们表现出的性状并非总是父母性状的混合体？

　　达尔文并不知道孟德尔的研究，但在他的自然选择理论中也提出了相似的看法。达尔文认为，人体细胞可以产生一种微小的颗粒，他称之为"微芽"（gemmule）。微芽可以影响生物的发育，并可以被传递给后代。在达尔文看来，生物体的所有细胞和组织都会影响遗传，他为他的这种推测创造了一个词——"泛生论"（pangenesis）。他认为微芽可以被外界环境所影响而发生随机的变化，这样的变化会被传递给子代。19 世纪 90 年代，荷兰植物学家雨果·德弗里斯（Hugo de Vries）和德国生物学家奥古斯特·魏斯曼（August Weismann）分别对达尔文的理论进行了修正。他们提出微芽不能在体细胞和生殖细胞之间传递，只有生殖细胞才能影响遗传。德弗里斯使用了"泛生子"（pangene）一词代替"微芽"，将自己的理论和达尔文的理论区分开。

　　20 世纪之初，丹麦植物学家威廉·约翰森（Wilhelm Johannsen）

使用了一个更加简洁的词来指代遗传单位——"基因"。他还区分了"基因型"和"表现型"[1]：基因型是生物体从父母那里通过遗传获得的所有基因，而表现型是这些基因的外在表现形式。

1902 年，在德国研究海胆的西奥多·博韦里和研究蚱蜢的美国动物学家沃尔特·萨顿（Walter Sutton）独立地发现，染色体在细胞分裂时由亲代传递给子代，这与生物繁殖过程中基因的遗传过程十分相似。他们推断，或许染色体是基因的载体。1915 年前后，通过大量果蝇遗传学实验，美国生物学家托马斯·亨特·摩尔根（Thomas Hunt Morgan）证实了这一论断。此外，摩尔根还建立了一套方法来估算两个基因在染色体上的相对位置：把两种不同基因型的果蝇杂交，然后观察子代中两种基因型对应的表型在同一个体中同时出现的概率，以此来确定两个基因在染色体上距离的远近。这种方法的原理是在精子和卵子形成的过程中，同源染色体会分开，相距较近的基因更有可能同时被传递给子代。摩尔根的研究确立了"遗传图谱"这一概念，遗传图谱展示了基因在染色体上的位置。

生物体所有遗传物质的总和被称为"基因组"（genome），这一概念诞生于 1920 年。在摩尔根发表他的研究后的很长一段时间里，许多科学家都认为基因是由蛋白质构成的，而蛋白质则是由小分子的氨基酸连接在一起组成的。当时的人们有这种想法很好理解，毕竟，蛋白质承担着细胞内大部分的生理活动，酶就是一种蛋白质，而且染色体中确实也包含蛋白质。但这些具有遗传性的丝状分子中还包含一种叫作 DNA 的分子，DNA 是核酸中的一种。

直到 20 世纪 40 年代中期，科学家才搞清楚 DNA 有何种功能。纽约洛克菲勒大学医院的加拿大裔美国医生奥斯瓦尔德·艾弗里

---

[1] 在很多语境下，"表现型"也被简称为"表型"。——译者注

（Oswald Avery）和同事发表了他们的研究结果，用相当充分的证据证明基因是由 DNA 编码的。但在当时，很多人仍然不接受这种观点。后来，詹姆斯·沃森、弗朗西斯·克里克、莫里斯·威尔金斯（Maurice Wilkins）和罗莎琳德·富兰克林（Rosalind Franklin）等人发现了 DNA 的分子结构，他们的研究揭示了原子在这种具有链状结构的分子中是如何排列的。1953 年，部分基于富兰克林有关 DNA 晶体的研究，沃森和克里克首先发表了 DNA 分子结构的研究结果，这一结构解释了遗传信息为什么可以用 DNA 来编码。这种结构精妙而优雅：DNA 分子由两条"链"组成，两条"链"相互盘绕，形成双螺旋的结构。无论是其构建策略还是可能揭示的秘密，这种结构中都蕴含着一种美，吸引着现代的生物学家去探索。在发现 DNA 的双螺旋结构后，沃森和克里克立刻就意识到遗传在分子层面是如何实现的了：DNA 的双螺旋可以解旋，解旋后的每条链可以作为模板，指导基因的复制。[1] 这就是遗传信息在细胞分裂时传递到新染色体上的方式。孟德尔和达尔文提出了遗传学的基本原理，摩尔根等人又进一步证明遗传物质位于染色体上，而 DNA 则将基因和遗传联系到了一起，让生物学得到了统一。

达尔文的进化过程又怎么解释呢？如果基因控制着生物体的性状，那么 DNA 复制过程中随机发生的错误就可能改变这些性状。这些改变大多数时候是有害的，但偶尔也会出现有益的改变。自然选择就是通过筛选这些有益的改变，使物种适应环境的。

---

[1] 这里所说的"复制"并不是合成出与模板链相同的链，而是模板链的"互补链"。DNA 分子的每条链都由许多"建筑模块"组成，每个"模块"与另一条链上相应位置的"模块"配对，就像在舞会上男士和女士配对跳舞一样。在染色体复制时，DNA 分子的两条链分别被用作模板，通过将与模板上的"模块"配对的"模块"组装到一起，合成出其互补链。这样，双螺旋的两条链就可以分别组装出一个拥有同样"模块"序列的双螺旋结构。

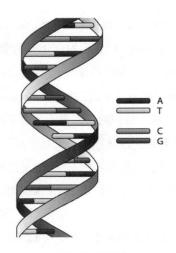

DNA 的双螺旋结构

这张著名的图片一定程度上容易引发误解，因为在大多数时间里，细胞染色体中的 DNA 都是被致密地压缩在染色质里的。在染色质中，DNA 裹在一类被称为"组蛋白"的蛋白质上，就像线裹在线轴上一样。双螺旋中的"阶梯"由一对对碱基（缩写为 A、T、C、G）组成，彼此契合、互补

（图片来源：菲利普·鲍尔绘）

　　这样一来，所有问题似乎都得到了解释。所有重要的生物学问题，无论是进化、遗传疾病还是发育，似乎都可以通过解读基因组中的信息来解答。如此看来，细胞似乎并不那么重要，它们只不过是基因的载体，只是在执行基因发出的指令。

　　如何理解人们常说的遗传信息是由 DNA 编码的呢？这里所谓的"编码"其实就是其字面意思。基因是一份编码，一份遗传密码。那么基因所编码的到底是什么呢？在大多数情况下，基因编码的是各种蛋白质分子的序列，这些蛋白质中有很多都是酶。蛋白质由氨基酸组成，不同氨基酸的性质有所不同，这使它们与其他氨基酸或周围环境

中的水溶剂之间会发生不同的相互作用。因此，氨基酸的序列决定了蛋白质分子如何折叠并形成紧凑的三维结构。酶是细胞内化学反应的催化剂，其三维结构使它们可以催化不同的化学反应。由于蛋白质的序列由相应的基因编码，因此基因决定了蛋白质的功能。

　　一种蛋白质的氨基酸序列是由其基因的序列决定的，这里的基因序列指的是组成 DNA 的化学组分的序列。构成 DNA 的化学物质是核苷酸，DNA 由 4 种核苷酸构成，分别用 A、T、G、C 来指代。在基因的序列中，每 3 个核苷酸组成一个密码，编码一种氨基酸。例如，AAA 编码的是赖氨酸。

　　根据基因合成出相应蛋白质的过程分为两步。首先，染色体中 DNA 上的基因被用作模板，合成出一种叫作 RNA 的核酸分子，这一过程被称为"转录"（transcription）。细胞随后又用这些 RNA 分子为模板，把相应的氨基酸逐一连接到一起，形成蛋白质，这一过程被称为"翻译"（translation）。翻译过程是由一种叫作"核糖体"（ribosome）的分子机器完成的，核糖体是一种由蛋白质和 RNA 组成的复合物。

　　染色体是由具有双螺旋结构的 DNA 分子缠绕在一类圆盘状的蛋白质分子的表面形成的，这些蛋白质叫作"组蛋白"（histone），染色体的这种结构很像缠着线的悠悠球。这种由 DNA 和组蛋白包装在一起形成的结构被称为"染色质"。真核细胞有不止一条染色体，同一物种的所有细胞都具有相同数目的染色体（当然这里说的是正常的细胞），[1] 不同物种细胞的染色体数量则有可能不同。人类的细胞有 46 条染色体，或者说 23 对染色体。

---

[1]　作者这里的"所有细胞"指的是体细胞，生殖细胞的染色体数量是体细胞的一半。——译者注

很多人把基因视作制造生物体的说明。根据这种观点，整个基因组就是一本说明书，或者说是一份"图纸"。这样的比喻很容易被人们接受，却并不准确。基因确实决定了生物体的最终形态：青蛙受精卵中的基因组指导它最终发育成青蛙，而不是大象，反之亦然。但基因对细胞增殖过程的影响不仅微妙而且复杂，很难简单地用工程技术领域的设计和建造来进行类比。从基因组到生物体发育的完成是一个复杂而漫长的过程，如果不把细胞的发育过程纳入考虑，我们就有可能犯过度简化的错误，对生物体的生长和进化产生极其错误的理解。

如果一定要说基因是一种"说明书"的话，那么它确实是合成蛋白质分子的说明书。但蛋白质的合成和生物体的生长发育有什么关系呢？这个问题的答案并非显而易见，因为我们很难把生物体的各种特征（外观、性状、行为等）和蛋白质分子一一对应起来。打个比方，这就像一个人在读狄更斯的小说时，试图通过研究书中字母的形状和顺序来理解小说的含义一样。

此外，即使我们只考虑基因组是如何指导蛋白质的合成的，这种把基因组比作"图纸"的想法也过于简单了。部分原因如下：

- 人类基因组中只有大约 1.5% 的序列被用于编码蛋白质，另外大约有 8%～15% 的序列具有"调控"功能，它们通过编码 RNA 来调控其他基因的转录水平。那么剩下的那部分基因组有什么功能呢？我们至今仍不十分清楚。这些序列是像我们扔在阁楼上的垃圾一样，是经年累月的进化过程中不断堆积出的废物，还是有什么重要的生物学功能？这是一个科学界仍然存在争议的问题，而且很可能两者兼而有之。很多这些既不编码蛋白质，又不起调控作用的序列仍然会被细胞转录出 RNA，没有人知道这是为什么。

- 人类的很多基因可以编码不止一种蛋白质。基因并非只是一段和蛋白质的序列一一对应的 DNA 序列。基因中有一些被称为"内含子"（intron）的序列，在基因转录出 RNA 后，这些内含子序列会被剪切掉。有的时候，转录出的 RNA 分子在翻译前还会进行一些重组，这样，转录出的 RNA 分子就可以被用于合成不止一种蛋白质。

- 蛋白质并不只是折叠而成的氨基酸链。氨基酸链有时会被化学键"订"在某些地方，或者被某些化学实体（比如带电离子）"夹"到一起。很多蛋白质上都结合了一些其他的化学基团（这些基团是通过酶添加到蛋白质上的）。比如，血红蛋白需要与亚铁离子结合才能在血管中结合并运输氧气。这些修饰对蛋白质的结构和功能至关重要，但这些信息并没有存储在 DNA 的序列中，我们无法从 DNA 的序列推断出蛋白质会被如何修饰。

- 在所有的蛋白质中，我们只了解大约一半蛋白质的功能或结构。有人把其余的蛋白质称为"暗蛋白"：我们认为它们都有特定的功能，却不清楚这些功能究竟是什么。

- 很多蛋白质似乎缺乏明确的三维结构，它们的结构松散而且不稳定，被称为"固有无序蛋白"（intrinsically disordered protein）。对这些蛋白质生物学功能的研究是当今生物学研究的一大热点。一些学者认为，这些蛋白质在细胞内的结构可能并不松散，但还没有人可以证明这一点。

我们越往细想，疑问就会越多。基因究竟是不是生物的根本呢？

这个问题要分情况来讨论。由 A、T、C、G 四种核苷酸构成的基因组序列确实决定了生物的物种。根据 DNA 的序列，你可以分辨出一个细胞是来自一个人、一条狗还是一只老鼠（你很难通过观察细胞的形态来做出这样的区分）。这些物种 DNA 序列的差异通常只表现在一小部分关键序列上：人和黑猩猩的基因组只有 1% 的序列差异，而人的基因组序列中有三分之一与蘑菇的基因组相同。[1] 人和人之间在基因组上的差异就更小了。

看着一份图纸或者说明书，我们就可以搞清楚要组装的物体是什么样子，但只看基因组却做不到这一点。比如，想要知道一份未知的基因组序列是不是来自狗的基因组，你必须首先有一份狗的基因组序列，并把未知序列和狗的基因组序列进行比对，看看两份序列是否相符，基因组序列本身并不能告诉你这是不是狗的基因组序列。

我们无法从基因组序列本身推断出物种，并不是因为我们对基因组还不够了解（当然我们的了解确实还比较有限），而是因为基因序列中存储的信息与生物体的结构和性状并没有直接的关系（就像我们在本书前文中提到的那样，基因的序列只能决定蛋白质分子的结构，或者说组成蛋白质的氨基酸的排列顺序）。虽然很难简单地把大多数蛋白质的功能与生物体的某一种性状联系起来，但我们还是能发现一些这样的关联。例如，有一种蛋白可以帮助氯离子穿过细胞膜进入细胞，如果这个蛋白出了问题（因为编码它的基因发生了突变），那么氯离子就无法进入细胞，从而导致一种叫作"囊性纤维化"的疾病。但一般来说，蛋白质执行的是一些较为"低级"的生化功能，这

---

[1] 正因为如此，很多人会说我们人类"三分之一是蘑菇"或者"五分之三是香蕉"。这种不把细胞视作一个整体，将基因组等同于生物体的想法是十分愚蠢的。这些数字的真正含义是，所有细胞的基本代谢需求都是一样的，而每个物种的发育过程略有不同，正是这些细小的区别使不同的物种千差万别。

些生化反应会影响许多不同的生物学性状，这些蛋白质在生物发育或者生命周期的不同阶段也可能承担不同的功能。正如微生物学家富兰克林·哈罗德（Franklin Harold）所说的那样，"那些更高级的指令和功能并不存在于基因组中"[10]。

那么，如果不把基因组称为"图纸"，我们是不是可以认为它是一份"食谱"呢？这个比喻听起来好像更有道理，因为食谱（尤其是老派的食谱）中的知识不像图纸那么直白。但食谱依然是列出原料，并告诉你如何把这些原料做成美食。遗憾的是，基因组中并没有这样一份使用说明。哈罗德提出了一种与众不同，颇具诗意，也更吸引人的解释，他引用了一本小说中的情节：

> 我更愿意用赫尔曼·黑塞的小说《玻璃球游戏》中的情节来类比基因组扮演的角色：基因组沉迷于一个复杂的解谜游戏，是大师级的玩家。这个游戏本身有规则，但玩家的意志也可以影响游戏的走向。[11]

基因型与表现型的关系错综复杂而又让人捉摸不透。如果可以更好地理解两者的关系，或许我们就更容易接受基因会影响行为这一现实。不同的人之间微小的基因差异就会对我们的外貌、行为、个性产生影响（有时是很强的影响）。迄今为止，科学家研究过的所有人类行为都或多或少与基因的差异存在关联。我们一般可能会认为，我们的行为习惯是受环境影响形成的，例如我们看电视的时长，我们是否很容易离婚等，但其实它们都或多或少地受到了遗传的影响。[1] 也

---

[1]　看电视的时长受基因影响这一点听起来可能显得很荒谬，因为电视的发明是最近几十年的事，我们看电视的习惯似乎不可能是自然选择的结果。但这并不是关键。我们看电视的习惯会受到认知特征的影响，比如专注力和好奇心，而我们有理由相信这些特征是进化过程中不断适应环境而产生的。

就是说不同的人的行为习惯之所以不同，在一定程度上是受基因影响的。

你应该并不会对这些结论感到特别惊讶。毕竟，我们总是相信，有些人生来就具有某些天赋，因为这些天赋无法用他们的成长环境和所受的教育来解释。同样，有些人仿佛生来就不具备某些能力，比如阅读和空间协调能力。

也许因为我们相信人具有主观能动性、自主性和自由意志，很多人难以接受 DNA 在我们的细胞中操控着我们这一理论。其实他们并不需要担心这些，因为一个人是从一个细胞逐渐发育而来的，在这个过程中，我们的遗传特征被不断筛选和修改，因此 DNA 并不能完全决定我们是谁，更不能决定我们的思想和我们的行为。

各类基因为我们的基本认知能力的发育提供了原材料。简单地说，人类胚胎能够发育成一个有血有肉并具有喜怒哀乐的人，依靠的就是这些重要的原材料，但这些基因是如何做到这一点的却是一个非常复杂的问题。特别是，很少有基因只影响一项生物学性状，也很少有生物学性状只受单个基因的影响。有些生物学性状，无论是行为上的还是生理上的（比如是否容易患心脏病），似乎会受到基因组中绝大多数基因的影响。在这种情况下，单个基因对这些性状的影响微乎其微，但当这些微小的影响被叠加到一起时，性状就会受到很大的影响。因此，把某个基因称为"XX 行为的基因"这种流行的说法很具有误导性。事实上，我们很难在特定的基因与特定的行为之间建立起因果关系。

正出于上述这些原因，我们不应该用一些简单的比喻去简化遗传原理，比如"图纸""自私的基因"，或是"XX 的基因"。当然，在向大众传播科学知识的过程中，确实需要对一些复杂的理论进行简化。但到目前为止，我所看到的所有关于基因组学的比喻都或多或少有些歪曲事实。幸运的是，当讨论基因在人体发育过程中的作用这个问题时，我们并不需要这些比喻，在涉及基因的作用时，我不会依靠那些把基因拟人化的所谓"故事"来进行阐述。

前面这些问题已经足够让人头疼了，但让我来告诉你一件更令人困惑的事情。我们不仅很难说清楚基因在人类生长发育过程中的作用，我们甚至并不知道该如何准确地定义基因。

这并不是生物学的失败，反倒体现了生物学的伟大。我们很容易认为，如果一门科学不能定义它最重要的概念，那么这门科学就是不自洽的。但在很多学科中，那些最基本的概念常常都有些模糊。比如，物理学家们无法准确地定义时间、空间、质量和能量，生物学家们无法明确地说出基因和物种究竟是什么，而化学家们则无法就元素或者化学键是什么这样的问题达成共识。当这些概念产生的时候，人们都相信它们有明确的含义，但当科学家们进一步研究时，就经常会发现这些概念的边界很模糊。但我们仍然创造并沿用了这些术语，因为它们有利于我们交流和思考。

直到今天，仍是如此。"基因"是一个有用的概念，就像"家庭"、"爱"和"民主"一样：它们是思想的载体，让我们更加便利地交流。对于这些用途来说，它们已经足够准确了。

下面就让我们聊一聊在一个细胞发育成人体的过程中基因所起的作用。让我们把基因想象成一段 DNA，细胞可以利用这段 DNA 来合成其生存所需的特定分子。细胞还可以把基因传递给子代，这样它们就不需要从零开始重新发明这个基因了。

读到这里，你可能会挑挑眉毛说"然后呢？"，这就对了。在前面的这段描述中，生物被赋予了一个虚假的目的，仿佛生命是要追求一个目标。在谈论生物学（无论是生长、发育还是进化）时，我们都很难不提到某种目标。但我们应该记住，这只是一种比喻。事实是，在物理世界规律的支配下，地球上出现了一类叫作"细胞"的物体，它们会复制自己，并把自己的基因传递给这些子代细胞。这项能力非常了不起，但没有人真正知道这背后的原因：生物的繁衍、遗传和进化究竟是如何发生的？很多人会试图为这些问题提供一种解释，但上述认识上的缺失会对这些解释的形式产生很大的影响。我们需要意识到，我们并不需要为这些问题提供一个超自然的解释。

关于基因，还有一点值得注意：一个单独的基因是没有任何用处的。单个基因无法进行复制，甚至无法完成进化赋予它的功能。[1] 坦率地说，单个基因甚至都不能被称为"基因"，因为"基因"这个名字包含了可以繁殖的含义，[2] 而单个基因是无法完成这一过程的，它只是一个和染色体上的一段 DNA 很像的分子。[3] 我们经常说基因是具有特定序列的一段 DNA，但事实是，这段序列只有在一个活的生物体中（也就是说至少是在一个细胞中）才有意义。生命围绕基因展开，但如果只有基因的话，生命根本就不会出现。

生命始于细胞，因此基因只有在细胞中才有意义。那么，这是不是说对于生物来说，细胞比基因更重要呢？我们来打个比方，这就

---

[1] 你可能会在某些书上读到基因是一种"复制因子"，虽然这些书在基因和进化方面的内容可能很出色，但基因是"复制因子"这样的说法无论如何都是错误的。一个单独的基因，即使有复制所需的全部原料，也无法自发地进行复制。当然，人类如今可以通过一些技术在体外合成基因，但在自然环境下，基因的复制只能由酶来完成，而且只能在完整的细胞中完成。基因无法自发地复制，只能被复制。

[2] "基因"这个词源于希腊语，意思是"后代"。——译者注

[3] 作者的这句话不准确，基因不是一个分子，而是 DNA 分子上的一个片段。——译者注

好像有人问，对于文学来说，文字是不是比故事情节更重要？事实上，正是"故事"提供了语境。文字只有在这样的语境下才有意义，而不再只是白纸上的涂鸦。

在这里，我并不仅仅是想说，基因只有在细胞中才有生物学意义，我还想表达其他层次的含义。比如，细胞或者生物体所处的生长阶段也会影响基因的功能。一个在生物体发育过程中的某个时间点处于活跃状态的基因所行使的功能，可能与它在更早的时间点或更晚的时间点的功能有所不同，但这个基因编码的蛋白质却是相同的。基因本身并没有改变，是它所代表的"指令"发生变化了。

举个例子，"停下来！"（"Stop it!"）是一种什么"指令"呢？单单从这几个字本身，你并不知道你该停下什么。或许你会认为这是一个泛泛的指令，告诉你停下手中的所有事情。但如果你正看到一个足球滚向悬崖的边缘，有人喊了"停下来！"，你应该怎么做呢？是阻止足球滚下悬崖，还是不要有任何举动？这就是语境的重要性。

生命是一个复杂而奇妙的过程，我们总是希望理解生命的本质，希望找到生命的源头，上文提到的以基因为中心的对生命的描述就是一个例证。在很多时候，科学家喜欢从还原论的角度出发来研究复杂的问题，但很多人并不喜欢这一点。然而，把复杂的事物分解成一些相对简单的部分是我们理解这些事物的一种有效方式。在我看来，很多人不喜欢还原论的方法并不是不喜欢简化问题本身，而是不喜欢简化之后得出过于武断的结论。科学界很多时候不容易认识到这些过于确定的结论中的问题。例如，一群物理学家坚称他们会发现所谓的"万物理论"（整个物理世界都遵从的基本定律），另一些人就会指出，根本就不存在这样的定律，因为如果真有这样的定律，那么预测和解释我们所处的整个世界将变得毫无意义。

我们不仅需要意识到，不能把还原论的思维视作理解事物本质的完美方法，还需要意识到，我们感兴趣的一些现象有时候在尺度上分属不同的层次，只有在相应的层次中才能被观察到。例如，想要理解夸克层次的问题你就无法探讨化学。虽然基因和生命的情况没有那么极端，但如果只从基因的层面思考，你对一些生命基本过程的视野就会变得狭窄。生命是一个涵盖极广的概念，上至宏观的整个生物圈，下至微观的单个细胞。在这个范围内，它涵盖了众多元素：物质和能量的传递、秩序与自我组织、遗传和繁衍等。但在细胞以下的层面，人们经常会忽略对生命至关重要的一点。正如富兰克林·哈罗德所说：

> 如果试图从分子层面来理解一切生物学现象，那么我们对一些重要过程的理解就无法足够透彻。人们不停地把完整的生物体拆解为更小的碎片，这个过程中产生了海量的信息，甚至已经远远超出了我们的认知能力。我们对基因的认识在不断增长，但基因和细胞之间有一道鸿沟。只有弥补我们在两者间缺失的认知，才有可能在两者间架起一座桥梁。全基因组测序并不是"桥梁"，因为基因组的序列并不能决定一个活细胞的身份。现在，我们应该重新把细胞作为一个整体来看待，去理解细胞的形态、功能、过往和方方面面。[12]

"生命"这个词有多重含义，这使"制造一个人"这个短语的含义也显得模糊而又有些令人不安。我们是"制造一个生命"，而不是"创造生命"。加里·马克斯坦的一幅漫画幽默地阐释了这一点：两名穿着白大褂的科学家凝视着体外受精的胚胎。一个胚胎说道："生命是从培养皿中开始的。"另一个胚胎说："为了科学研究我们应该开展克隆。"其中一名科学家叹了口气说："人类从胚胎开始立场就是分裂的。"

"生命"是我们的人生体验，也是人体所有物质的总和。我们可能很难把这两种截然不同的概念联系到一起。我们人是活生生的，我们的肉体也是。有些时候，我们或许可以忽略这些概念上的区别，但当你胳膊上的一块皮肤组织被培养成迷你大脑时，你就很难忽略这些不同了。

正因为如此，对于子宫中的受精卵与现实世界中的人体间的联系，不同的文化和时代有着不同的态度就不足为怪了，因为前者是在一个远异于人形的结构中，通过一个神秘的过程默默地形成的。一些人和思想体系认为，"生命始于受精"是一种科学而现代的概念，他们常常引用一些科学研究作为支持这种观点的依据。然而，正是这些科学依据表明，这种观点颇具争议。

与这个观点相反的是我们在前文中提到的"先成论"：胎儿的身体结构都是预先形成的。这是对细胞的一种拟人化描述，就像漫画里培养皿中的人类胚胎会说话一样。人类的本能总会让我们想从细胞中找到自己的影子。同样，一些人总想在基因中找到我们自己的影子。就像生物学家斯科特·吉尔伯特（Scott Gilbert）所说的那样，人们"把 DNA 看作是我们的灵魂"[13]。我们可能很难抛弃这些有些迷信的想法，毕竟，积习难改。

CHAPTER 2

BODY BUILDING

Growing Humans The Old-Fashioned Way

第 2 章

躯体的构建：
传统的造人方式

从生物学的角度来看，可能没有什么比性更重要了。想要创造一个人就必须要有一个精子和一个卵子。精子和卵子都属于生殖细胞，它们必须相遇才能创造出生命。我们的文化也在很大程度上反映了人们对这种繁衍后代行为的渴望。

我将在这一章中描述受精卵发育成人体的过程，我希望通过我的叙述，你能感受到胚胎学中那些奇妙而又令人捉摸不透的地方：我们对新生命最初的感知可能源自妇科超声影像中那卷曲的小小胎儿，但事实上，它远非人体的起点。

我们每个人都由肉体构成，肉体组装成人体的过程是在一套"指令"的指导下进行的。但不同于一份遗传学的"说明书"，这些"指令"并不是步骤清晰地一步一步执行的。时至今日，我们对这些"指令"仍不十分清楚，它们的执行过程也并不完美，但正是这些"指令"在引导着细胞与其所处的环境共舞。

如果我们把肉体比作黏土，那么只要你有一份指导手册，就可以用它捏出很多东西。人体也一样，随着我们对受精卵发育成人的过程的了解越来越深入，我们将认识到人体发育中更多的可能性和途径，并从旁观者变为制造者。

　　每当谈到如何制造一个人，就必然需要审视人们对"性"的先入之见。在玛丽·雪莱生活的时代，她无法明确地表达自己的看法，但通过她作品中的人物维克多·弗兰肯斯坦新婚之夜的恐怖遭遇，[1] 雪莱向我们暗示了那个"无性繁殖"出的怪物的性心理学状态。我不会像学校的生物学课上那样为了回避"性"这个话题，而从精子与卵子结合的故事讲起。我们会在后面讲到，性始于精子与卵子结合之前。

　　出于本能，人类有繁衍的欲望。我们在各种文学作品中描绘它，用各种仪式庆祝它。毫无疑问，这些富有想象力的文化活动值得我们为之感到赞叹，甚至感到些许骄傲。有些人认为，这证明进化心理学可以"解释"文化现象，例如，通过性来繁衍后代的本能让我们创作出了《罗密欧与朱丽叶》这样的文学作品和《爱之岛》这样的交友节目。但事实却正好相反。我们的文化如此灿烂，进化心理学对这些文化现象的描述却往往过于简单和俗套。当然，无论是印度的生殖器崇拜，都铎王朝时代人们对红色"股囊"（codpiece）[2] 的狂热，[3] 如今互联网上各式各样的色情片，还是刺激分泌激素的香水，我们都可以用人类的性冲动来解释。但如果这样的话，我们就会忽视这些精彩的文化现象背后的诸多细节，不是吗？

　　繁衍后代是一种"机械运动"，充满了仪式感，有时让人手忙脚

---

[1]　这段情节出自玛丽·雪莱的小说《弗兰肯斯坦》。在小说中，维克多·弗兰肯斯坦用尸块制造出了一个怪人。在弗兰肯斯坦的新婚之夜，怪人杀死了他的妻子。——译者注

[2]　十五六世纪欧洲上流社会男性穿于裤子之外，覆盖住下体区域的一块布料或者袋子，其目的是展现男性的性吸引力。——译者注

[3]　有一次我在伦敦的维多利亚与阿尔伯特博物馆准备一场展览，展览的主题是各种展品中的"科学"元素。博物馆织物部的负责人竟然对"股囊"具有性含义感到震惊！

乱，有时让人大开眼界，有时甚至会造成伤害。你可能会认为这背后的生物学原理不会这么复杂，但你要知道，我们在谈论生物学，或者至少在谈论生殖生物学时，很难脱离社会文化的影响。同样，在谈论制造人（或者人的一部分）的新方法时，如果我们认为自己可以完全脱离旧理论的影响，那我们不过是在自欺欺人罢了。

在历史上，人们曾认为人类的繁衍就是男性具有生殖力的"种子"扎根于女性的"土壤"的过程，这种想法显然受到了男尊女卑的成见的影响。在基督教传统中，人们一直试图赋予受孕过程宗教色彩，认为受孕既是上帝的恩赐（因此也就承载着道德义务），也是罪恶结下的果实。根据这样的思路，人类历史上唯一"纯洁"的受孕是两千年前耶稣的降生。这次受孕并非男女交媾的结果，即便是在脑海中想象一下马利亚怀孕的过程也会被认为是异端之举。中世纪的神学界甚至认为，与为满足性欲而交媾相比，不以受孕为目的的射精更加邪恶，因为精子可能被邪恶的女妖吸收，从而孕育出魔鬼。

这些故事不仅反映了当时的社会中普通人对性的看法，也体现了医学界和生物学界的观点。直到 19 世纪，医学界都一直认为自慰有害健康，甚至认为母亲头脑中的不良想法也会对胎儿产生伤害。对于这种把科学、民间信仰和社会意识形态混为一谈的错误，每个时代的人或许都会觉得自己已经足够成熟，不会再犯。身处当代的我们应该小心避免犯前人的这种错误。

那么精子到底是如何让卵子受精的呢？为什么那群勇敢的小家伙要在阴道中赛跑？[1] 它们在进行一场优胜劣汰的竞争，只有比同伴游得更快才能生存下来。在跑道的尽头，是圆滚滚而迷人的卵子。精

---

[1]　我们可以从这里开始向我们的孩子讲述生殖的过程，但孩子们并不会轻易满足于此。当我告诉我三岁的女儿精子是从阴茎进入阴道的时候，她却表示反对："不可能，阴道和阴茎离得太远了！"

子进入卵子的那一刻，制造一个人的旅程就开始了。正如《生活》杂志的科学编辑阿尔伯特·罗森菲尔德（Albert Rosenfeld）在 1969 年所说的那样，人类源自"父亲下体射出的精子和藏在母亲体内温暖而隐秘之地的卵子，这一过程的动力是夫妻之间的爱"[1]。（提供动力的其实是氢离子穿过细胞膜的过程。）

我们不仅会在儿童读物中读到上面这样的故事，也会在一些生物学教科书中看到类似的表述。它似乎在暗示，在受精的过程中，精子在发挥主动作用，而卵子只是在被动地接受，但事实并非如此。现在已经有证据表明，卵子能够调控精子进入卵子的过程（即使是这种说法，某种程度上仍然把精子和卵子拟人化了，带了一些目的和角色的味道）。游得最快的精子并不一定是最终胜出的那一个，因为精子需要受到雌性生殖道的调控，才能具有让卵子受精的能力。越来越多的证据表明，在许多物种中，雌性动物都可以对精子产生影响，决定哪一些精子可以参与受精。例如，有的雌性动物会把来自不同雄性的精子储存在不同的条件下，或者是在交配后将精子排出体外。有实验显示，卵子似乎会以某种方式筛选具有特定基因型的精子来与其受精，这些发现对受精发生时精子的选择是随机的这一传统观点提出了挑战。

在与孩子们谈论性知识时，我们经常会以讲故事的方式告诉他们精子和卵子是如何相遇的，仿佛这样就可以避免他们提出一些令人尴尬的问题，比如，为什么生命要以这样的方式繁衍呢？这种传递基因的方式不仅十分复杂而且充满了不确定性：人们需要精心打扮，还需要大费周章地取悦对方。如果孩子们知道动物界中存在孤雌生殖（卵细胞不经过受精就发育为新个体的生殖方式）的话，他们可能会觉得人类不能进行孤雌生殖真是太不公平了（事实上，这样想的可能不只是孩子们）。

那么，既然性行为并不是生物繁衍所必需的，我们究竟为什么会采用这样冗长而复杂的方式呢？

没有人知道真正的答案。一种常见的解释是，有性生殖可以使两个个体的基因发生重组，这种重组是有益的，可以避免一些遗传疾病。在细菌等通过单次细胞分裂来繁殖的生物中，基因突变会在一次又一次的分裂中逐渐积累。由于大多数突变都是有害的或者至少是无益的，因此这种突变的积累不利于物种的生存。但细菌的繁殖十分迅速，其数量是以指数形式增长的，所以即使有很多携带有害突变的细菌死掉也没关系，只要有几个细菌获得有益于生存的突变就行了。在快速生长的菌落中，由于会发生数量很多的突变，因此菌落中的不同细菌可以"尝试"各种各样的突变，总会有细菌碰到那些少数的有益突变。由于同样的原因，细菌还进化出了一种将基因从一个个体直接传递给另一个个体的方式，这种非遗传性的过程被称为"水平基因转移"（horizontal gene transfer）。

另一些物种的繁殖速度要慢得多，比如我们人类。这些物种无法像细菌那样"尝试"各种突变。但有性生殖可以使突变更快地传播：通过精子和卵子的融合，不同基因的各种突变版本能产生不同的组合，从一代传给下一代。

无性生殖的另一大风险是这种做法相当于把所有鸡蛋都放进了同一个篮子（当然，这也是一个比喻）。如果出现了能威胁细菌生存的病毒，或者环境发生了某些变化（比如干旱或严寒），那么除非某些个体携带可以抵抗这些威胁的突变，否则整个种群都可能灭亡，这正是遗传多样性对种群的生存有益的原因。而在有性生殖的过程中，基因组的重组可以增加遗传多样性。

我们可以看到，对于包括我们人类在内的繁殖速度较慢的物种来说，有性生殖有助于我们去除"坏"的基因，获得"好"的基因。

对于一个物种来说，具有性别两态性（也就是拥有两种不同的性别）对其生存是有利的，因为这样一来，每个个体就不会通过将自己的生殖细胞结合到一起来进行繁殖，从而减小了灭绝的可能性。或者更准确地说，一个物种最好能有不止一种性别。我们似乎没有理由认为生物只能有两种性别，事实上，有些真菌有上千种"性别"。[1]

拥有两种不同的生殖细胞会给一个物种带来生存优势，而同一物种不同性别间存在或激动人心或引人困惑的差异，其根本原因正是这些物种拥有两种不同的生殖细胞。两种性别的个体具有易于区分的体态特征对物种的生存是有利的，因为这样在动物交配时就不需要花费额外的精力来区分性别。（当然，不同个体的繁衍冲动的程度不尽相同，有的个体甚至并不会有繁衍的冲动，因此同性恋在动物中是天然存在并且很常见的。）

当这些两性差异出现在一个物种中后，它们往往就容易被放大并多元化，放大和多元化的程度有时甚至会非常高。比如，如果你想和异性发生性行为，那么你的行为特征就需要进化，使你能够找到最健康的异性并彰显出你的个人魅力。每种性别都会进化出评估异性的方法，那些能够彰显身体素质的外在特征则有助于吸引异性。在这些特征中，有一些可以用生理学来解释，比如肌肉发达意味着强大的雄性统治力和良好的生存技能，宽大的臀部则表明雌性拥有出众的生育能力。但另一些性特征的意义则相当模糊，比如，我们并不太清楚我们的男性祖先身上的体毛会带来哪些生存优势。（或许这是"没有实

---

[1]　性别两态性并不要求物种中的个体严格地区分为雌性和雄性。有些动物（如某些软体动物）是雌雄同体的，它们同时具有两个性别的生殖器官。有些鱼类（如小丑鱼）则可以改变自己的性别。在这些鱼类中，一个种群内通常有一个为首的雌性个体，其体形比雄性大。如果这个雌性个体被从种群中去除掉了（比如被捕食者吃掉了），那么种群中的一个雄性就会发育出卵巢，取代原来那个雌性个体的地位，其体形也会相应地变大。

用性"的性特征的一个例子？就像雄性孔雀的尾巴一样。）有些特征只是为了在种群中显得突出，比如某些鸟类颇为独特的羽毛。另一些特征展示出的性信号则可能更加微妙，比如，面部特征的对称性可能体现了良好的发育过程，因为在胚胎发育过程中，身体呈镜像对称的两侧是独立发育形成的。对于人以外的动物来说，它们可能是幸运的，因为在它们当中，与性吸引力相关的信号并不会因为文化的不同而不同。但在人类中，这些信号在不同的文化中的含义可以截然不同，令人无比困惑。

我们可以按上面的这种逻辑来理解进化和性的起源，但这样很大程度上会陷入"目的论"，因为性的出现并不是为了产生遗传多样性。进化过程中发生的任何事件，都不是为了完成某个特定的目标。我们或许会出于直觉这么想，但性出现的真正原因是在很久以前，有些很古老的物种获得了融合它们的细胞和染色体的能力，而这些物种由于某些原因比不具备这种能力的物种繁殖得更快。有性生殖在某种程度上可能是自然选择的必然结果，这就像雪花的形成是特定条件下物理和化学定律的必然结果一样。进化生物学家常常会说性的出现是物种进化过程中的一种成功策略，但这种说法又让进化变成了一种有预见性的过程，但进化从来都是没有"目标"的。

上面这些关于性的价值的讨论都很有道理，却并不是事实的全貌。性并非对于所有高等脊椎动物都不可或缺。很多动物都可以进行孤雌生殖，这包括一些昆虫，比如螨虫、蜜蜂和胡蜂，还包括一些鱼类、爬行动物和两栖动物。有些动物既可以进行有性生殖，也可以进行无性生殖。有些时候，这些生物选择在特定的条件下进行无性生殖，比如当环境中缺少雄性的时候，蚜蜒就会进行无性生殖。（夏洛特·珀金斯·吉尔曼 1915 年出版的女权主义乌托邦小说《她乡》中描绘了一个没有男性的社会，这个社会中的女性采用了同样的生殖策略。）而对于另一些物种来说，无性生殖是小概率随机发生的：没有受精的卵细胞偶尔会发育成胚胎。科莫多巨蜥就是如此。

孤雌生殖的原因和机制在不同的物种中各有不同，有时还相当复杂。但可以确定的是，在那些可以进行孤雌生殖的物种中，进化并没有让这种生殖方式消失。或者说，性并没有明显的必要性，在评价有性生殖相比于其他繁殖方式有何种优势时，可能要依情况而定。[1]从进化的角度来看，只要物种可以繁衍、延续，选择哪种生殖方式并不重要。

但有性生殖存在一个比较复杂的问题。我们身上的每个体细胞都有两套染色体，因此每个基因都有两份拷贝，它们分别来自我们的父母。在这种情况下，如果一个雌性细胞和一个雄性细胞融合，产生的细胞就会有四套染色体，而具有四套染色体的细胞是无法正常运转的。因此，进行有性生殖的生物进化出了一种只有一套染色体的特殊细胞，这些细胞被称为"配子"，它们只存在于性腺（也就是卵巢和睾丸）中。

配子源自一种被称为"生殖细胞"的特殊细胞。生殖细胞与体细胞一样具有两套染色体（因此被称为"二倍体"），但可以通过一种特殊的分裂方式形成配子，这种分裂方式被称为"减数分裂"。在减数分裂的过程中，生殖细胞把自己的两套染色体准确地分开，分配给形成的配子，因此每个配子只有一套染色体。这种只有一套染色体的细胞被称为"单倍体"。

---

[1] 不过对于真核生物长期的生存能力而言，并不总是进行无性生殖可能是有利的，
    但对此我们并不十分确定。

在常规的细胞分裂（有丝分裂）过程中，染色体在复制后才会分离，因此分裂形成的子细胞具有全套的染色体。减数分裂则更加复杂，因为细胞中的染色体必须被精确地分成两份并被分配给相应的子细胞。

更加复杂的是，减数分裂事实上分为两个阶段，最终的结果是一个二倍体的生殖细胞在染色体复制后会分裂两次，从而形成四个单倍体的配子。与有丝分裂一样，减数分裂中染色体的分离也依赖于由纤维状蛋白构成的纺锤状结构：染色体会被这些纤维状的蛋白牵引着向细胞的两极移动。

在减数分裂的过程中，染色体会形成不同的组合，这个过程有着至关重要的意义。让我们回想一下，在减数分裂前，生殖细胞中有23 对染色体，每对染色体中一条来自母亲，另一条来自父亲。在生殖细胞减数分裂的过程中，每条染色体移向细胞两极中的哪一极是随机的，因此形成的配子中母系和父系的基因就会产生随机的组合。[1] 最终形成的配子有 23 条染色体，所以配子的染色体就有 2^{23} 种（也就是大约 800 万种）可能的组合。由于精子和卵子的染色体分别都有如此多的组合方式，因此，相信你能体会到，有性生殖是增加遗传多样性的一种有效方式。

在人类胚胎发育的早期（大约受精后两周时），胚胎中会产生原始生殖细胞（primordial germ cell）。原始生殖细胞出现的时间甚至比性腺的形成还早，也就是说胚胎这时还没有建立起自己的性别。这时的胚胎仿佛只是把这些细胞放在一边备用，并不急着决定它们是会成为精子还是卵子。在随后的发育过程中，性腺会释放一些化学信号，

---

[1]　在减数分裂的过程中，母系和父系的染色体之间还可以发生基因重组，这就进一步增加了遗传多样性。

"告诉"原始生殖细胞它们该成为哪一种配子。这个决定配子命运[1]的过程大约始于妊娠期的第六周，原始生殖细胞此时已经迁移到达了它们的目的地。没错，胚胎发育的过程不仅需要细胞分裂，还需要细胞迁移，每种细胞都必须要迁移到被指定的位置。

"生殖细胞"这个概念最早是由德国动物学家奥古斯特·魏斯曼在他 1892 年出版的《种质：遗传学原理》（*The Germ-Plasm: A Theory of Heredity*）一书中提出的。就像书的标题所暗示的那样，这本书不仅探讨胚胎学，也涉及进化学的内容。标题中的"质"（plasm）代表了那个时代的一种普遍观点：在博韦里和萨顿确立染色体是遗传物质的载体这一理论之前，人们认为遗传物质是通过细胞内的原生质体传递的。正如本书前文中介绍的那样，达尔文认为遗传可能是通过一些叫作"微芽"的颗粒实现的。他认为这些颗粒由体细胞释放，通过精子或卵子传递。魏斯曼是达尔文坚定的支持者，但他同时也坚信，构成我们身体的体细胞和形成配子的生殖细胞有本质的不同，因此体细胞内发生的变化不会被遗传给后代。魏斯曼用小鼠[2]做了实验，来验证自己的理论。他首先剪掉了数百只小鼠的尾巴，并观察这些小鼠交配后产生的子代小鼠的情况。随后，他又把这些子代小鼠的尾巴剪掉，并观察它们的子代的情况。魏斯曼就这样观察了五代小鼠，他发现每一代小鼠在出生时都没有缺失尾巴。[3]自此以后，那些认为后天获得的生物学特征可以被遗传的理论（比如由让-巴蒂斯特·拉马克在19 世纪初提出的理论）就再也站不住脚了。

---

[1]　在遗传学领域，细胞的命运指的是细胞在生物体的发育过程中将会分化成的细胞类型。——译者注

[2]　本书中的"小鼠"和"大鼠"是两种不同的实验动物，并不是"小的老鼠"和"大的老鼠"。——译者注

[3]　这种极端的实验实际上完全没有必要，魏斯曼自己也指出，虽然犹太教有施行割礼的传统，但"犹太男孩在出生时仍然是有包皮的"。

　　在魏斯曼看来，体细胞与进化无关，它们会随着生物体的死亡而消失。但生殖细胞可以产生更多的生殖细胞，所以生殖细胞在生物体的每一代之间是连续的（因而有"种系"这一概念和术语）。正因为如此，人们常说生殖细胞是永生的。当然，这种表达方式可能有些奇怪，因为这样一来，我们只要可以繁衍后代，就都是永生的。

　　在我们讲述如何以"自然的方式"制造一个人时，我们常常把卵细胞的受精作为故事的终点（至少在宝宝出生之前是这样）。在我们常见的故事中，受精与婴儿出生之间这段时间中所发生的一切似乎都被忽略了。在以前，青春期的孩子们会听到一些可怕的道德告诫（在一些文化中，这类告诫至今仍然存在）：只要精子和卵子相遇就会怀孕！对于乐于尝试一切新鲜事物的青春期孩子来说，他们或许确实需要这样的警告。但当人们谈到体外受精时，这又仿佛成了一种承诺：你只需要让精子和卵子结合到一起，就可以创造出渴望已久的新生命。如果最终结果不是这样，那一定是哪里出了问题。人们似乎认为受精卵最终一定会发育成为胎儿，除此之外的一切结果都是不正常的。

　　然而事实上，绝大多数无保护、有插入的性交都不会导致怀孕，这里的绝大多数指的是 99.9%。此外，大多数受精卵也不会发育成胎儿：在每 10 例确认的妊娠中，会有两三例发生自发性流产。不仅如此，大约 75% 的受精卵甚至都不会导致确认的妊娠。这是因为有的受精卵没有发育成多细胞的胚胎，有的受精卵虽然发育成了胚胎却没能在子宫中成功着床。这一点让人非常困惑，因为与其他动物相比，人类的繁殖能力实在太差了。这让人不禁会想，我们之所以这么重视性，会不会是因为我们繁衍后代的能力太差了？

用"能力太差"来形容人类的繁殖能力，不免会让人想到与"受精卵必然会发育成婴儿"的观点相关的道义责任（moral imperative）问题。因此让我们换个说法：在繁殖能力上，由于某些原因，人类是生物界中一个有些反常的物种。这不禁会让我们产生一个疑问：性真的是为了繁衍后代而存在的吗？毕竟，有些宗教卫道士坚信如此。但如果我们相信繁衍后代的能力是神赐予我们的，并且是人类承担的一种责任，那么我们至少也应该相信，上帝会希望我们对如此重要的一件事情多加演练。

当然，胎儿确实可以发育成一个婴儿，儿童读物里也是这么说的。但我们通常会把胎儿等同于一个小孩儿，等同于一个还没长大的人。或许胎儿的结构比例和我们还不太一样，他们的四肢要更粗短一些，但你仍能从胎儿身上看到人的雏形。20 世纪 60 年代中期，瑞典摄影师伦纳特·尼尔森拍摄了一套经典的胎儿的照片，这些照片被收入了 1965 年出版的《一个孩子的诞生》一书中。自此以后，这些照片就定义了我们对子宫中的胎儿的视觉印象。在这些照片中，胎儿仿佛自由地漂浮着，就像三年后上映的斯坦利·库布里克执导的电影《2001 太空漫游》中表现的那样。在有的照片中，你甚至都看不到胎儿的脐带。有人可能会觉得，这个"婴儿"或许已经可以吮吸自己的手指了。但事实上，这些是精心摆拍的流产后的胎儿的照片，照片中的胎儿已经没有生命，更不是身处在子宫当中。这些照片被精心挑选出来，讲一个有关生命、让人慰藉的故事。（至少在意识到母亲这个角色被从故事中剔除掉了之前，你会这样想。）

当胎儿初步具有人形的时候（通俗地说，也就是我们能够根据外观，将其和一个胚胎区分开的时候），大部分重要的发育过程都已经完成，发育中的大部分危险障碍也已经被克服了。而对我们来说，更重要的是胎儿这时已经具有人形，因此当我们谈论这个由细胞组成的物体时，将不再会为到底能不能将其称为人而感到疑惑。

但真正展现出我们的细胞具有相当多样的功能，或者说展现出我们的细胞所具有的"智慧"的，是早期的胚胎。在这个阶段，这些细胞不再只是组成我们的一部分，它们还在定义我们是谁。

从技术层面上讲，在一名女性体内的卵细胞刚受精时，她还没有怀孕。你可能会觉得这很奇怪（反正我是这么觉得的），但这并不是因为生物医学上某些古怪的定义，而是事实确实如此，因为从这时起直到受精后的第 4 天，受孕检测得出的都会是阴性结果。在受精后，受精卵会通过有丝分裂变成 2 个细胞，再变成 4 个，然后是 8 个……截至此时，这些细胞都能形成胚胎中任何类型的组织，因此它们被称为"干细胞"，它们具有全能性（totipotency）[1]。

换句话说，这些细胞中的每一个都可以形成一个单独的胚胎。在胚胎学发展的早期，人们还没有认识到这一点。比如德国动物学家威廉·鲁（Wilhelm Roux）就认为，细胞在受精卵第一次分裂之后就开始朝着不同的命运发育了。1888 年，他发表了在青蛙胚胎中实验的结果。在青蛙胚胎的二细胞或四细胞阶段，鲁用一根滚烫的针刺破了其中一个细胞。他发现，二细胞胚胎中剩下的那个细胞最终发育成了半个胚胎，因此他认为在这个阶段，细胞就已经被分配好了各自的命运。

但鲁的实验方法存在缺陷：他无法把被刺破的那个细胞的残存部分与另一个细胞分离开，而这些残存的细胞碎片会对胚胎随后的发育过程产生影响。20 世纪二三十年代，德国胚胎学家汉斯·斯佩曼

---

[1] 由于这种全能性，这些干细胞被称为"全能干细胞"，但需要注意，并不是所有干细胞都是全能干细胞，也就是说，并不是所有干细胞都拥有发育成所有组织的能力。——译者注

（Hans Spemann）在蝾螈的胚胎中进行了更加精细的操作，他用婴儿的头发制作了一个绳套，把早期的胚胎分成两个部分。斯佩曼发现分离出的两部分胚胎最终都能发育成完整的胚胎。[1] 斯佩曼的实验事实上用人工的方法创造了同卵双胞胎，因为他从一个胚胎创造出了两个拥有完全相同遗传物质的胚胎，因此你也可以把这个过程称为"克隆"。[2] 斯佩曼和他的同事以两栖动物为实验对象，因为它们的细胞比较大，徒手就能对它们进行精细的操作，当然，这些实验依然需要实验者有足够稳定的双手。

人类由全能干细胞构成的胚胎就像一个小球，漂浮在输卵管中，缓缓地向子宫移动。在卵细胞受精后的第 5 天，胚胎中已经有了70~100 个细胞，并且形成了一种被称为"囊胚"（blastocyst）的结构。当胚胎到达子宫时，一层原本包裹在卵细胞外起保护作用，叫作"透明带"（zona pellucida）的物质已经脱落，此时，胚胎已经"孵化"完毕并准备好着床了。

在这个阶段的胚胎中，并不是所有细胞最终都会成为人体的一部分。囊胚中的大部分细胞会为胚胎的发育提供空间或者营养上的支持。有些细胞会形成一层"外壳"，包裹着充满液体的中空结构，这些细胞被称为"滋养层细胞"（trophoblast cell），它们形成的组织被称为"滋养外胚层"（trophectoderm），滋养外胚层最终会成为胎盘。另一些细胞则会在胚胎内部聚成一团，这个结构被称为"内细胞团"

---

[1] 实际上，早在 1869 年，菲尔绍的学生恩斯特·海克尔就发现，在管水母（一种类似水母的生物）中，胚胎的碎片也能发育成完整的幼虫。但管水母其实是一种非常不同寻常的生物，它们并非水母，而是由一种微小的多细胞生物构成的大型生物，这些微小的多细胞生物被称为"个虫"（zooid）。

[2] 但并非所有脊椎动物都会这样。如果你把二细胞阶段的小鼠胚胎的细胞分离开，通常只有一个细胞会最终发育成小鼠。这说明在这种情况下，即使是在非常早期的阶段，胚胎中的细胞就已经有所不同了。

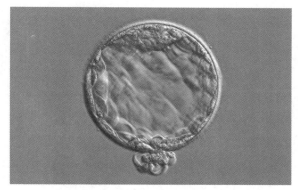

5 天左右的人类胚胎，这个阶段的胚胎被称为"囊胚"

（图片来源：图库 Shutterstock）

（inner cell mass），内细胞团会继续分化形成上胚层（epiblast）和下胚层（hypoblast）。上胚层会继续发育成胎儿，而下胚层最终会变成卵黄囊（yolk sac）。上胚层由胚胎干细胞（embryonic stem cell）构成，可以形成身体除胎盘外的所有组织，这种能力被称为"多能性"（pluripotency）。同卵双胞胎是由同一个囊胚中的两个内细胞团形成的，而异卵双胞胎则是由两个卵细胞分别受精形成的囊胚形成的。几天后，上胚层会被一层特殊的细胞覆盖，这个细胞层被称为"原始内胚层"（primitive endoderm），是由下胚层发育而来的。

　　一个胚胎的命运完全取决于它能否成功在子宫内膜着床。大约一半的胚胎都无法成功着床，这样的胚胎会在月经期被排出体外。无法着床是体外受精失败的常见原因之一。难怪从囊胚中细胞的分工来看，上胚层周围的那一层细胞虽然并不会成为胎儿的一部分，但似乎仍然是最重要的。因为如果胚胎无法着床，整个游戏就结束了。

　　着床是一个精妙而复杂的过程。在这个过程中，胚胎和子宫内膜细胞会通过激素和蛋白来交流。这个过程甚至比受精过程更加复

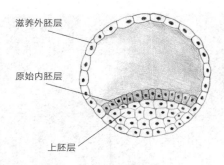

第 10 ~ 11 天的人类胚胎

（图片来源：菲利普·鲍尔绘）

杂。比如，胎盘不仅由囊胚中的滋养层细胞构成，也包含来自母体，被称为"蜕膜"（decidua）的组织。滋养层细胞和蜕膜的细胞拥有不同的遗传物质，两者必须齐心协力才能形成胎盘这个重要的器官。有些人会用饱含情感的语言和拟人化的手法把着床的过程比作母亲和孩子之间的亲密合作。但其实你也可以认为这是囊胚"入侵"子宫的过程，是一个生物体为了生存把另一个个体变为殖民地的过程。[1] 这是有关着床的两种描述，但两种都不是中立的描述。（当然，又有哪个故事是完全中立的呢？）

接下来就是最精彩的部分了。把胚胎中最终会发育成胎儿的那一部分称作"内细胞团"并不是一种委婉的说法，而是因为它看起来确实就是一团由细胞聚集而成，却没有固定形状的实体。如果你一定要认为婴儿的形成是一个奇迹，那么奇迹其实并不只在于内细胞团最

[1] 如果你认为这种表述太残酷了，那么你有必要知道，胎盘中发生的一些重要生化反应涉及的基因似乎是源自病毒的。

终发育成了人体，还在于在大多数时候，内细胞团可以发育成"样式"统一的人体：每只手有五个手指，所有的面部结构都在正确的位置各司其职，所有的器官也都长在它们该长的地方。当然，胚胎的发育有时候会出错，但令人惊叹的是，这种情况极少发生。

当胚胎以一个细胞为起点开始发育时，它并没有一个可以遵循的"方案"。细胞天生就能生长和分裂，但人的发育过程并非只取决于受精卵内的各种变化，这就好像四通八达的蚁丘的结构并没有被编码在每一只白蚁的体内一样。生物体的发育是一系列相互作用的结果，这些相互作用有的发生在细胞内，有的发生在细胞与细胞之间，是一种协作计算（collaborative computation）。目前我们对这种计算背后的逻辑还不是非常清楚，其结果也并不是百分之百确定的，而是会受外界扰动的影响。

这些细胞需要完成的任务很像是修建一座建筑，其策略是在漫长的历史中逐渐进化出来的。它们需要在时间和空间上密切协作，必须在特定的时间迁移到特定的地点，并向特定的方向分化。除此之外，它们还必须要知道自己应该在什么时候停止生长或者死去。

发育生物学家把细胞的这种特性称为"自组织"（self-organization）。这个词可能会让胚胎发育听起来有些像"魔法"，仿佛每个细胞都是有特定目标的自主的个体，但科学家现在对其中的很多原理已经有了相当多的了解。

胚胎发育过程中有两个关键的因素。首先，在细胞分裂的过程中，它们的功能会变得更加特化，这个过程被称为"分化"。在两细胞或四细胞阶段的胚胎中，细胞具有全能性，它们会分化成滋养层的细胞或者上胚层中的多能干细胞。多能干细胞在随后的阶段会继续分化，形成肌肉、皮肤、血液等组织和器官中功能更加特化的细胞类型，我们会在后面的章节中详细介绍。

　　其次，细胞可以在发育的生物体或器官内迁移，不同类型的细胞（通常是相似的细胞）还能根据自己对黏附性的偏好聚集在一起，这些过程使细胞可以聚集形成特定的空间结构。

　　细胞具有黏附性并可以借此聚集到一起，这一理论是 19 世纪 80 年代由威廉·鲁提出的。通过剧烈晃动青蛙的胚胎，鲁将胚胎中的细胞分散成了一个个单个的细胞。他发现这些细胞之后会重新聚集到一起，他认为这种重新聚集是细胞间的某种吸引力导致的。

　　20 世纪初，海洋生物学家亨利·V. 威尔逊（Henry V. Wilson）深入地进行了类似的细胞分离实验。他发现养在水族馆中很久的海绵 [1] 会变得"松散"，很容易就被分散成单个细胞。他还发现，用一块丝绸作为筛子，包住并挤压新鲜的海绵，就能把海绵的细胞分离开。当把这些被分离开的细胞放到一起时，它们会重新聚集在一起形成一个活的海绵。这个现象仿佛重现了单个细胞聚集并进化成原始的多细胞动物的过程（见第 97 页的"插曲 I"）。当威尔逊用不同种类的海绵进行这个实验时，他发现只有同一种海绵的细胞才能聚集到一起。20 世纪 30 年代，欧内斯特·埃弗雷特·贾斯特（Ernest Everett Just）[2] 发现，细胞间的这种有选择性的结合与细胞膜有关。事实上，细胞间的这种黏附性是通过从细胞膜表面伸出的蛋白实现的（特别是钙黏着蛋白家族的蛋白），这些蛋白可以特异性地相互结合 [3]。

　　几乎在同一时期，德裔美国胚胎学家约翰内斯·霍尔特弗雷特

---

[1]　这里的海绵指的是一类海洋生物。——译者注

[2]　欧内斯特·埃弗雷特·贾斯特（1883—1941），美国非裔生物学家，其最重要的科学贡献是发现了细胞表面在生物体发育过程中扮演的重要作用，但由于种族主义等原因，贾斯特的发现在很长的一段时间里都被科学界忽视了。——译者注

[3]　在生命科学领域，两个分子能够特异性地相互作用（比如此处的结合）是指两者能够有选择地彼此相互作用，而不与其他分子发生作用。总的来说，"特异性"可以理解为兼具选择性和排他性。——译者注

（Johannes Holtfreter）提出了"组织亲和性"（tissue affinity）这一概念，用于解释这种细胞黏附现象。1955 年，霍尔特弗雷特和菲利普·汤斯（Philip Townes）用碱性溶液处理两栖动物的组织，使这些组织中的细胞分散开，并研究这些分散的细胞是如何重新聚集到一起的。霍尔特弗雷特的研究很大程度上勾勒出了"细胞分选"（cell sorting）这一概念，正是细胞分选使不同种类的细胞构成的组织可以拥有特定的结构。

躯体的形成（科学上被称为"形态发生"）是由基因调控的，因此基因被很多人认为在发育中起决定性作用就不奇怪了。有些学者用乐谱来做类比：基因就像乐谱，可以指导乐曲的演奏，但并不能决定演奏的最终效果。这个比喻也不完全准确，因为如果你懂音乐的话，在看了乐谱之后你就能预估出演奏大概的效果，但基因却不是这样。有些时候使用比喻对我们理解事物并没有什么帮助，我们其实只需要原原本本地把故事讲出来。

"形态发生"的英语"morphogenesis"的字面意思是"形成的相应形状"（shape-formation），但这背后是细胞的分化过程：在分裂的过程中，胚胎干细胞会逐渐丧失形成多种细胞的能力，最终只拥有产生一种组织的细胞的能力。不同组织的细胞功能各有不同，心肌细胞必须能同步地搏动，胰腺细胞必须能分泌胰岛素，视网膜细胞必须能对光做出反应，等等。在这些细胞形成过程的背后，并不是细胞逐渐获得了新的特性，而是细胞通过关闭某些基因摒弃了自己不需要的功能，这就是细胞分化的本质。

在分化过程中，细胞必须知道自己应该在何时何地关闭或开启某些基因。它们是如何知道的呢？信号通常来自它们周围的细胞和组织。

在这些信号中，有的信号是某种化学物质。这些化学物质可以在空间中扩散，形成一个浓度梯度。通过感知周围环境中这种化学物质的浓度，细胞就可以判断自己在胚胎中所处的位置，从而确定自己的命运。

让我们想象一下这样的场景：胚胎中的一个或者一群细胞开启了某个基因来合成某种蛋白。假设这种蛋白能够扩散到细胞外（就像水从纸袋子中渗出一样），并且能进入其他细胞，这样，在整个胚胎中，这种蛋白的浓度就不会是均一的，离产生这种蛋白的细胞越近的地方蛋白的浓度就会越高，随着距离的增加，蛋白的浓度会越来越低。如果你能测定这种蛋白的浓度，那么你就可以根据浓度来判断你和产生蛋白的细胞之间的相对位置，也就是说你可以知道自己所处的具体位置。这就像是在一座很大的房子里，你可以通过气味找到厨房一样：气味越浓的地方离厨房就越近。

这些帮助细胞确定位置的"路标"蛋白被称为"形态发生素"（morphogen），细胞可以"感知"它们的浓度。形态发生素所形成的浓度梯度使胚胎能够形成不同的分区。

为了解释这背后的原理，让我们暂时放下人体，用一种更简单的胚胎来讲解。果蝇是一种看起来很卑微的生物，但在20世纪初却成为研究"复杂生命"的模型，这是因为果蝇不仅生存能力强而且易于饲养，非常适合用于遗传学实验，托马斯·亨特·摩尔根就是果蝇实验的大师。当然，果蝇和人类在发育和遗传的细节上有很多不同。果蝇的胚胎不同于哺乳动物的胚胎，并不会一开始就形成包含一个个细胞的细胞群。在受精后，果蝇椭圆形的卵细胞就开始复制含有染色体的细胞核，但形成的细胞核只是在整个卵细胞的边缘累积，受精卵并不会立刻分裂产生一个个细胞。当胚胎中有了大约6 000个细胞核之后，每个细胞核才会形成各自的细胞膜。在早期的胚胎中，这种没有细胞膜的结构使形态发生素的扩散变得非常容易。

　　形态发生素的浓度梯度决定了胚胎中不同区域间的边界，你可以把这种边界简单地想作是形态发生素的一条等浓度线。边界代表的是一个临界值，跨入这条边界，形态发生素的浓度就超过了某个具体的浓度值。

　　果蝇的胚胎就是通过形态发生素的临界浓度来确立其最初的发育模式 [1] 的。胚胎首先需要确定的是哪一端会在未来发育成头和胸，哪一端会发育成腹，换句话说，胚胎需要确立前后体轴。这种体轴是由一种名为"bicoid" [2] 的形态发生素蛋白决定的：胚胎"头"的那一端（被称为"前端"）会产生 bicoid，bicoid 会向"尾"的那一端（被称为"后端"）扩散，因此其浓度沿从前端到后端的方向逐渐降低。在浓度超过某个值时，bicoid 会和 DNA 结合，从而激活其他一些基因。这些基因的名字都十分生动有趣，比如 hunchback、sloppy paired 1 和 giant（这些基因通常都以它们突变后导致的缺陷来命名）。[3] 这些基因的激活是一个相当复杂的过程，其中一个原因是它们的激活还需要另一种蛋白形成的浓度梯度，这种蛋白从后端向前端扩散，名为"caudal"。在各种蛋白的浓度梯度的共同作用下，最终的结果是胚胎被分成了很多边界分明的体节，不同体节中表达的基因各不相同。这样，胚胎就不再是一个均一的体系，而是确立了一

---

[1]　在生命科学领域，"模式"可以通俗地理解为一个过程的"规律"或者"特点"，有时也指某些图案（有"规律"的图案）。比如，一个基因在哪些细胞中处于开启状态，在哪些细胞中处于关闭状态；胚胎中哪些细胞会发育成某一种器官，哪些细胞会发育成另一种器官，等等。——译者注

[2]　在生命科学领域，有许多基因和蛋白质都没有对应的中文名称，而且无论有没有对应的中文名，中文科学文献中绝大多数情况下也都统一使用基因和蛋白质的英文名。本书中文版依照这种惯例，除了少数大众读者已经非常熟悉的基因和蛋白质外，其他基因和蛋白质都统一使用英文名，如有必要，会注释说明基因或者蛋白质的命名原因。——译者注

[3]　这三个基因英文名的意思分别是"驼背"、"粗心的配对"和"巨人"。——译者注

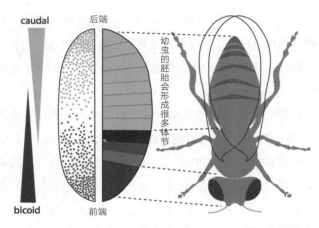

在果蝇的胚胎中，bicoid 蛋白和 caudal 蛋白的浓度梯度的变化方向正好相反。两种蛋白的浓度梯度会在胚胎的不同区域开启不同的基因，使胚胎形成不同的体节

（图片来源：菲利普·鲍尔绘）

根前-后轴（anterior-posterior axis），不同的体节沿着前-后轴排列，不同的体节随后会分别发育成果蝇的头、胸和腹。在脊椎动物中，神经管似乎也是通过类似的蛋白浓度梯度来确立结构上的分区的，在这种分区的基础上，神经管最终会发育为大脑和脊髓。

果蝇中还有其他的形态发生素，它们也通过浓度梯度来调控躯体其他轴的形成。比如，一种名为"dorsal"的蛋白会参与确立果蝇胚胎的背-腹轴（dorsoventral axis）。背-腹轴决定了胚胎的哪一面会发育成果蝇的背面（也就是将会长出翅膀的那一面），哪一面会发育成腹面。在每一种情况中，当形态发生蛋白的浓度超过一个临界值时，这些蛋白就会开启或者关闭特定的基因。通过一系列这样的过程，果蝇的胚胎就会以确立最基本的方向（前后轴和背腹轴）为起点，发育出越来越精细的结构。

化学物质的浓度可以调控胚胎发育这一观点最初是由西奥

多·博韦里在 20 世纪初提出的。博韦里认为，通过产生某种能在胚胎中扩散，从而形成一种浓度信号的化学物质，一个细胞可以决定它附近细胞的命运。1924 年，汉斯·斯佩曼和希尔德·曼戈尔德（Hilde Mangold）的研究证实了这一点：当曼戈尔德把两栖动物胚胎中一个区域的细胞移植到另一个区域后，她发现这些被移植到错误位置的细胞会导致胚胎发育异常。斯佩曼和曼戈尔德把这样的细胞群称为"组织者"（organizer）。[1]

20 世纪 30 年代，英国生物学家朱利安·赫胥黎（Julian Huxley）和加文·德比尔（Gavin de Beer）通过鸟类胚胎中的实验验证了有关"组织者"的理论。赫胥黎和德比尔提出，斯佩曼发现的"组织者"可以产生一种能影响发育过程的"发育场"。斯佩曼认为，这种"场"类似于物理学中的磁场或者电场，但赫胥黎、德贝尔，以及发育生物学中这个新兴领域的其他同时期学者则猜测，形成这种"场"的应该是某些化学物质。直到 20 世纪 60 年代，才由生物学家刘易斯·沃尔珀特（Lewis Wolpert）的发现阐明了"组织者"的工作机制：通过建立形态发生素的浓度梯度，这些形态发生的中心可以对胚胎进行"分区"。

在这整个故事中，有一个重要的环节我一直都没有讲。我在前文中提到过，果蝇胚胎的形态特征的建立是由受精卵前端产生的 bicoid 蛋白引发的。但又是什么诱导了 bicoid 蛋白的合成呢？bicoid 基因又是如何"知道"它处于胚胎前端的呢？

答案是"它的妈妈会告诉它"。在受精之前，果蝇的卵细胞是附

---

[1] 曼戈尔德在弗赖堡大学跟随斯佩曼读研究生时完成了有关"组织者"的实验，并与斯佩曼共同撰写了有关"组织者"在胚胎形成中的作用的论文。然而在论文发表前夕，曼戈尔德在给她的孩子热牛奶时不幸死于煤气爆炸，因此未能和斯佩曼分享 1935 年的诺贝尔奖。

着在雌果蝇的卵泡上的。一类被称为"哺育细胞"（nurse cell）的特殊细胞会把制造 bicoid 蛋白所需的原料累积在卵细胞的前端，这种原材料是 RNA 分子，它们是细胞根据基因合成出蛋白质的"中介"。因此，在卵细胞受精的那一刻，胚胎的发育模式就已经建立起来了。换句话说，胚胎中的细胞从一开始就需要依靠周围的细胞来告诉它该做什么。也正因为如此，人的受精卵是无法在体外完全孤立的条件下发育的。受精卵必须在子宫中着床，这样它才能产生"方向感"。但异位妊娠（在输卵管内发生的妊娠）的例子告诉我们，这些发育信号不一定是来自子宫的，我在后文中还会探讨是否有可能在体外产生类似的信号。

人们常说，制造一个人的所有信息都储存在受精卵的基因组中，或者再往前推一步，都储存在形成受精卵的精子和卵子中。但上述事实告诉我们，这样的说法严格来讲是不正确的。更准确的说法是，人类胚胎的发育还需要来自环境的定位信息（具体地讲，还需要来自子宫内膜的信息）。此外，在发育的胚胎中，每个细胞都需要从周围的细胞获得发育信息，只有这样，发育的过程才不会偏离轨道。就像赫胥黎和德比尔的移植实验证明的那样，如果破坏掉环境提供的这些信息，你就能破坏整个发育过程，尽管这时每个细胞仍然保有完整的"遗传程序"。

因此，和设计图纸或者说明书不同，胚胎发育的信息从一开始就不是完全编码在受精卵的基因组中的。胚胎的发育依赖的是基因在特定的时间和空间的精准表达，而这依靠的是细胞与细胞之间（包括母体的细胞）的协作，并且会受到随机事件的影响。要想理解胚胎学以及复杂组织和生物的发育过程，我们就不应该指望在受精卵中找到一套完整的"说明"，而是应该努力去发现并解释各种信号在发育过程中是如何传递的（以及寻找这些信号的各种源头）。

基因组就像一本书中所有单词组成的列表一样，你需要额外的信息才能把这些单词按照正确的顺序排列起来，这样这些单词才不只是一堆字母，才会有特定语境下的含义。这些含义并不源自单词本身，而是由上下文决定的，也就是由它和它周围的单词共同决定的。当然，我在这里又要强调，没有一个比喻可以完美地阐述基因在构建生物体时起的作用，这个比喻也一样，所以在使用这样的比喻时一定要谨慎。

　　我不会长篇累牍地讲解人类与果蝇胚胎发生过程（embryogene-sis）[1] 的区别，但有必要介绍一下其中最基本的一项区别。你可能会想象，人的囊胚内细胞团上有一些人形的"图案"，就像斑马的条纹一样，胚胎发生的信息就印在的这些"图案"上，但实际情况并非如此。[2] 在人类的胚胎中，细胞一直在迁移，组织会生长、卷曲、折叠，从而形成躯体。参与这个过程的各种细胞都十分活跃，其间一种类似"折纸"的过程和细胞的分化并行发生。这个过程的第一个阶段被称为"原肠胚形成"（gastrulation），就人类的情况而言大约始于受

---

[1]　胚胎发生是指胚胎的构造从简单到复杂的发育过程。——译者注

[2]　斑马的条纹也被认为是通过形态发生素的作用形成的：至少两种形态发生素参与了这一过程，它们会通过相互作用，共同调控表皮细胞中色素的形成过程。扩散的形态发生素引发"条纹"的形成这一理论是由英国数学家阿兰·图灵在 1952 年提出的，他的理论如今被认为适用于许多动植物的形态发生过程，包括毛囊近似规则的分布，以及狗的上颌脊线的形成。与前文提到过的例子一样，图灵的理论也涉及用形态发生素的扩散来确定胚胎中的位置，但在图灵的理论中，两种因子会发生化学反应，化学反应的结果又可以作为反馈信息进一步影响发育过程，这使胚胎可以形成更加复杂的发育模式。图灵的理论向我们展示了这些最基本的元素是如何通过其自身的特性（扩散或者发生化学反应的速度）形成复杂而有规则的发育模式的。

精后的第 14 天（此时怀孕的女性可能刚注意到月经周期的异常）。有些科学家把原肠胚形成的阶段视作一团细胞发育成一个生命体的真正起点：从这时开始，人形成了。

科学家们一直都很喜欢一个有些无趣的笑话：如果一个物理学家要研究一头牛，他（她）会首先把问题简化，把牛视作一个球体。更无趣的是，在发育的早期，人体大致就是这样的（牛的躯体也是如此）。如果把人体最大限度地简化，那么人体的结构可以看作包含三部分：一条由嘴，经过肠道，到达肛门的消化道；一层把人体与外界隔开的皮肤；被塞在消化道和皮肤之间的其他结构。躯体的一端是头，也就是前端，另一端当然就是后端。在原肠胚形成过程中，会有类似的结构形成（"原肠胚形成"的英语单词"gastrulation"的意思就是"形成肠道"）。对于有些生物来说（比如有些蠕虫和软体动物），整个发育过程就是这么简单：在原肠胚形成的过程中，胚胎会折叠成一根粗大的管道，或者折叠成甜甜圈的形状，其内部有一根管道连接着口和肛门，整个发育过程一下子就完成了。

人类胚胎的这个过程要复杂得多。胚胎的中央会形成一道被称为"原条"（primitive streak）的沟，原条随后会发育成脊柱和中枢神经系统的轴，前文中提到的神经管就是在此基础上形成的。在这之后，胚胎的折叠过程有点难以用语言描述。经过折叠，胚胎会形成一个新月形的结构，这个结构将会发育为胎儿，胎儿与卵黄囊相连（卵黄囊可以为早期胚胎供血），也通过脐带与胎盘相连。原肠胚阶段最重要的一个变化是人类胚胎开始分化成不同类型的组织，也就是说胚胎中的细胞开始失去其多能性，变得更加特化。胚胎最内的一层被称为"内胚层"（endoderm），将会发育成肠道。[1] 最外的一

---

[1]　作者此处只是举例，内胚层并不只是发育成肠道，还会发育成其他一些组织和器官。——译者注

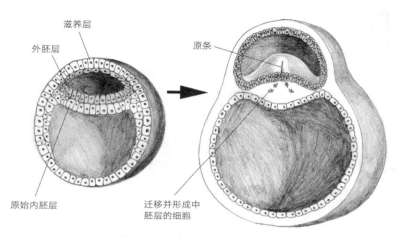

人类胚胎的原肠胚形成阶段以及原条的形成

（图片来源：菲利普·鲍尔绘）

层被称为"外胚层"（ectoderm），将会形成皮肤和神经系统（包括大脑）。在内胚层和外胚层之间是"中胚层"（mesoderm）。中胚层将会发育成许多内脏和组织，包括心脏、肾脏、骨骼、肌肉、韧带以及血细胞。在这个阶段，一部分胚胎干细胞会成为生殖细胞的前体细胞（precursor），它们将最终形成配子（也就是精子和卵子）。

　　此时的胚胎上已经勾勒出了人体的"草图"，细胞开始变得特化，接下来要做的是"精雕细琢"。比如，头部的有些神经细胞并不会发育成神经元，而是会形成眼睛中的视网膜细胞（这个过程大约发生在妊娠期的第 5 周）。[1] 有些细胞并不会在它们最初所处的位置分化，而是会迁移到胚胎中的其他位置，在那里完成分化，我们在前文中提到过的原始生殖细胞就是如此。在胚胎发育的早期，两种性别的性器官的发育过程是完全相同的：性器官发育的"默认"方向是雌性

[1]　作者此处的表述不够准确，这里提到的视网膜细胞也是神经元，作者使用这种表述可能是希望区分开脑中的神经元和视网膜上的神经元。——译者注

的性器官。只有在细胞拥有一条 Y 染色体时，胚胎中随后才会诱导形成雄性的性器官，因为在 Y 染色体上有一个名为 SRY 的基因，这个基因控制着雄性特征发育所需的其他基因。

这些器官逐渐成形并发育成熟的过程是通过细胞间的"对话"完成的。在发育的不同阶段，不同的分子信号会在细胞间传播，这样细胞就可以和它们的邻居一起，合作完成各种任务。正如细胞生物学家斯科特·吉尔伯特所说的那样，"每个器官中的一部分都会协助其他部分的形成"[2]。从发育上看，我的迷你大脑这样的类器官并不完美（比如，它们在形态上就不完美），原因就是它们缺少来自周围组织的信号。要想构建人体，甚至只是构建一个器官，细胞都需要处于群体之中。

我在上文中介绍过，与发育有关的基因可以通过能扩散的形态发生素来相互作用和调控，但这只是胚胎发育过程的一部分。这些信号还能产生长远的影响：在这些信号的作用下，胚胎中的细胞会开始分化，转变成不同种类的细胞，而不同的细胞之间的差异会永久地印记（imprint）在细胞上。

但这些细胞的基因组是完全相同的，这些差异是如何产生的呢？

在分子遗传学这门学科发展的早期，托马斯·亨特·摩尔根和其他一些学者就意识到了这个问题，但当时他们对这个问题毫无头绪，因此就把它搁置到了一旁。到了 20 世纪五六十年代，DNA 的遗传密码被破解，人类似乎有望用简洁的机理来解释细胞的运作过程，因此这个问题也就显得不那么重要了。早在 1941 年，摩尔根的学生乔治·比德尔（George Beadle）和另一位生物化学家爱德华·塔特姆（Edward Tatum）就发现，基因（尽管当时科学家并不十分清楚"基因"究竟是什么）可以编码酶（一类蛋白质）。[1] 因此，人们认为对于每一个基因，都有一个独一无二的蛋白与之对应，而最关键的问题是基因是如何产生蛋白质的。在沃森和克里克发现 DNA 的双螺旋结构后，这个问题似乎有了答案：DNA 携带着蛋白质的编码信息，而 RNA 和核糖体则是翻译产生蛋白质的机器。

但在发育的生物体中，一个基因编码的蛋白质是如何引发相应的表型特征的呢？这个问题的答案就没那么明显了。到 20 世纪 60 年代，大部分科学家都认为，基因以某种尚不十分清楚的方式控制着生物体的"发育程序"，而这一"发育程序"，正如美国生物学家、历史学家、哲学家伊芙林·福克斯·凯勒（Evelyn Fox Keller）所说的那样，"源自预先存储在 DNA 中的一系列指令"³。法国生物化学家雅克·莫诺（Jacques Monod）[2] 认为，在基因的运作方式方面，"大肠杆菌和大象之间并没有什么区别"。因此，当时的科学家认为，阐明基因产生蛋白质的通用机制是理解发育过程的关键，似乎只要产生了蛋白质，自然而然就会得到一个完整的生物体。可如果是这样的话，为什么大肠杆菌和大象如此不同呢？

根据上面这样的理论，理解发育过程的关键就在于理解基因序列中隐含的信息，因此生物学的终极目标就是解码这些序列。在很长的一段时间里，科学家不断对这一观点和策略加以完善，直到人类

---

[1] 比德尔和塔特姆因这一发现于 1958 年与美国生物学家乔舒亚·莱德伯格（Joshua Lederberg）分享了诺贝尔生理学或医学奖。——译者注

[2] 雅克·莫诺（1910—1976），法国生物学家，因为在酶和病毒合成的遗传控制领域的发现于 1965 年与法国生物学家弗朗索瓦·雅各布、安德列·利沃夫（André Lwoff）分享了诺贝尔生理学或医学奖。——译者注

基因组计划的出现将它推向了顶峰。人类基因组计划始于 20 世纪 90 年代，在 2001 年至 2003 年间，科学家们宣布，他们已经完成了对人类基因组序列绝大部分的测序工作。[1] 人类基因组计划的目标很简单——获得基因组的序列，因为这些序列被认为是控制所有生命活动的最基本信息。与此相比，遗传学则致力于寻找基因与表型之间的关联。至于基因控制相应表型的原因和机制，科学家们常常用基因的"行为"这样一个模糊的术语来描述。正如凯勒所指出的那样，"基因的行为"这个概念"让科学家们心安理得地继续他们的工作，几乎完全忽视了这种所谓的行为究竟是什么这一问题"。有科学家认为，在导致某种表型的一系列因果链中，基因是处于最顶端的要素。正如诺贝尔奖获得者大卫·巴尔的摩（David Baltimore）[2] 所说的那样，在生物体的发育过程中，基因组是"决策者"，控制着细胞中那些"油腻的机器"[4]。（工程师们可能更能理解这样的偏见吧。）

因此，当时的科学家认为整个发育过程就像一种"填色游戏"，"色块"的信息就存储在基因组中。这样一来，对于人类这样的复杂生物体，基因组中必然包含数量巨大的基因。在人类基因组计划开始时，生物学家们对基因组中的基因数量进行了估计。大部分人认为人

---

[1] "人类基因组序列"这个术语导致了很多误解，有人可能会问"究竟是谁的序列？"，因为毕竟人与人之间的不同在很大程度上是由遗传因素决定的。但不同的人 99.9% 的基因组序列都是相同的，让我们每个人各不相同的是剩下的那 0.1% 的差异。这些差异很多都会导致基因突变，各种基因的这些不同"版本"以不同的排列组合方式存在于不同的个体中。对于一个特定的基因来说，不同的"版本"控制的是同一个过程，比如都编码一种酶，两个不同"版本"的基因所编码的酶可能只是在结构和活性上有非常细微的差别。因此，把所有人的基因组统称为"人类基因组"并没有太大的不妥。

[2] 大卫·巴尔的摩，生于 1938 年，美国生物学家，因"发现肿瘤病毒与细胞遗传物质间的相互作用"于 1975 年与美国生物学家霍华德·马丁·特明（Howard Martin Temin）、意大利裔美籍生物学家雷纳托·杜尔贝科（Renato Dulbecco）分享了诺贝尔生理学或医学奖。——译者注

类有 5 万～7 万个基因，有人认为最多可以有 14 万个，而少数几个科学家则大胆地猜测人类只有 26 000 个基因。

人类基因组计划的结果表明，答案是 23 000 个。

这件事常常被用作例子，告诫大家专家也会出错。但这件事更重要的意义是，它告诉我们基因组并不是像我们设想的那样运作的。

动物学家弗雷德·尼浩特（Fred Nijhout）是最先指出这一点的人之一，他说："对于基因在发育过程中所扮演的角色，一种更全面、更有用的理解是，基因为发育提供了所需的物质……它们是促进细胞发生变化的'催化剂'，但这种'催化'依赖于周围的环境……基因可以有效地确保在正确的时间和地点，发育所需的物质始终有充足的供应。"[5] 这种观点与巴尔的摩的"决策者"理论不同。在尼浩特看来，基因更像是引导一群人的总务人员。尼浩特有这样的想法并非偶然，这与他的研究领域有关，他研究的是蝴蝶翅膀图案背后的遗传学原理。蝴蝶翅膀的图案是由少数几个基因决定的，这些基因所编码的形态发生素通过扩散形成不同的分区。在每个分区中，不同种类的形态发生素发生相互作用，不同的作用方式可以形成多种多样的图案。而这些分区的形成正是基因在不同时间和空间表达的结果。在这个例子中，简单地说某个基因做了什么（当然，它编码了某种蛋白）是没有意义的，需要说明的是这个基因在何时何地做了什么。

人体是由很多不同的组织精确组合而成的，结构非常复杂。但越来越多的科学家逐渐开始认识到，形成这样的复杂结构并不需要很多基因，因为多个基因能够形成"网络"，以网络的形式起作用，在不同的时间产生不同的基因表达模式。对于 23 000 个基因来说，可以形成的不同网络的数量是相当惊人的。

那么基因是如何获得和改变自己的行为模式的呢？在同一个个

体不同种类的细胞中，或者在不同发育阶段的相同种类的细胞中，基因的活性是能够被改变的，可以被激活或者沉默（silence）[1]，研究这类变化的科学被称为"表观遗传学"（epigenetics）。"表观遗传学"的英文前缀 epi- 的意思是"以外"，这表明了它"基因以外"的意思。但表观遗传学的真正内涵是，我们所能观察到的基因活性的结果，也就是表现型（比如组织中细胞的类型），并不只是由基因型（细胞中有哪些基因）决定的，而是由细胞中有哪些基因处于激活状态决定的。表观遗传学研究的是基因是如何被修饰的，这些修饰能够决定基因是否表达，或者改变基因的表达量。

基因的激活和抑制可以通过几种方式来实现。其中一种是在基因上添加一些分子"标签"，这些分子"标签"可以阻止细胞的转录装置与基因结合，从而抑制基因的表达。比如，有一些蛋白可以在DNA 的碱基上添加甲基（由一个碳原子和三个氢原子组成的基团），这些甲基可以在基因周围形成一种"盾牌"，使基因无法被转录，这样这个基因就被关闭了，细胞将无法合成它编码的蛋白质。另一种形式的表观遗传学调控是通过组蛋白的化学修饰实现的。在染色体中，组蛋白包裹着 DNA，因此对这些蛋白质的修饰能够影响基因的表达。

这种给基因加上"别管我"标签的调控方式可能很好理解，另一类同样重要的表观遗传学调控过程就有些难理解了。这种调控与DNA 被压缩成染色体的过程有关。我们在本书的前文中提到过，由DNA 和组蛋白组成的结构叫染色质。在处在细胞分裂期的细胞中，染色质会经过有序的折叠、盘绕，形成致密的染色体（此时的染色体通常呈 X 形）。而在细胞周期的其他阶段，染色体会解开折叠，使结构变得松散，这样细胞的转录装置就更容易与基因结合。因此，一个

---

[1] "沉默"是指基因的活性被完全抑制。——译者注

基因的"活跃程度"与基因所处位置的染色体结构有关。

染色体结构调控基因活性的一个例子发生在雌性的细胞中。雌性细胞中有两条 X 染色体，分别来自双亲。如果两条 X 染色体都处于被激活的状态，那么由 X 染色体上的基因产生的蛋白质就会超出细胞所需，从而导致异常。因此，在胚胎发育的早期，细胞会使一条 X 染色体失活。在这个阶段，每个细胞会随机地沉默父系或者母系的 X 染色体，这个细胞分裂产生的子细胞也会沉默同样来源的 X 染色体。这样，在雌性动物体内就会有大致相同数量的父系 X 染色体失活细胞和母系 X 染色体失活细胞。X 染色体失活现象是由遗传学家玛丽·莱昂（Mary Lyon）在 20 世纪 60 年代首先发现的，科学家花了很多年才弄清楚它背后的原理。现在我们知道，X 染色体失活是通过一个基因引发一系列事件导致的，这一系列事件会使染色体的结构被压缩得非常致密，从而使细胞的转录装置无法与之结合。这样，虽然这条染色体上的所有基因依然存在，也会在细胞分裂时被复制并传递给子代细胞，但染色体的结构使它们仿佛被隐藏了起来。

在以 DNA 为修饰目标，调控基因表达的表观遗传学修饰中，有一些是在细胞分裂和发育的过程中自动发生的，每一种细胞都有不同的表观遗传学修饰模式。因此，一个受精卵发育为胚胎并进一步发育为一个个体的过程，并不只是一步步地执行所谓的遗传学"程序"，而是一个连续并且不断变化的过程：在特定的时间和地点，"程序"会通过表观遗传学修饰被"编辑"。

20 世纪中期，英国胚胎学家康拉德·哈尔·沃丁顿（Conrad Hal Waddington）用了一个比喻来描述细胞分化过程中的表观遗传学变化。他把早期胚胎中的细胞的分裂和发育过程想象成是穿越一片广袤的土地。这一路充满了各种可能，细胞从山顶出发，下行进入具有很多分支的山谷，每到一个岔路口，细胞（更准确地说是分裂中的细胞谱系）就需要决定自己之后的命运，比如，是成为肺脏的前体细胞还是心脏的前体细胞。一旦细胞落入某一个山谷，它就再也不能逆行回到山顶了。

分化过程很早就开始了。事实上，上胚层中的胚胎干细胞就是分化过的细胞，因为和受精卵最早分裂产生的细胞不同，这些细胞已经失去了全能性。在这些胚胎发育早期产生的细胞中，有一些已经在沃丁顿的景观模型中开始进入山谷，形成胎盘或者卵黄囊，而不是胎儿身体的某个部分。在原肠胚阶段，外胚层、中胚层和内胚层的细胞已经进行了更进一步的分化，它们的功能正变得越来越细化。

由于细胞在胚胎发育早期就会对自己的命运做出选择，因此生殖细胞必须在很早的阶段形成。当然，一个尚未成形的胚胎这时并不"需要"精子和卵子，但胚胎必须在细胞失去过多多能性之前留出一

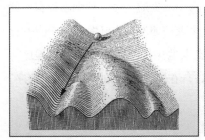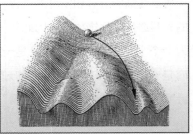

沃丁顿的景观模型

两个小球的移动轨迹代表不同细胞谱系的发育轨迹。所有细胞谱系的轨迹都以一个具有全能性的山谷为起点（对应于受精卵开始分裂）。小球进入不同的山谷代表细胞发育并分化成不同种类的细胞

（图片来源：根据 1957 年版《基因的策略》插图改编）

部分细胞，用于形成生殖细胞。毕竟，生殖细胞需要形成具有全能性的受精卵，如果染色体已经被过多地修饰或者沉默，它们就无法胜任这样的任务了。然而生殖细胞中确实有一些基因已经通过表观遗传学修饰被沉默了，但这些修饰会在配子结合形成具有全能性的受精卵时被除去。

除了上面提到的生殖细胞的情况外，表观遗传学层面的改变是一条"单行道"。这也是我们各种组织的细胞能够在生长过程中记住并维持它们"身份"的一个原因，比如皮肤细胞会分裂形成更多的皮肤细胞，而不会自发地变成肌肉细胞或者干细胞。这说明细胞的复制不仅仅是复制染色体那么简单，细胞还需要复制染色体上那些决定细胞身份的修饰。

这也意味着和我们每个人都有反映家族历史的家谱一样，我们身体中的每个细胞都有它的"谱系"，其"家族史"开始于受精卵，随着我们进入坟墓而结束，只有一小部分生殖细胞例外（如果我们有后代的话）。比如，一个肝脏细胞是由胚胎干细胞经过一系列的中间状态细胞形成的，在这一过程中，这些中间状态的细胞会越来越特化，逐渐丧失发育成多种细胞的能力。在奥古斯特·魏斯曼提出体细胞（"会死的细胞"）和生殖细胞（"永生的细胞"）的根本区别时，他第一次提出了细胞谱系这一概念。

从上文介绍的这些内容中，我们可以看到，很明显，细胞的发育过程会引发改变。就像生物体的进化过程一样，在发育的细胞中，基因也会发生变化。在细胞每一次分裂时，基因组的 30 亿对碱基在复制的过程中都有一定的概率会出错，也就是说它的子细胞的基因可能会发生突变。细胞会花很大的精力来避免这些错误发生，用一种分子"校对"机制来检查复制过程中发生的错误。然而，染色体上的碱基数量太庞大了，即使有这样的"校对"机制，错误仍然不可避免。

据估计，在人体大约 $3.7×10^{13}$ 个细胞的染色体上，有大约 10^{16} 个突变。[1] 这意味着我们的每个基因都会在我们生命中的某个时刻发生突变。

幸运的是，这些突变中的大多数都无关紧要，并不会影响基因的功能。但有些突变却会带来严重的后果，最著名的例子是某些基因突变会引起细胞功能异常，从而导致癌症（见第 148 页）。但即使是具有潜在危害的突变，如果发生在发育过程的较晚阶段，也可能不会产生影响，因为在这种情况下，突变只会发生在少数的细胞中。然而，如果体细胞的突变发生在胚胎发育的早期，突变就会被传递给突变细胞随后分裂、分化产生的所有细胞。这样发育成的个体就像是被"补丁"或者"马赛克"拼起来的一样，不同的"马赛克"中的细胞的基因组存在细微但明显的差别。这种现象被称为"镶嵌性"（mosaicism），很多疾病都与此相关，癌症只是其中一种。由体细胞突变引发的镶嵌现象在大脑的神经元中尤为常见，科学家认为，很多大脑相关疾病，包括自闭症在内的认知障碍都与之有关。即使是良性的突变也可能存在外观上的表现（也就是有明显的表型），比如某些突变会导致皮肤色素呈条纹状分布，形成所谓的"布拉什科线"（Blaschko's line），而另一些突变则会使皮肤上长出被称为"焰色痣"（port-wine stain）的红斑。

有一种发生在雄性胚胎中的镶嵌现象非常罕见而又不同寻常。在雄性的胚胎中，当一个细胞没有成功地把 Y 染色体传递给它的子

---

[1] 突变发生的概率，也就是"出错率"有可能是在进化过程中经历过优化的，因为进化过程正是通过突变实现的。也就是说，出错率可能并没有被限制到最小的程度，而是生物体通过控制"校对"的效率对出错率进行微调，使突变的总体结果尽可能对生物体有利。但无论情况如何，我们体内的不同细胞所携带的突变都存在差异，因此，严格地说，认为我们体内的每个细胞的基因组完全相同这样的想法是错误的。

细胞时，分裂产生的子细胞中就只有 X 染色体，因此这些细胞将会以雌性细胞的身份分裂和发育，从而导致胚胎成为一个既拥有雄性特征又拥有雌性特征的镶嵌产物。尽管这一现象十分罕见，但它提醒我们，细胞是具有"自主性"的。即使是在"应该"发育成雄性的躯体中，也不存在细胞必须遵从的统一命令，那些"雌性化"的细胞并不会听从它们的"雄性"邻居的号令。

因此，在细胞分裂和分化的过程中，基因突变是随机发生的。与此相反，可以引发细胞分化和不同组织形成的表观遗传学修饰却通常是系统的，并且是预先设定在基因中的。这并不是说某种修饰一定会发生，而是说只要发育过程正常，表观遗传学修饰必定是发育过程的一部分。然而，有一些表观遗传学修饰事实上并不是预先设定好的，而是细胞或者生物体对环境中突发的变化做出的反应，这些变化也包括相互作用的基因形成的网络中发生的不可预测的事件。这就是同卵双胞胎虽然基因组相同，外貌却可能在长大后变得相当不同的原因：他们在成长过程中可能会受到来自环境的不同刺激，这会改变他们基因的表观遗传学"程序"。有些食物中的化学物质，比如咖喱中的姜黄素和葡萄中的白藜芦醇，似乎会通过表观遗传学效应影响癌细胞中染色体的折叠方式，而缺乏叶酸（豆类和谷物中含有的一种物质）则会影响 DNA 的甲基化模式。（当然，葡萄酒和咖喱酱是不是具有保护作用，可以使人免于患上癌症就是另一个问题了。）药物和污染物也可以通过影响细胞的表观遗传学"程序"（它们其实也会影响基因的编码）对细胞产生或好或坏的影响。

早在 1942 年，沃丁顿就提出了"表观基因型"（epigenotype）这一概念，他认为表观基因型是"发育过程中基因型和表现型的总和"。基于这样的历史，表观遗传学近些年才被描述为"正在引发生物学革命"的领域就有些令人感到奇怪了。这或许是因为人们喜欢把整个发育过程简化，认为在这个过程中，细胞只是像一架自动演奏钢琴一样，弹奏着基因写就的打孔乐谱。然而，这种理解完全错了。

直到过去的几十年间，我们才在细胞和分子尺度上对表观遗传学的原理有了较为细致的了解。当然，还有很多认知的空白需要填补。有的研究人员现在会说表观遗传学编码可以影响并调控"强大无比的"基因编码，但表观遗传是一个动态过程，因此"编码"可能不是一个恰当的比喻。当然，成纤维细胞可能会有特定的表观遗传学特征，但人体的表观遗传学状态是随着我们的生长发育和周边环境不断变化的。

只有认识到细胞的表观遗传学状态可以随着外界的变化而变化，才能引发真正的生物学革命。我的皮肤细胞可以长成迷你大脑表明，细胞命运的特化并不是不可逆的。如果我们用进化的过程来类比，我知道这听起来可能会有些疯狂，那么这就像是说人可以被变回人类的祖先——南方古猿一样（更准确地说，是变回我们，也就是智人，和原始人类共同的祖先）。

但对于细胞来说，这样的过程是可能的。我们的体细胞的历史可以被逆转或者修改，而这样的修改可以完全改变细胞的发育"潜能"，也使我们可以利用细胞做更多的事情。我们会在后面的章节中详细讲述这一过程是如何实现的。

基因、表观遗传学水平的调控以及细胞的活动三者相互作用，使受精卵得以发育成一个人。毫无疑问，在这个过程中会有很多意外发生。当然，环境可能会在其中扮演重要的作用，甚至可能会引发灾难性的后果。比如，在女性怀孕期间，如果药物（无论是合法的还是不合法的）、酒精、激素或者环境中的污染物进入孕妇的血液中，就有可能对胚胎或者胎儿产生不良的影响。

有人可能会认为，这不过是制造人的"程序"有没有按既定方式执行的问题而已。但在本章的末尾，我想再讲一个例子，这个例子同样表明，把人体简单地视作受精卵内基因信息读取产物的观点大错特错了。发育为一个复杂人体所需的全部信息不可能被压缩储存在一个细胞中。人类社会复杂而多样，组成人体的细胞社会也同样如此。

例如，对于异卵双胞胎来说，每个个体的体内都可能有来自对方的红细胞。红细胞是人体中一种特别的细胞，它们没有染色体。这些细胞不是由细胞分裂形成的，而是由骨髓中一种特殊的细胞转化而来的。红细胞有不同的分型，也就是血型，血型是由细胞表面的蛋白质分子的化学结构决定的。通常，每个个体只拥有一种血型的红细胞，但双胞胎却可能同时拥有对应于两个人血型的红细胞。

这一现象是美国生物学家雷·欧文（Ray Owen）于 20 世纪 40 年代首先在牛的异卵双胞胎中发现的。1953 年，英国医生艾弗·邓斯福德（Ivor Dunsford）和罗伯特·雷斯（Robert Race）发现人也有类似的现象。一位被记录为"McK 夫人"的病人在献血前的检验中被发现拥有两种血型的红细胞。McK 夫人并没有在世的双胞胎兄弟姐妹，不过她告诉两位无比困惑的医生，她曾经有一个双胞胎兄弟，但他出生后 3 个月就去世了。导致这种混合血型现象的原因是双胞胎在子宫中会共用一套血液循环系统，因此他们的造血细胞可能会发生交换，这些造血细胞在双胞胎出生后会继续产生红细胞，并维持很长一段时间，甚至持续终生。

如果一个生物体拥有源自多个"生物个体"的细胞，并且这些细胞还能执行正常的生理功能，那么这样的个体就被称为"嵌合体"（chimera）。罗伯特·雷斯在描述 McK 夫人的例子时创造了这个术语，他还承认他只是想让自己的论文有一个吸引眼球的标题。

有一些人类嵌合体的情况远比 McK 夫人极端。这些人的整个身体就像是由一块块"补丁"拼起来的一样，不同"补丁"的细胞来自两个不同的个体之一。这种嵌合体的成因之一是在胚胎发育早期，子宫中的两个异卵双胞胎的胚胎发生了融合。这个例子也可以说明生物体的细胞可以应对发育过程中的"突发事件"，这些融合后的胚胎可以形成生理结构正常的个体，但这样的个体身上的细胞来自两对基因型不同的配子，因此被称为"四配子嵌合体"（tetragametic chimera）。这样的嵌合现象甚至可以发生在不同性别的胚胎之间。在这种情况下，嵌合体生殖器官的类型将取决于在融合的胚胎中，哪一个的细胞发育成了生殖器官的前身。但从全身的特征来看，这样的嵌合体并不属于某一种特定的性别，而是两种性别兼有。

胚胎和母体之间的细胞交换也能引发嵌合现象。我在前文中介绍过，胎儿与母体是通过胎盘相连的，胎盘中既有来自胎儿的细胞也有来自母体的细胞。胎盘并不是一个密不透风的屏障，因此母体的细胞有可能进入胚胎并成为胎儿的一部分，而发育中的胎儿的细胞也可能进入母体中。

母体与胎儿间发生少量的细胞交换事实上是正常现象，这种现象被称为"微嵌合"（microchimerism）。例如，很多怀有男孩的孕妇体内都会有一些具有 Y 染色体的细胞。当研究人员在 20 世纪 90 年代发现微嵌合现象时，让他们感到惊讶的是，在婴儿出生很多年后，这些来自胎儿的细胞仍然存活在母体中，尽管细胞的数量很少。微嵌合现象只会影响体内的少数细胞，而由胚胎融合导致的四配子嵌合现象则会导致整个个体的某些器官或者部分来自一个胚胎，另一些器官或者部分来自遗传背景完全不同的另一个胚胎。

如果我拥有来自"两个人"的细胞，那么我到底是谁呢？我们可能很容易认为这样的人是两个人"混合"而成的。但这样的想法其实非常奇怪，而且也不能帮助我们理解这一现象的本质。当两个胚胎在子宫中融合时，它们各自都不是一个"人"，它们只是一团细胞，是这两团细胞的融合最终导致形成了一个人。认为这样的嵌合体是"两个人"只是一些古怪的人把胚胎拟人化的想法。"人"是一个高级的概念，不能被简化到基因或者细胞的层面。

然而，这一发现还是挑战了我们的认知甚至是法律。如果我们用一名四配子嵌合体的女性的组织样本去做亲子鉴定，那么 DNA 分析的结果有可能无法证明她与她的生物学子女具有血缘关系，因为从这名女性身体上采集的样本中的细胞可能与形成配子的细胞具有不同的遗传学背景。在美国，申请社会福利时有时会通过遗传学鉴定来确定亲子关系，很多嵌合现象就是这样被发现的，甚至还导致了令人痛心的结果——母亲被错误地指控与子女间没有亲子关系。其中的一些例子恰恰说明我们把我们体内的细胞和基因过于拟人化了，过于急切地想要赋予它们身份。科普作家卡尔·齐默（Carl Zimmer）在他的书《她继承了母亲的笑容》（*She Has Her Mother's Laugh*）一书中描述了两个这样的例子。齐默写到，在发现自己是嵌合体这一事实后，这些女性的脑海中"一直萦绕着许多疑问，关于她们家庭的疑问，关于她们自己的疑问"。其中一位母亲一直想搞清楚，对于自己怀胎十月生下的孩子们，自己是不是只有一部分是他们的母亲，另一部分其实是他们的姨妈。她说道："我觉得我的一部分没有被传递给他们。"齐默解释说：

> 当我们使用"姐妹""姨妈"这样的称呼时，可能会认为它们有严格的生物学定义。虽然遗传的确很重要，但这些称呼事实上并没有明确的定义和边界，因此在某些情况下，它们的含

义可以超出通常的范围。[6]

然而，在不同的文化中，这些称呼的含义并不一定完全相同。比如，在中国，很多人会称呼亲近但并没有血缘关系的女性长辈为"姨"。在西方，"姐妹"或"兄弟"这样的称呼有时也会被用在没有血缘关系的人之间，用于表达同情或者身份认同。在很多文化中，家庭关系可以是很灵活的，并不只局限于血缘关系。

这里的问题并不是我们对生物学的理解打破了我们对人类社会种种关系和概念的传统认知，而是我们一厢情愿地认为，生物学能够并且应该成为标准，决定一系列社会问题：关于自我和身份认同，关于血缘和亲密关系，关于性和性别。但生物学其实并不愿意承担这样的使命，而是会把这些责任交还给人，并告诉我们："你，而不是我，才是真正在意这些问题的人。所以你必须自己来做决断。"

THE HUMAN SUPERORGANISM

How Cells Became Communities

插曲 I

人是一个超有机体：
从细胞到群体

　　认为胚胎从一开始就是一个"人"，这样的想法从某种程度上说是另一种形式的宗教情结。根据这种想法，一个人有一个创生的时刻，就像《旧约》中的"要有光"一样，来得突然却意义深远。我们必须承认，你的世界的确始于你降生的那一刻，终止于你离开人世之时。经验告诉我们，对于人类来说，这个事实放之四海而皆准。仅仅从"对称"的角度来看，生命的开始似乎也应该像生命的结束一样是一瞬间的事。在一神教的社会中，人们认为灵魂进入和离开躯体的过程总是相呼应的。

　　然而，把胚胎等同于人的这种观点否定了人类起源中真正的奇妙之处，也是脱离肉体空谈"人"的另一种表现。灵魂诞生于生命之前，是一种永生的无形物质，这种观点起源于现代科学出现之前，是人们试图将我们作为人的生命和细胞的生命联系起来的一种尝试。

　　细胞的生命确实令人赞叹，它始于地球上生命首次诞生的那一刻。自那之后，生命就像接力棒一样在生物间传递，并不是凭空在这些生物身上产生的。在关于堕胎和胚胎研究的争论中，我们会说"当生命开始的时候"，但其实这里所说的并不是生命真正的开始。生命真正的开始只有一次，它发生在大约 40 亿年前，而且时至今日，我们仍然不知道生命究竟是如何开始的。随后，生命像一条线一样不间断地延续着：从原始的黏菌和藻类到寒武纪有着奇怪外表的后生动物，到一类外表像鼩鼱的动物（它们是所有哺乳动物的祖先），再到能够直立行走并使用石器的猿类，最终到了你的身上。生命，其实只是从你的身上短暂地穿过，所以你完全应该及时行乐。

　　当我们审视单细胞的受精卵的"生命"，并且为了制定法律和道德准则而试图把受精卵与人体联系起来的时候，我们可能会感到这种联系很模糊也有些令人焦虑。这是因为我们是由细胞群落组成的，因此我们有必要考虑一下这是如何发生的。

　　如果有一项世界上最丑生物的评选，那么黏菌可能会是冠军的有力竞争者。细菌[1]的名声并不好，人们通常认为它们只是一群应该被清除掉的"病菌"。但细菌其实也有优点，比如，我们现在知道肠道中的微生物对人体是有益的。此外，细菌还有很多"超能力"：有的细菌可以代谢放射性废物和泄漏的原油，有的细菌能够在温度很高的温泉中生存，等等。但就像它的名字所暗示的那样，黏菌似乎仅仅是一种有些恶心的生物，并不会给我们带来任何启示，对人类也没有任何益处。

　　在分类学上，黏菌是黏菌下门（Mycetozoa）中的生物，实际上是一类变形虫。这些单细胞的生物非常"原始"，以至于微生物学家们多年来一直在争论它们究竟是动物、植物还是真菌。现代遗传学研究发现，从进化的角度来看，它们与动物和真菌的关系更近，但又介

---

[1]　原文为"细菌"（bacteria），作者此处的表述并不准确。黏菌是单细胞的真核生物（但常常可以聚集成多细胞的结构），而细菌是原核生物。也许和 bacteria 这个词在日常生活中被广泛使用有关，在面向大众读者的英语科普图书和文章中，很多作者都会用"细菌"来指代各类单细胞的微生物，这种表述实际上很不严谨。——译者注

于两者之间。这表明在进化史上，黏菌是在动物、真菌和植物分道扬镳时出现的。

正是因为这些特点，科学家对黏菌非常感兴趣：通过它们，我们可以一窥生命从简单变得复杂的时候（从单细胞生物进化成多细胞生物的时候）发生了什么。或者换句话说，当很多细胞开始形成人类这样的超有机体时发生了什么。

在我们加深对生命的理解的历史过程中，变形虫起到了重要的作用。"变形虫"这个名字起初被用来指代任何在显微镜下没有固定形状的生物。细菌有固定的形状：它们通常呈雪茄形，就像一根两端都是圆头的管子。但变形虫是一团形状可以不断改变的生物，它们通过延伸自己身体的一部分形成伪足（pseudopod）来改变形状。"变形虫的"（amoeboid）这个词现在也出现在日常生活中，用来描述那些没有固定形状的像烂泥一样的物质。

但变形虫其实并不是一类有严格分类的生物。有一些变形虫是动物，有一些是真菌，有一些是植物，还有一些是原生动物，这是一类比细菌更"复杂"的单细胞生物。（我稍后会进一步解释。）有一些变形虫是寄生虫，有一些是黏菌。甚至我们体内的一些细胞也会有类似变形虫的行为，比如白细胞可以吞噬并吸收细菌和其他病原体。

变形虫是 18 世纪人们在显微镜下观察海水时首先发现的。1841年，法国生物学家菲利克斯·杜雅尔丹（Félix Dujardin）把变形虫中的胶状物质命名为"原肉质"（sarcode）。自那以后的一段时间里，科学家们认为这些物质是生命的基本物质，并将其改称为"原生质"（protoplasm），变形虫也被认为是活细胞中的典型。19 世纪末的一些科学家认为，包括人类在内的更复杂的生物体无非是由变形虫群落组成的结构而已。英国生理学家迈克尔·福斯特（Michael Foster）在1880 年写道："从形态学的研究结果来看，高等动物也许可以被看作是一群变形虫以某种方式组织在一起形成的。"[1] 德国生物学家恩斯特·海克尔是一名达尔文进化论的支持者，一直致力于寻找不同生物间的相似之处。海克尔认为，变形虫是一种只需要自身就可以繁衍的卵细胞，因此他把变形虫称为"永恒的卵"[2]。

那个时代是变形虫最受关注的时期，但人们逐渐意识到，变形虫太过原始了，无法帮助我们进一步理解复杂而多样的生命。但如果你认为胶状的变形虫的生命并没有太大的意义，那你就大错特错了。盘基网柄菌（*Dictyostelium discoideum*）就是一个很好的例子。它生活在土壤中，以细菌为食，有助于维持土壤中微生物生态系统的平衡。正如同肠道菌群对我们的健康很重要一样，盘基网柄菌也对土壤环境有着至关重要的作用。有趣的是，盘基网柄菌是在美国大萧条时代，在被干旱和风蚀威胁的大草原上被一个农民的儿子发现的。这个孩子名叫肯尼思·雷珀（Kenneth Raper），后来成了哈佛大学的微生物学家。

让雷珀感兴趣的是，盘基网柄菌有独特的生命周期。当食物变得稀少并且湿度下降时，盘基网柄菌将不再以单细胞的形式生存，而是形成多细胞的超有机体。它们会释放出能够吸引彼此的化学信号，从而使成百上千变形虫状的细胞聚集到一起，形成几毫米长的"蛞蝓体"（slug）[1]。蛞蝓体随后会发生一些形变，一端变窄，另一端膨胀，形成一种看起来像植物的微小结构：一根直立的茎，茎的顶端是一种球状结构。这些球状结构是"子实体"（fruiting body），子实体内充满了孢子。一旦环境适宜，孢子便会被释放，开始一轮新的生命周期。在子实体中，曾经完全相同的细胞已经变得不同了：它们经过了

---

[1] 作者此处使用的英语单词 slug 的原意是"蛞蝓"。蛞蝓是一类软体动物，也被称为"鼻涕虫"。科学界用这个单词来描述盘基网柄菌群体形成的结构的形态特点，因此中文译作"蛞蝓体"。——译者注

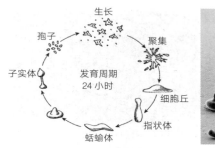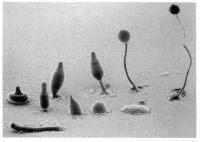

盘基网柄菌的生命周期（左）以及显微镜下观察到的

盘基网柄菌生命周期的部分阶段（右）

（图片来源：菲利普·鲍尔绘；M. J. 格里姆森和 R. L. 布兰顿，
得克萨斯理工大学生物科学电子显微镜实验室）

分化，形成了功能特化的细胞。

　　上面这一过程中伴随着牺牲。孢子会存活下来，但支持性组织中的细胞会死亡。这让雷珀感到很好奇：这些细胞自发做出了决定，有些细胞为了其他细胞自愿选择死亡。这与人类胚胎发育中的情形很相似：胚胎中原本相同的细胞会被指派形成不同的组织，从而拥有不同的命运。有些细胞会成为体细胞，它们会随着人的死亡而死去。有些细胞则会成为生殖细胞，从理论上说，它们可以无限地繁殖下去。

　　不仅如此，在发育的过程中，人类胚胎中的细胞会通过化学信号相互协作，自发地形成各种模式和形态，而盘基网柄菌也同样如此。盘基网柄菌形成的这些模式非常独特，甚至可以用美来形容。从这一点上来说，我们确实应该对黏菌多几分敬佩。盘基网柄菌群落中的一些细胞会成为引领节奏的"标兵"，这些"标兵"细胞会脉冲式地释放一些化学物质，这些物质会向外扩散，引发周围细胞的运动。受到"召唤"的细胞会伸出伪足，向发出信号的细胞移动。由于这些化学信号是周期性释放的，因此细胞的运动也呈周期性，就像水面上形成的同心圆状波纹一样。最终，这些运动的细胞会形成一股股细胞

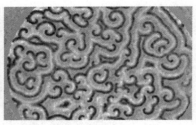

盘基网柄菌的细胞在聚集形成多细胞的子实体时形成的图案

（图片来源：基斯·魏耶尔，邓迪大学）

流（stream），汇聚到子实体即将形成的地方。

　　盘基网柄菌的这种行为为我们理解细胞生物学中各种模式的形成提供了一个很好的模型。尽管人类细胞的行为与其不尽相同，二者却有很多相似之处。不仅如此，从数学特征上看，盘基网柄菌细胞释放的化学信号以波的形式扩散这一点，与电信号以波的形式在心肌细胞中传播，从而引发有节奏的心跳也很相似。

　　尽管如此，盘基网柄菌还是看起来和我们很不一样。它们的细胞有时候会像细菌一样通过分裂来复制，但有时候又可以进行有性生殖。盘基网柄菌有三种"交配型"（mating type），或者说三种"性别"，两种不同交配型的盘基网柄菌能进行有性生殖。这些现象使盘基网柄菌很不好分类。

　　但当我看着我的皮肤细胞在体外被培养成迷你大脑时，我不禁想问，我们真的和盘基网柄菌有很大的不同吗？我们每个人都是一个独立的个体，但我们同时也是由很多细胞聚集而成的，而每个细胞都有发育成一个完整个体的潜能。在培养皿中，取自我身体上的细胞成了独立于我的个体，它们可以分裂和增殖，可以聚集成团并长成器官。这些细胞是我的一部分，但也可以独立于我生存。

　　然而，我们并不是像盘基网柄菌那样的超有机体。在我们身体的某个部分脱离我们的躯体后，它们通常很快就会坏死，但如果你切下盘基网柄菌子实体的一部分，它却会长成另一个子实体。在我们整个生命周期中，我们的细胞都必须待在一起共同运作。而当盘基网柄菌的孢子复苏时，每一个细胞都可以独自存活并长成多细胞的群落。对盘基网柄菌来说，多细胞的生存状态只是一个过渡阶段。

多细胞生命的起源一定经历了一个类似这样的环节：单个的细胞"发现"，形成暂时性的群体在某些时候是有生存优势的；它们还"发现"，专注于完成一个特定的目标以及以有性生殖的形式繁殖也是有生存优势的。这段进化的历史似乎离我们很远（也许发生在 10亿年前），仿佛与我们人类的传承无关。但现在，通过显微镜我们可以观察到，这段历史其实从未远去。

人类曾经因为猿类是我们进化上的近亲而惶恐不安。同样，人类源自一群共同协作的细胞这种观点也会唤起这样的情感，因为这意味着人类与变形虫样的"原生质黏菌"存在亲缘关系。对某些人来说，我们的先祖是猿类这一点可能就已经是很不体面的事了，把人体降维成细胞并且和黏菌这样没有固定形态的生物联系起来，这算得上是对人的一种侮辱了。时至今日，仍然有一些人持这种看法。

黏菌是最简单的真核生物之一，植物、真菌和动物都是真核生物。除了真核生物外，自然界还有什么生物呢？剩下的都是单细胞生物，包括细菌和古菌（archaea），它们是原核生物。

直到达尔文提出进化论一个半世纪后，人们才彻底消除了一种误解。这种观点认为，生物的分类代表了它们的地位高低，进化是生物不断进步和自我完善的过程，而这一过程的顶峰当然就是我们人类。

这其实是一种错觉，因为其他种类的生物依然与我们共同生存在这个世界上，并生机勃勃地繁衍（如果我们给它们机会的话），只要想一下这一点，你就很清楚了。而且从全世界细胞的数量来计算，细菌的数量是人类的数千万倍。从这个角度来看，究竟谁更成功呢？

问题是，为什么细菌和其他原核生物一直以单细胞的形式存在，而很多真核生物却是多细胞的呢？

多细胞生物一定是真核生物，但真核生物未必是多细胞生物。"真核生物"的英文单词"eukaryote"源自希腊语，意思是"真的核""好的核"。这个名字意味着真核细胞有一种"核"（也就是包裹着基因的载体染色体的致密的细胞核），而原核细胞没有"核"。原核细胞也有基因，但这些基因并没有储存在单独的细胞腔室结构[1]中，也不像真核细胞的基因那样被保存在多条染色体上。细菌的绝大多数基因都储存在一个具有双螺旋结构的环状 DNA 上，这个环状 DNA 会进一步缠绕成一团，自由地悬浮在细胞质中。在细菌的细胞质中，有时还会有几个更小的环状 DNA，这些环状 DNA 被称为"质粒"（plasmid）。

具有染色体只是真核细胞比原核细胞结构更复杂的一个方面。除了细胞核外，真核细胞内还有其他一些腔室结构。这些被称为"细胞器"（organelle）的腔室由膜结构包裹，能够行使特定的功能，线粒体、叶绿体（chloroplast）、内质网等都是细胞器。我们已经知道这些细胞器的功能，但那个真正的"好的核"，也就是细胞核的功能究竟是什么呢？

人们通常会说细胞核的作用是保护 DNA。但生物化学家尼克·莱恩（Nick Lane）提出了这样的问题：DNA 为什么需要被保护

---

[1]   此处的"细胞腔室结构"指的就是真核细胞的细胞核。——译者注

呢？细胞究竟在"害怕"什么？

或许是"害怕"病毒？但进化生物学家尤金·库宁（Eugene Koonin）和比尔·马丁（Bill Martin）提出了另一个猜想：细胞核的存在是为了减缓细胞根据基因组的信息生产蛋白质的速度。我在前文中曾介绍过，真核细胞的基因组中有很多"无用"的片段（但原核生物中没有这些片段），这些被称为"内含子"的片段插在基因编码蛋白质的序列中。有科学家认为，内含子是一种所谓的"跳跃基因"（jumping gene）留下的痕迹：跳跃基因能够剪切成片段并随机插入到基因组中，这些插入的片段就是内含子。在从人类到酵母的各种真核生物中，内含子似乎都位于相应基因的相同位置上，这说明内含子在很久之前就进化出来了，并且说明在进化史上存在一个阶段，跳跃基因在这个阶段特别容易插入真核生物的基因组。[1]

不管是出于何种原因，在蛋白质合成之前，内含子都需要被从RNA上剪切掉。剪切发生在细胞将基因的 DNA 序列转录成 RNA 之后，后者是蛋白质合成过程中的中介分子，一种被称为"核糖体"的结构会以 RNA 为模板，合成出蛋白。总结起来就是，基因的 DNA 序列首先会被转录为 RNA，RNA 随后会被特定的酶编辑，核糖体会以编辑后的 RNA 为模板合成出蛋白质。

在细菌中，基因的转录和核糖体的翻译几乎是同时发生的，翻

---

[1] 这样说也许让内含子听起来像个"坏家伙"。但如果内含子真的有害的话，那么它们应该已经被自然选择淘汰了才对。在蛋白质的合成过程中，细胞会把 RNA 中的内含子剪切掉并把其余的 RNA 片段（也就是外显子）拼接起来。尽管要耗费能量，但这个过程似乎是有益的。特别是内含子的存在使外显子可以以不同的组合方式被拼接在一起，从而使一个基因就能编码不止一个蛋白质。这也更有可能产生有用的蛋白。因为内含子的存在，人类基因组的大约 23 000 个基因可以产生大约 60 000 种不同的蛋白质。有些基因可以产生几十甚至上百种不同的蛋白。除了提供蛋白结构的多样性外，有些内含子的序列本身也具有生物学功能，比如帮助调控酵母的生长速度以及提高酵母对饥饿的耐受程度。

译过程甚至可以发生在正在转录的 RNA 分子上。如果真核细胞也这样做，那么内含子就没有机会被剪切掉。而细胞核把转录和翻译两个过程分开了，转录发生在细胞核内而翻译发生在细胞核外。库宁和马丁认为，将转录和翻译在空间上分隔开，可能是为了保证蛋白质的整个合成过程能够正确进行。

既然真核细胞比原核细胞更复杂，因此人们很自然地认为，原核细胞先于真核细胞出现，并且真核细胞是由原核细胞进化而来的。无论是从化石证据（单细胞生物也会形成某种形式的化石）还是用 DNA 序列分析得出的进化树来看，情况似乎确实如此。[1] 但原核生物与真核生物之间的差别极大，而且由于进化过程通常是循序渐进的，因此原核生物究竟是如何进化成真核生物的，这个问题的答案并非显而易见。

但科学家现在认为，从原核生物进化到真核生物的过程并不是循序渐进发生的，而是要归功于简单的细胞之间突然发生的融合。

地球的历史有 46 亿年，而生命似乎至少在 38 亿年前便出现了。在随后的大约 30 亿年中，地球上只有单细胞的原核生物。多细胞真核生物最早的化石证据出现在大约 6 亿年前，但我们不知道这些生物究竟长什么样。它们可能比较像盘基网柄菌的蛞蝓体，但组成它们的细胞是永久聚集在一起的；它们也可能比较像今天的某些海绵动

---

[1]　"进化树"这一概念最早是达尔文提出的，但科学家今天理解的进化树要比达尔文的版本复杂得多。进化树更像一个灌木丛，不同的分支之间能发生一些基因交换，这个过程被称为"水平基因转移"。水平基因转移现象在细菌中很常见。

物。[1]但无论如何，在多细胞真核生物出现前，地球上就已经出现了单细胞的真核生物。这些单细胞真核生物和今天的原生生物类似，藻类和某些变形虫（比如盘基网柄菌）都属于原生生物。在不同种类的真核生物中，曾经发生过很多次独立的进化事件，这些进化事件都产生了多细胞生物。这也印证了在很多情况下，以多细胞的形式生存都是一种适应性很强的策略。

更重要的问题是，真核生物究竟是如何产生的？真核生物是生物界的三大"域"（domain）之一。细菌是另一个域，第三个域是另一类原核生物——古菌。直到 40 年前，古菌还被认为是细菌中的一个亚群，但微生物学家卡尔·乌斯（Carl Woese）的研究改变了科学界的看法。利用古菌和细菌的 RNA 序列，乌斯推导出了它们在进化上的亲缘关系，证明两者是完全不同的生物。他的研究显示，在进化的过程中，细菌与古菌首先分离，各进化为一个域，随后真核生物又与古菌分离，形成了第三个域。

我在前文中介绍过，真核细胞和原核细胞最大的区别是真核细胞有细胞核。这当然不假，但这并不是说原核细胞有了细胞核就变成了真核细胞。对于原初真核细胞（primal eukaryote），也就是所有真核生物的最后一个共同祖先的生存时间，科学家至今仍不十分清楚，目前的估计是大约在 10 亿~19 亿年前。科学界普遍的观点认为，这种原始的真核生物具有现今存在的真核生物的大部分重要特征，比如主要的细胞腔室和细胞器。在这些结构中，最重要的可能并不是细胞核，而是产生能量的线粒体。对于原初真核细胞来说，线粒体可能并

---

[1] 这并不是说我们是今天某种海绵动物的后代。我必须要反复强调，在地球上现存的生物中，没有哪一种是人类和其他复杂生物的祖先。所有现存的生物都处在进化分支的末端，这些现存的生物曾在某个历史阶段有过共同的祖先，但这些祖先如今已经灭亡了。

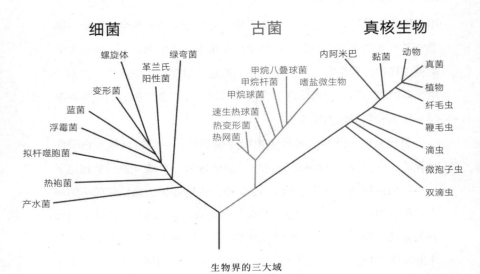

生物界的三大域

从这张图中可以看出，从进化的视角来看，多细胞的动物和植物只是进化树上一个比较小的分支，多数生物都是单细胞生物。注意看我们和盘基网柄菌这样的黏菌距离有多么"近"

（图片来源：菲利普·鲍尔绘）

不只是一个细胞器，而是细胞"联盟"中一个地位平等的合伙人。

20世纪60年代，微生物学家林恩·马古利斯（Lynn Margulis）提出，线粒体可能原本是一种独立的原核细胞的一部分。在这种原核生物被其他细胞"吞食"后，线粒体残存了下来，并和这些细胞形成了共生关系。其实早在20世纪初，就有人提出细胞器可能都是通过这种"吞食"-共生过程形成的。面对强烈的反对和嘲讽，马古利斯坚定地支持和宣扬这一观点。如今，这一观点已经被多数科学家接受。

尽管科学家已经接受了上述观点，但到底是谁"吞食"了谁仍然是争议的焦点。是两个细胞像肥皂泡一样发生了融合（有些细菌就可以这样融合），还是某种原核生物进化成了一种有点像变形虫和某些白细胞那样的细胞"吞食者"（也就是所谓的"吞噬细胞"）？不论线粒体从何而来，它的出现显著地改变了细胞的性能，因为它为细胞提供了一种全新而高效的能量来源（也为细胞提供了新的代谢原料并赋予了细胞新的功能）。众所周知，当我们精力更加充沛的时候，我们就可以做更多的事情，比如参与团队协作。进化带来的变化可以让生物得以蔓延到新的"生态位"（niche），也就是环境中资源竞争较弱的地方。对于最早的真核生物来说，新出现的细胞器赋予了它们新的功能，使它们得以开辟出新的天地。

在另一个细胞融合事件中，细胞器的意义也很明显，并在进化学上也产生了深远的影响。植物和绿藻可以进行光合作用，也就是将光能转化为细胞代谢所需能量的过程。这些生物进行光合作用依赖于一种叫作"叶绿体"的细胞器，叶绿体中含有光合作用所需的蛋白质和能够吸收光的色素。这些分子能够捕获光能，并利用这些能量把质子跨膜泵到膜[1]的另一侧，这样就在膜的两侧形成了质子的浓度梯度。就像蓄水的大坝放水能够释放能量一样，叶绿体能够把这种质子的浓度差转化成能量。有一些细菌也能进行光合作用，因此多数科学家目前认为，植物和绿藻共同的真核祖先通过与某种能够进行光合作用的细菌融合获得了叶绿体。

这些融合现象体现了细胞具有适应性和可塑性。高等动物经常参与共生行为，但共生的动物并不会融合成一种生物。疣面关公蟹允许有毒的星肛海胆与其共生，因为星肛海胆可以帮助疣面关公蟹躲避、吓退捕食者。但这两种生物并不会"融合"成一种"蟹–海胆"。细胞其实也没有那么容易发生融合，但融合并非完全不可能。这可能

---

[1] 在本书的英文版中，作者此处只用了一个"膜"字，表述得很不清楚。在叶绿体中，有一些层层堆叠的扁平小囊，这些被称为"类囊体"的结构是叶绿体把光能转化为化学能的场所。此处的"膜"指的就是类囊体的膜。——译者注

是因为与多细胞生物间的差异相比，单个细胞中的基本生理过程，比如复制和代谢，在不同细胞中比较类似。目前，科学家仍在试图搞清楚这种融合事件在进化的过程中究竟有多重要。正如微生物学家詹姆斯·夏皮罗（James Shapiro）所说："对于细胞融合作为一种进化驱动力有多强大这个问题，我们的理解还停留在初级阶段。"[3]

那么有性生殖呢？有性生殖也是一种细胞融合，或者说是配子的融合。这也是进化上的一种创举，开辟出了无数新的可能。有性生殖意味着两个融合的细胞可以直接交换基因，这事实上是细菌采用的水平基因转移策略的一种变体。与细菌一代代地累积突变相比，有性生殖使基因组间可以发生速度更快、规模更大的重组。这正是我要说的重点：有性生殖是另一种进化的方式。我们可以看到，有性生殖是众多进化方式中的一种，事实上是众多进化方式中的很多种，因为有性生殖本身也极其多样，这种多样性在真菌中体现得尤为明显。

以上这些思考可以让我们认识到，对外观和形态的观察能促使我们提出并探究有关功能的问题。真核细胞显然比原核细胞更复杂，它们有细胞器，有细胞核，它们的基因组分布在多条染色体上，等等。但原核生物也活得好好的，这使生物学家们甚至都不需要思考就会提出一个问题：真核生物到底从这些复杂的结构中得到了什么好处？毕竟，要构建和维持这些复杂的细胞结构需要耗费更多的能量和材料。进化过程中的变化通常不会无缘无故地发生。[1] 进化过程中出现变化，通常是因为这些变化可以让生物具有更强的适应性，这使生

---

[1]   当然，这只是一般情况。进化依赖于随机的突变，因此进化中出现的变化看起来大多是随机的。实际上，真正重要的问题是为什么某些变化会被保留下来。通常，这是由于这些变化赋予了生物生存优势。但有的时候，某些变化被保留下来仅仅是因为它们是"中性"的：这些变化既没有给生物体带来优势，也没有产生任何害处，因此不会在进化过程中被淘汰。贝壳上通过色素形成的各种各样的图案可能就是这种中性变异导致的。

物可以在新的生态位中生存，从而具有更强的生存和繁殖能力。这就是自然选择的本质。

真核细胞的出现是多细胞生物出现的前提。从盘基网柄菌的例子我们可以看出，单细胞和多细胞的生存方式是可以共存的。多细胞生存在某些情况下会比单细胞生存更具优势，但这并不是说多细胞就一定比单细胞"好"，或者"更容易存活"。毕竟，地球上同样也生存着很多单细胞的真核生物。

人类是多细胞生物，拥有很多细胞，但我们进化成今天这个样子并不是因为这种多细胞模式可以让我们具有更加复杂的结构（又有谁在乎呢？那些数都数不清的细菌会在乎吗？），也不是因为成为多细胞生物可以让我们拥有复杂的思维和认知能力（说真的，那些细菌真的不在乎）。多细胞生物可以在新的生态位中生存，这可以被看作是进化的"目标"，仅此而已。

进化过程是否会不可避免地催生多细胞生物？这才是真正的难题。除非有人可以用真实度很高的计算机模拟方法来模拟并重现整个原核生物的进化过程，否则这个问题在科学上很难回答。或许多细胞生物的出现并不常见，在宇宙中无数拥有生物圈的类地行星上，经过数十亿年的进化，这些行星上仍然只有原核生物；又或者多细胞生物出现的可能性并不小，在这些行星的恒星死亡前，多细胞生物迟早都会出现在这些星球上。关于宇宙中到底有多少"智慧"生命，有待解答的问题太多了，进化是否必然会产生多细胞生命只是其中之一。

CHAPTER 3

IMMORTAL FLESH

**How tissues were grown
outside the body**

第 3 章

永生的肉体：
如何在体外培养组织？

在亲历自己的皮肤细胞通过"生物魔法"转变成神经元之前，我就觉得身体的一部分可以在培养皿中存活并生长是一件有些奇怪但又令人赞叹的事情。因此我不会感到惊奇，当科学家首次在体外培养活体组织时，对当时的人们来说，这一定像是某种通向永生的神秘魔法。

体外培养技术始于 20 世纪初，当时的很多生物学家甚至都没有预见到它会出现。当时的报社记者们开始预测人类将可以永生：当我们身体的某个部分"老化"了的时候，我们只需要在实验室培养一个新的加以替换就行了。这一次，我们无法责怪记者们使用了那些博眼球的标题，因为恰恰是一些科学家的言论让记者们相信了这样的事情，这些科学家宣称死亡是"可以改变的"，并用"永生"这样的字眼来形容体外培养的细胞。

这个例子很好地说明了当科学踏入凭空想象的疆域时会发生什么。在这些时候，科学家们和所有人一样，容易使用充满幻想和暗示性的语言来描述这些技术。很快，科技便开始给那些古老的梦想注入新的希望，没有人知道现实与虚幻之间的边界在哪里。

人本质上是由细胞组成的群体，由于体外培养技术的出现，这种理念第一次冲破并模糊了旧有的分类和观念，让我们开始重新思考那些我们原本认为理所当然的关于人类的问题。我们变得不再那么确信人何以为人了。

很久以来，人们都认为肉体必须作为完整躯体的一部分才有生命。我们有充分的理由这样想：切下一根手指，这根手指很快就会坏死。手指中的细胞会停止生命活动并逐渐死去，手指也很快就会成为细菌的乐园。

使这根手指坏死的并非外伤本身，因为如果把它及时接回手上，我们就能够继续支配和使用它。这根手指似乎需要从躯体吸取某种精华才能存活。在外科学中，长久以来都有一种基于经验得出的观念。这种观念认为，身体的组织必须与整个躯体相连才能存活，也就是说身体的一部分不能像一个人那样独立生存。19 世纪末，法国生理学家克劳德·贝尔纳（Claude Bernard）提出，人体创造了一种能够维持生命的环境，他称之为"内环境"（milieu intérieur）。离开这种环境，细胞很快就会死亡。

但美国胚胎学家罗斯·哈里森（Ross Harrison）在 1907 年发现，细胞并非离不开"内环境"，或者说"内环境"可以被人工创造出来。使用富含营养的培养液，哈里森成功地使生物组织在体外存活了下来。

当时的哈里森并不认为自己做了件多么了不起的事情，因为他研究的根本目的并不是在体外培养组织。体外培养组织只是他达成自己研究目的的一种手段，当时的他想要解决一个长期争论不休的问题：神经元是如何生长的？作为一类细胞，神经元的形态非常怪异，它们通常呈纺锤形，并且有很多分支。在显微镜下观察，它们伸出的纤维就像树根一样。[1] 这些细胞伸出的纤维就像电线一样，使神经元

---

[1]　大脑中实际上有数百种不同类型的神经元，不同神经元的形态各不相同，区别可以像白杨和橡树间的区别那么大。

与整个神经网络相连并相互发送电信号。19 世纪末的生理学家并不确定神经元到底是不是一个个独立的细胞。意大利医生卡米洛·高尔基认为，整个神经系统是一个连续的网络。而他的对手，西班牙病理学家圣地亚哥·拉蒙－卡哈尔（Santiago Ramón y Cajal）则认为，每个神经元都是独立的个体。虽然高尔基和卡哈尔在 1906 年因为他们关于神经系统的研究分享了诺贝尔生理学或医学奖，但两人依然不能在这个问题上达成和解，高尔基甚至在他的诺贝尔奖获奖演说中攻击了卡哈尔的立场。

为了解决这一争端，哈里森从两栖动物的胚胎中分离出神经元，并用富含营养的培养液来培养这些细胞，让它们在罐子中生长。在今天看来，这似乎是一个明智的解决办法：我们只需要观察细胞是会独立生长，还是只有在生物体中才能存活就行了。但哈里森实验的意义不仅在于大胆地证明了体外培养的可行性，更是 19 世纪末生命科学研究领域所发生的变化的写照。在那个时代，生命科学领域的学者被赋予了各式各样的头衔：生理学家、医师、动物学家、解剖学家。这反映了在那个年代，生命科学研究的方式通常是细致的观察和分类，无论是整个生物体，生物的结构和器官，还是细胞的显微结构，都是如此。但从 19 世纪 80 年代开始，越来越多的科学家开始用人为的手段干预或者操纵正常的生物学过程：他们把组织或胚胎"打散"，扰乱它们正常的生长。关于生命的研究从一门观察性的科学转变成了一门真正的实验科学——生物学。哈里森在体外培养两栖动物胚胎组织的实验正是基于这种精神。通过改变生物来研究生命的特点，这在当时仍然是一种新颖而充满争议的想法。正是因为这些研究，科学家们意识到，细胞在生命中居于中心地位。正如汉娜·兰德克所说的那样，"对生物学家来说，在把动物躯体的不同部位分离开，并让它们在体外独立生长的过程中，细胞自主、明显、动态的活动跃升成了生命"[1]。

哈里森发现，神经纤维的延伸依靠的是新生的神经元，也就是说，神经组织中需要长出更多的细胞，神经纤维才会不断延伸。他还研究了神经母细胞（neuroblast）是如何对周围的组织做出反应的。神经母细胞是一类特殊的干细胞，可以发育成几种不同类型的神经元。哈里森发现，皮肤细胞附近的神经母细胞会发育成感觉神经元（例如感知触觉的神经元），而肌肉细胞附近的神经母细胞则会发育成能够支配肌肉活动的神经元，也就是运动神经元。这些研究表明，在细胞分化的过程中，细胞周围的组织环境可能决定了细胞的分化方向。哈里森的这些研究是对这一现象最早的报道之一。

虽然哈里森的研究证实了细胞可以在体外生存和复制，但他的实验似乎并没有揭示活组织的任何本质特征。科学家们很早就知道两栖动物非常特别，比如蝾螈具有很强的肢体再生能力。此外，还有很多生物具有更强的再生能力。比如，如果你把水螅切成两半，那么每一半都可以再长成一个完整的个体。你甚至可以用搅拌机把水螅搅碎到接近单细胞的状态，这些细胞随后依然能重新组装到一起。这种现象也是进化史的一种重现：由协作的细胞组成的多细胞生物都是从单个细胞进化而来的。

1908 年，当时在纽约洛克菲勒研究所（也就是现在的洛克菲勒大学）工作的法国外科医生亚历克西斯·卡雷尔（Alexis Carrel）听哈里森谈到了他的研究工作，卡雷尔立刻意识到，哈里森使用的实验技术和实验得出的结论同样重要。[1] 卡雷尔对高尔基和卡哈尔的分歧没有太大兴趣，但对体外培养有着浓厚的兴趣。他当时一直在进行移

---

[1]　奇怪的是，哈里森并没有因为他在组织培养领域的开创性工作而获得诺贝尔奖。他曾多次被提名，但在 1933 年，评审委员会认为他的工作"价值不大"[2]。即使在当时，用"误判"来解释这一不公正的评价也是说不过去的。

植实验：把动物的肢体切下来，然后再缝合回动物的身体上。卡雷尔的手术技术非常精湛，并因为在缝合切断的动脉和静脉血管方面的成就于 1912 年获得了诺贝尔生理学或医学奖。移植领域面临的一大挑战是如何使被切下的器官不坏死，哈里森的技术会不会对此有帮助呢？

仅仅几个月内，卡雷尔就和他在洛克菲勒研究所的助手蒙特罗斯·巴罗斯（Montrose Burrows）取得了惊人的进展。他们改进了哈里森的技术，并成功地在体外培养了多种不同的组织：有哺乳动物（包括人）的组织也有鸟类的组织，有胚胎组织也有成人器官的组织，有健康的组织也有病变的组织。卡雷尔和巴罗斯发现，人类的组织较难在体外培养，通常只能存活几天。但他们从鸡胚中分离出了心脏组织，并取得了巨大的进展。以心脏组织为实验对象的一个好处是你很容易分辨出组织是不是还活着，因为心脏自己会跳动，这是心肌细胞产生的协同化的电信号导致的。心脏组织不仅方便观察，也有很强的象征意义。毕竟，没有什么比体外产生的"心跳"更能说明细胞的自主性了。

自那以后，卡雷尔让鸡心组织在体外保持存活的时间越来越长。到 1911 年时，他已经可以让鸡的心脏组织在体外存活长达数周的时间。卡雷尔的诀窍是制备一种富含营养的培养液来培养心脏组织：他把狗的胚胎组织研碎并离心，从而获得含有关键物质的萃取液，并用这些萃取液来制作培养液。人们很容易把这种培养液看作一种"灵丹妙药"，卡雷尔本人也把大众对他研究工作的印象向这个方向引导：他常常谈论死亡，并用"永生"这样的字眼来描述他在体外培养的鸡心。

虽然外表冷静而睿智，但卡雷尔其实是个善于博取公众关注的人。他把体外细胞培养描述成一种极具难度的技术，这当然就更突显了他本人精湛的技艺。卡雷尔宣称体外细胞培养就像一项"精细的外科手术"[3]，需要"训练有素的助手们完美的协作"。为了让这一切显得更加神秘，卡雷尔让实验室的所有成员（包括他自己）都穿上带有帽子的黑色长袍，并声称这样做是为了保护细胞免受污染和光的干扰。（当然，保证样品不被细菌污染确实对体外组织培养的成功至关重要，毕竟在那个年代，科学家还不能使用抗生素来避免细菌污染。）这些把戏不仅让卡雷尔收获了名声，也吓退了很多想要进行细胞培养的同行，让卡雷尔少了很多竞争者。尽管如此，还是有一些学者成功地在体外进行了细胞培养，特别是剑桥大学史澄威斯研究实验室（Strangeways Research Laboratory）的研究人员，但在这里，细胞培养的方法同样被神秘化了。

　　卡雷尔在神话化细胞培养技术的道路上越走越远，他对此心知肚明。报纸上常常出现"卡雷尔创造的奇迹让我们看到了避免衰老的希望，死亡可能并非不可避免"[4]这样的报道。在卡雷尔完成所谓"永生的鸡心"培养实验二十周年纪念时，《纽约时报》明确地指出了这一技术将会占据的地位："在下个世纪，如果这种技术让感染性疾病、饥饿、肢体损伤和有毒物质引发的中毒彻底消失"，那么永生的鸡心"可能会变得像宗教遗迹一样神圣"。[5]

　　让他在洛克菲勒研究所的上级不悦的是，卡雷尔一方面巧妙地把自己塑造成一个一心只为科学的人，同时又在精心地营造自己对外的形象。获得诺贝尔奖以及他在 20 世纪 30 年代与飞行家查尔斯·林德伯格的合作，都让卡雷尔的名望达到了新的高度。林德伯格无疑是当时最出名的人物，他在 1927 年驾驶"圣路易斯精神号"飞机首次独自飞越了大西洋。林德伯格不是科学家，却是一名技艺高超的机械师。通过两人的合作，林德伯格设计出了能够为器官注入血液的泵和其他一些仪器，从而保证准备移植的器官不会坏死。林德伯格和卡雷尔的合作看似令人难以想象，却结出了累累硕果。在卡雷尔身上，林德伯格找到了类似父爱的情感寄托。尽管两人都已功成名就，但他们相互信任，彼此敬爱。1938 年，身着黑袍头戴白帽的卡雷尔与林德伯格以及他们制作的泵出现在了《时代周刊》的封面上，封面的标题是"他们在寻找不老之泉"。

然而他们真正在寻找的，事实上是一种保存所谓西方国家"优等"文明的方式。卡雷尔是一个白人至上主义者，他鼓吹用"优生学"来保存人类的"优良品种"。他把民主视为启蒙运动可悲的产物，认为民主是用整个种族的代价来保存那些弱小、低等、不健康的个体。尽管作为一名法国人，卡雷尔本能地对德国的军国主义倾向持谨慎态度，但他却支持希特勒所鼓吹的种族"纯化"。林德伯格则更加极端，他是一个态度真挚但又有些幼稚的人，因此在 20 世纪 30 年代访问德国期间，他被纳粹空军对他的阿谀奉承蒙蔽了双眼，积极地拥护纳粹政权。在欧洲战事升级的情况下，林德伯格还曾祈求美国总统罗斯福不要参战，因为希特勒的政权是保存西方白人文化的最大希望。在纳粹入侵法国时，卡雷尔正在法国，他接受了维希傀儡政权的邀请，建立了所谓的"人类研究所"（Institute of Man）[1]，研究他所构想的人的"可完美性"（perfectability）。法国解放后，卡雷尔被指控与纳粹合作，于 1944 年在等待受审期间去世。

对于卡雷尔和林德伯格来说，在体外维持生命是他们保存文化这一更宏大计划的一部分。这种构想很快也将以其他方式陷入有关种族的争议当中。我们在下文中还将看到，把优生学与细胞生物学和胚胎学联系起来的想法从未消失过。

卡雷尔在体外培养的鸡心并不是永生的。他究竟是如何让鸡心

---

[1]　根据能够查到的资料，作者此处的"人类研究所"指的是 1941 年创立的"法国人类问题研究基金会"。——译者注

在体外存活数十年之久的，这个问题至今仍是一个谜（卡雷尔的样品在他去世四年后被丢弃了）。但毋庸置疑的一点是，卡雷尔最初分离出的细胞不可能存活这么久。20 世纪 60 年代，细胞生物学家伦纳德·海弗里克（Leonard Hayflick）发现，哺乳动物的细胞只能进行有限次的分裂（30~70 次），随后细胞就会自行走向死亡。细胞进化出这样的机制来防止细胞中积累过多的损伤和突变，因为过多的损伤和突变可能会使细胞发生癌变。海弗里克推测，卡雷尔的鸡心之所以能够"永生"，有可能是因为系统不断被新的细胞"污染"了，也可能是因为用于制作培养液的胚胎萃取物中还残留有一些细胞。当然，我们也不能排除卡雷尔自己做了手脚造假的可能性。对哺乳动物来说，这仍然是通向永生的唯一途径。

在组织培养技术发展的早期阶段，不仅仅是媒体和公众，生物学家们也在试图理解这项技术究竟意味着什么。一个罐子中装着一个永生的心脏，这听起来仿佛是哥特风格的奇幻故事。事实上，《印第安纳波利斯新闻报》确实曾经这样描述过卡雷尔的研究："它像埃德加·爱伦·坡最恐怖的小说一样让人毛骨悚然，更令人感到恐怖的是，这一切都是现实，而非幻想。"[6] 托马斯·爱迪生总是不加掩饰地用自己偏向唯心主义的立场来看待新出现的技术，他曾这样评价卡雷尔的体外组织培养实验：

> 如果有一天科学足够发达，人的躯体在人死之后可以被保存下来，并可以在未来通过输入能提供生命的血液或者液体来恢复功能，那么谁又敢说后续的研究一定不会发现人死后也是

有意识的呢？ [7]

不可否认，复活死去的躯体似乎只出现在古老的神话中，但组织培养技术确实给人们提供了一个此前无法想象的全新视角：肉体的永生。首先提出这一观点的是托马斯·史澄威斯（Thomas Strange-ways）医生。他是剑桥研究医院（Cambridge Research Hospital）的首任院长，这家医院不久后就将以他的名字命名。剑桥研究医院是一家创立于 1905 年的私立研究机构，收治各类慢性疾病患者。与此同时，医院的研究人员还以这些病人为对象，研究相关的疾病。但在 1919年前后，史澄威斯开始沉迷于组织培养，用体外培养的鸡软骨来研究类风湿性关节炎。不久后，这家医院就不再收治病人，变成了一家纯粹的科研机构，致力于理解细胞运行的原理。在史澄威斯看来，细胞是自主并且有生命的个体。

1926 年，史澄威斯做了一场题为《死亡与永生》的报告，他在报告中的一些描述要比爱伦·坡最恐怖的故事更加令人毛骨悚然。他让观众们想象这样一个场景：在一个人死后，把他（她）的尸体切碎并做成香肠。这个人此时无疑是"死"的，但如果把这样的香肠存储在低温下，那么几天或者几周后，我们仍然可以从香肠上切下一块肉，并用这块肉培养出活的细胞。

为了证明他的观点，史澄威斯当场拿出了一些培养的细胞，并说这些细胞就是从一根香肠的肉培养出来的，他还说做香肠的肉是从当地一个屠夫那里获得的。当然，我们无从验证他的说法，但无论怎样，那根香肠在某种意义上确实是"活"的。

这个故事的结局也是爱伦·坡式的：在报告结束后，史澄威斯骑自行车回家，并在到家后突发脑出血，再也没有醒过来。我忍不住想，史澄威斯也许会让他的同事用他本人进行他提出的"香肠"实验，但这种想法未免过于残忍了。[1]

生物学家朱利安·赫胥黎、小说家 H.G. 威尔斯以及威尔斯的儿子乔治·菲利浦·威尔斯于 1929 年共同出版了《生命的科学》（*The Science of Life*），他们在书中引用了史澄威斯实验室的研究，并把这些研究作为生物学可以"控制生命"⁸的一个例证。三人在书中还应和了史澄威斯的"香肠"故事，他们写道，如果史澄威斯能生活在恺撒的时代，那么"这个著名人物身体的某些部分可能到现在还活着"⁹。

威尔斯最为黑暗的小说可能是 1896 年出版的《莫洛博士岛》，他在这本书中讨论了生物的变异。故事是以普伦迪克的视角讲述的。在书中，普伦迪克因为意外被困在一个荒岛上，岛上还有一名疯狂的英国外科医生——莫洛。莫洛医生通过活体解剖的方式使岛上的动物获得了一部分人的特征。朱利安·赫胥黎后来出版了短篇小说《组织培养之王》，这部小说明显受到了《莫洛博士岛》的影响。《组织培养之王》是朱利安·赫胥黎唯一的一部文学作品，他的文学天分显然无法和他的弟弟阿道司·赫胥黎相媲美。[2]《组织培养之王》首先于 1926 年发表在学术性较强的《耶鲁评论》（*Yale Review*）上，次年又发表在廉价科幻杂志《惊奇故事》上，后者是大众对新兴科技态度的晴雨表。

就像《纽约时报》对卡雷尔的鸡心的描述一样，在《组织培养之王》中，一片肉成了一种圣物。赫胥黎的故事发生在一个遥远的非

---

[1] 我还想指出一个我觉得很滑稽的事实，史澄威斯的中间名 Pigg 的意思是"猪肉"。

[2] 威尔斯和赫胥黎故事中荒岛的背景设定可以追溯到《格列佛游记》和《鲁滨孙漂流记》，甚至更久之前托马斯·莫尔的《乌托邦》。在这些小说中，荒岛是一个不受世俗世界条条框框约束的地方，作者可以尽情发挥想象。赫胥黎的弟弟阿道司·赫胥黎在他 1962 年出版的最后一本小说《岛》中就描绘了一个这样的乌托邦式社会，在那里西方社会中对性的压抑和禁忌已不复存在。

洲部落，部落的首领姆哥比让生物学家哈斯科姆用自己的一块肉来制作用于膜拜的圣物。哈斯科姆是一名疯狂的科学家，他和莫洛博士一样，利用这个机会进行一系列为主流科学界所不容的研究。

在《组织培养之王》中，姆哥比的部落里有很多外表奇怪的人，比如身高 8 英尺 [1] 的巨人和很矮的侏儒。故事的主人公被这个部落的人捉住并带到了村子里，他发现村民们有各种各样的生理异常，而这一切都是哈斯科姆一手造成的：为了展示他高超的人类组织培养技巧，哈斯科姆把人变成了各式各样的怪物。

哈斯科姆 15 年前被这个部落的人捉住，他通过展示自己的"魔法"保住了性命。他用随身携带的显微镜向部落中的人们展示了血液中有血细胞。随后，他说服部落的人帮助他建立了一个简陋的实验室，并把这个实验室作为"陛下的工厂"。按照哈斯科姆的构想，这是一座"宗教组织培养研究所"。当看到这间实验室时，故事的主人公说道："我的思绪回到了 1918 年的一天。那天，一位纽约的生物学家朋友带领我参观了著名的洛克菲勒研究所。一听到'组织培养'这个词，我的眼前就仿佛出现了亚历克西斯·卡雷尔和他手下由穿着白衣的美国女孩组成的团队，他们在忙着培养、灭菌，以及用显微镜观察细胞，等等。" [10]

在部落成员的眼中，姆哥比的身体是神圣而至高无上的，当哈斯科姆意识到这一点后，他说服姆哥比允许他"在局部麻醉后，取下陛下一小块皮下的结缔组织"。使用这块组织，哈斯科姆培养出了一片片肉，并把这些肉作为具有超自然能力的圣物分发给部落成员。除此之外，哈斯科姆还培育出了很多奇怪的动物作为供部落成员膜拜的"神兽"，比如故事的主人公在书的开头提到的双头蟾蜍。在故事的

[1]　1 英尺 = 30.48 厘米。——译者注

主人公逃出这个部落之后，他用一段有些尴尬的道德说教结束了整个故事。考虑到书的作者坚信科学是社会进步的动力，这段话就更显得有些矛盾了：

> 我希望大众能够思考这个故事中的道德寓意。我们拥有的能力越来越大，因此我也希望大众能够仔细思考他们想用这些能力来做什么。这些能力是很多人共同努力的结果，但在这些人中，有些人辛勤工作是因为他们喜欢这些能力本身，有些人辛勤工作是因为他们想要探寻真理。[11]

赫胥黎的故事带有欧洲中心主义的色彩，不仅态度高傲而且对其他文化充满了偏见。除此之外，从故事中还能看出赫胥黎对新兴生物技术的矛盾心理，这些技术揭示了生物的可变异性。科幻小说这种形式仿佛给赫胥黎提供了一个表达自己某些思想和恐惧的平台，而这些想法是作为科学家的赫胥黎无法表达的。威尔斯也同样如此，他在自己的非虚构类作品中极力倡导科学，却又对阿道司·赫胥黎的《美丽新世界》一书中有关人造人的内容进行了猛烈的抨击，认为这是对未来的背叛。

在史澄威斯去世后，史澄威斯实验室的其他研究人员继续普及组织培养技术。托马斯·史澄威斯的继任者是年轻的动物学家霍娜·费尔（Honor Fell），她通过演讲和写作的方式向大众介绍史澄威斯实验室的研究工作。病理学家罗纳德·康蒂（Ronald Canti）还利用显微镜拍摄了细胞运动和增殖的延时影像，生动地向大众展示了他们的研究。《泰晤士报》曾专门刊载过对这些影片的评论。英国首相拉姆齐·麦克唐纳和约克公爵也单独观看了这些影片。那些变形虫一样的细胞被放大到了动物的大小，把自己旺盛的生命力展现在了观众的面前。

1930 年，在英国广播公司一档名为"细胞的生命"的广播节目中，费尔提到细胞应该被看作独立的生物体。她还指出，组织培养并不是创造出某种人造生命，而是让我们看到细胞在摆脱躯体的影响后是什么样子。

但细胞不受躯体控制的状态真的是有益的吗？生物学家们已经意识到，癌性肿瘤正是细胞不受控地疯狂复制导致的。有一些生物学家担心，体外培养的细胞可能更像这些肿瘤细胞而不是健康的组织。在《生命的科学》一书中，赫胥黎和威尔斯父子把体内的细胞比作是"工作时间在伦敦看到的人"[12]，而体外培养的细胞则像是"假日里的摄政公园中自由散漫的人"。三位作者在写下这个比喻的时候可能并没有想表达任何深层的含义，但这些语言中暗含着人们对社会秩序被破坏以及整个社会倒退回更原始状态的恐惧。这个比喻和菲尔绍政治化的细胞学说有相似之处，当然它并不像菲尔绍的理论那样充满了对威权主义的反对和对无政府主义的向往。

不出意外的是，在大众媒体中，史澄威斯对细胞培养所持的乐观态度引起的反响是阴暗而负面的。在《惊奇故事》1927 年刊载赫胥黎的《组织培养之王》之前，较早一期的《惊奇故事》上还刊载了一篇题为《恶性实体》的故事。在这个故事中，体外培养的细胞失去控制，吞食掉了包括它的创造者在内的好几个人，这些细胞最终被毒药杀死。

躯体的一部分在体外存活或是在人死后仍"活着"是恐怖故事中经常出现的场景。被切下的手爬向受害者这样的桥段在很多故事中都出现过，因而已经非常俗套，但年轻的奥利弗·斯通[1]在1981年仍然不太明智地选择了执导包含这样情节的小成本电影《手》。在爱伦·坡出版于1843年的《泄密的心》中，一个人被谋杀并分尸，凶手将他身体的各部分藏在地板下，但死者的心脏仍然在跳动。在僵尸故事中，"活死人"躯体的四肢以及其他部分都能独立运动，这或许是受到了卡雷尔在体外维持器官活性和延长生命的研究的影响。

在1927年刊载在《惊奇故事》上的一篇小说中，卡雷尔的研究与莫洛博士式的故事被再次融合了起来。小说的标题是《活死人的瘟疫》，从标题就能看出来，这又是一个有关僵尸的故事。故事中也有一个流落荒岛的科学家，这个名叫法纳姆的科学家在小岛上进行疯狂的实验。在小说发表的年代，西方人对其他族群抱有偏见，因此作者在书中加入了有关野蛮和征服的幻想情节。在加勒比海的一个小岛上，法纳姆尝试用血清复活死于火山爆发的岛民，结果却被这群死而复生的人追杀。"眨眼间，法纳姆博士立刻看到两个被大卸八块的家伙，他们的每一块躯体都还能动。"[13]40年后，乔治·罗梅罗借用了这一情节，拍摄了包含敏锐政治隐喻的小成本电影《活死人之夜》，扭转了《活死人的瘟疫》等故事中的偏见。《活死人之夜》的主角是一名黑人男性，在影片的结尾，一群白人误认为他是僵尸并将他射杀，这段情节显然隐喻的是现代社会中对黑人使用私刑的行径。

文化和女权主义理论家苏珊·梅里尔·斯奎尔（Susan Merrill Squier）曾敏锐地指出，我们应该抵抗二元论的诱惑，避免把文学视作"科学的潜意识"。但赫胥黎的《组织培养之王》表明，文学的表达方式确实能以有价值的方式折射出科学的社会意义。史澄威斯实验

---

[1] 奥利弗·斯通，生于1946年，美国电影导演，代表作包括《野战排》《华尔街》《刺杀肯尼迪》等，因《野战排》《生于七月四日》《午夜快车》三获奥斯卡奖。——译者注

室的研究人员们是另一个例证，他们沉迷于用诗歌来表现他们关于细胞的研究。20 世纪 30 年代，康拉德·哈尔·沃丁顿曾在史澄威斯实验室做过访问学者，他写过一段诗来描述胚胎发育过程中"组织者"（见第 75 页）的作用，沃丁顿把这一过程描述成自主个体和群体意识的共舞：

> 所有部分联合起来，
> 奉献一场表演，
> 但每个部分依然自由，
> 编排着各自的舞姿。[14]

史澄威斯医院的研究者亚瑟·休斯（Arthur Hughes）对同事佩塔尔·马丁诺维奇（Petar Martinovitch）体外培养的哺乳动物性器官的描述则很容易让人想到《美丽新世界》的开篇：

> 那睾丸与卵巢，
> 成了一排外植体，
> 马丁诺维奇，
> 在体外将它们培养。[15]

马丁诺维奇用诗回应了休斯的诗，这首诗体现了这些研究人员多么喜欢以细胞的视角来看待他们的研究。他们喜欢把细胞拟人化，用细胞或者体外培养的组织来代表整个生物体：

> 史澄威斯实验室的一个小家伙，
> 贴着血管的河岸移动，

> 无数小生命，
>
> 出身相似却命运不同，
>
> 随着湍急的血流移动，
>
> 有力的冲击和骚动，
>
> 将它们带向未知的命运。[16]

我们不清楚是什么让史澄威斯实验室的科学家们用这种不同寻常的方式来描述他们的研究，但霍娜·费尔也同样采取了这种细胞视角。她说："把活细胞从体内分离出来，并看着它们在玻璃容器中生长、运动，这就像一个小男孩看着罐子里的蝌蚪一样，是一件很浪漫的事。"[17]

卡雷尔帮助建立了各种细胞的体外培养方法，其中也包括人类的细胞。然而，尽管各种各样的报道都在宣称"永生"的时代即将来临，在体外培养的人类组织其实是很难存活的。

情况在 1951 年发生了改变。这一年，在美国巴尔的摩约翰斯·霍普金斯医院工作的医生乔治·盖伊（George Gey）从一名时年31 岁，名叫海瑞塔·拉克斯（Henrietta Lacks）的病人体内分离出了癌细胞，并发现这些细胞和他见过的其他所有样品都不一样。拉克斯在同年晚些时候死于宫颈癌，但从她体内分离出的癌细胞却一直在体外复制增殖，似乎永远不会停歇。这些细胞被称为"海拉细胞"（HeLa cell），这样命名是基于传统惯例，隐去捐献者全名的同时保留姓名的缩写。海拉细胞拥有极强的生命力，因此很快就成为全世界人类细胞实验的标准细胞系。海拉细胞还被用来测试药物，从而避免以人为实验对象所带来的风险。盖伊还把海拉细胞用作培养病毒的宿主，因为病毒在离开宿主的情况下无法繁殖。以这项技术为基础，生物学家乔纳斯·索尔克（Jonas Salk）在 1954 年成功研制出了脊髓灰质炎疫苗。

海拉细胞的故事曾多次被报刊、纪录片和图书报道，其中最有影响力也最翔实的是丽贝卡·斯克鲁特（Rebecca Skloot）的图书《永生的海拉》（*The Immortal Life of Henrietta Lacks*）。就像书名的风格暗示的那样，书中充满了带有非现实色彩的描述，以至于你很难理解整个故事的来龙去脉。汉娜·兰德克指出了其中的问题，她认为书中之所以包含这些描述，是因为"有些内容在表述上不太容易让人理解"，这些内容便是"人类生命的可能性发生了根本性的变化"[18]。兰德克还说，海拉细胞是"人类体细胞出人意料的自主性和可塑性的真实例证"[19]。

这个故事中还包含了有关医学伦理的议题。书中讲述了在那个医学伦理规范缺失的年代，少数族裔和弱势群体在医疗领域遭受的不公正待遇。盖伊未经拉克斯同意就将她的细胞保存了下来并用于研究，这在当时是一种很普遍的做法。斯克鲁特在书中着力描写了 20 世纪 50 年代一个贫穷的黑人家庭与现代医学和医学研究之间的鸿沟。在当时，黑人群体本来就已经对约翰斯·霍普金斯医院充满了恐惧，因为有谣言宣称，医院的医生在地下室用黑人病患进行人体实验。或许有人会说这样的谣言是那个时代种族间的对立以及美国南北方之间的不信任催生出的偏执想法，但事实可能不止如此。虽然约翰斯·霍普金斯医院并没有医生进行秘密的人体实验，但在 1932 年，位于亚拉巴马州的塔斯基吉大学（Tuskegee University）曾招募黑人佃农，研究在没有给予药物治疗的情况下梅毒病情的恶化过程。参加实验的志愿者可以获得免费的食物和医疗服务，其中一部分人已经感染了梅毒。在整个实验过程中，这项实验的研究人员都没有使用青霉素来治疗这些梅毒患者（医学界当时已经知道，青霉素可以有效治疗梅毒）。令人震惊的是，这项实验总共持续了 40 年，直到知情人士向公众披露实情后才被终止。[1]

但海瑞塔·拉克斯的故事并不只是一个被剥削者的故事。这个故事还体现了在那个年代，生物医学研究与大众对这些研究本身以及研究目的的认知之间的距离。在很多年间，拉克斯的家人一直被发生在拉克斯身上的事所困扰。他们怀疑医生们偷了拉克斯的细胞并用于营利，却拒绝与拉克斯的家人分享获得的收益。他们的困惑和愤怒都是可以理解的。但盖伊本人从未想过要用这些细胞营利，只是把细胞提供给需要的同行，有时候甚至亲自给他们送去，为了保温，他还把装有细胞的试管放在衬衫口袋里。在当时，没有人认为把在手术室中采集到的人体细胞或者组织拿到实验室培养有什么问题，而且这一切都是公开进行的。科学家和公众都不认为这样做有什么不妥。

海瑞塔·拉克斯的故事还体现了人们对组织培养这项技术到底会产生什么样的困惑。拉克斯的家人对细胞生物学完全不了解，也没有人向他们解释过组织培养的过程，所以他们搞不清楚海瑞塔本人是不是还"活着"，甚至是不是还在承受病痛。人们很容易把这些误解和恐惧归咎于他们缺乏教育以及他们对权威的怀疑态度，认为只要他们可以接触到正确的信息，这一切就会得到解决。在一定程度上，情况也确实如此。2001 年，在很有魄力的斯克鲁特的陪同下，拉克斯的女儿拜访了约翰斯·霍普金斯大学的一个实验室。在那里，一名年轻的研究人员向她展示了海拉细胞，这确实消除了她内心的焦虑。但拉克斯家人的反应是完全正常的，毕竟他们并不知道该如何理解"永

---

[1] 在海拉细胞被发现后，相关机构建立了一个大规模生产这种细胞的实验室，这个实验室就位于塔斯基吉。

生的海瑞塔·拉克斯"。

盖伊去世后，学术期刊《妇产科学》（*Obstetrics and Gynecology*）在 1971 年发表了一篇纪念盖伊的文章。文章是这样描述整个事件的：

> 盖伊提取的组织样本使病人海瑞塔·拉克斯以海拉细胞的形式存续了下来，这些细胞至今已经有 20 年的历史了。未来，在研究人员的培育下，她会一直活下去吗？今天，把海瑞塔和海拉细胞这两种形式算到一起，海瑞塔·拉克斯已经 51 岁了。[20]

为什么这些学者一定要把细胞和人以这种奇怪的方式联系起来？事实上，他们对这一切的理解并不比拉克斯的家人更深刻。《惊奇故事》刊载的恐怖故事中经常有细胞生长失控的情节，在这篇纪念文章中，这些学者也采用了类似的描述。他们写道："如果海拉细胞从一开始就在最适条件下不受抑制地生长，那么这些细胞今天应该已经占领整个世界了。"[21]

占领世界！兰德克指出，在这些关于海瑞塔·拉克斯的报道中，人们总是"关心细胞的质量：她现在会有多重了？"[22]。据一位科学家估计，到 21 世纪初，从海瑞塔的癌细胞分裂增殖出的海拉细胞的总质量已经达到了大约 5 000 万吨。这个惊人的数字没有任何意义，但展现了（或者说隐藏着）人们努力认识脱离躯体后的生命的渴望。

虽然这样说可能不太礼貌，但海拉细胞与卡雷尔的鸡心有着很大的相似之处。只是这一次故事的主角不是一只鸡而是体形大得多的一位黑人妇女，而且这个故事中还隐含着困扰整个美国的种族对立问题。

与这种怪异的类比相反的是，另一方面，拉克斯也被塑造成了一个天使般的人物：她的细胞为全人类带来了福祉，因此她在某种程度上获得了永生。1954 年发表在《科利尔》（*Collier's*）杂志上的一篇有关海拉细胞的文章就是这样描述拉克斯的。借用兰德克的说法，一名巴尔的摩的家庭主妇，"获得了一种自己从未想过的永生"[23]。《科利尔》杂志上的这篇文章中从未提及拉克斯是一位贫穷的黑人女性。时至今日，当我们提起拉克斯时，她的形象依然要么是因为种族因素被剥削并且无力反抗的受害者，要么是一位永生的当代圣人。

在海拉细胞的故事中，种族是一个永恒并且无法回避的话题。20 世纪 60 年代，遗传学家斯坦利·加特勒（Stanley Gartler）声称海拉细胞具有极强的侵袭力（invasiveness），并且已经侵袭并污染了科学研究中许多种常用的细胞系（既包括人的细胞系也包括其他动物的细胞系）。加特勒之所以得出这样的结论，是因为通过寻找海拉细胞特有的一种生物"标记物"（marker），他从各类细胞系中发现了海拉细胞。这种标记物是一种与红细胞代谢相关的酶的一个版本[1]，加特勒还指出，这种标记物只在非裔美国人中被发现过。

此前，海拉细胞捐献者的族裔并没有被披露，而此刻，种族问题显现出来了。海拉细胞成了"黑人"细胞和"女性"细胞，这种细胞具有很强的侵袭力并且不停污染其他细胞系，而这些被污染的细胞系大多来自白人捐献者。有些学者写道，一群细胞中只要混入了一个海拉细胞就会面临"灭门之灾"。

打着报道"生物学事实"的旗号，科学有时候也可以讲出如此

---

[1] 此处原文使用的单词为"variant"，中文中通常的译法是"变体""变异体"等，但通过这类译法，大众读者不太容易理解这个词在遗传学语境下的真正含义。对于某个基因来说，在不同的人或者人群中，基因的序列可能存在一些差异（有时是非常微小的差异），这些同一个基因的不同版本就被称为这个基因的不同 variant。在这种语境下的 variant 本书中文版都统一译作"版本"。与其他版本相比，一个基因的某个版本可能对人体更有益，也可能更有害，还可能两个版本间没有明显的差别。——译者注

凶险的故事。[1]

你可能会问海拉细胞为什么用处会这么大？毕竟它们甚至都不是正常的细胞，而是异常的癌细胞。但对于使用海拉细胞的实验研究来说，是不是正常细胞并不重要。在被用来作为病毒宿主的研究中，比如疫苗的研发实验，或者 20 世纪 80 年代以来进行的有关人免疫缺陷病毒（HIV）和艾滋病的研究中，癌细胞完全能够胜任正常细胞的角色。同样，对于药物试验来说，如果药物对海拉细胞具有毒性，那么它很可能对正常的人体组织也会有毒性。

与此同时，海拉细胞确实具备一些特性，使它们比其他细胞具有更旺盛的生命力。这似乎与端粒（telomere）有关，端粒是染色体末端的 DNA 片段，在每次染色体复制的过程中会缩短（见第 153 页）。癌细胞通常具有一种能够修复端粒的酶，因此可以延缓端粒缩短导致的细胞"衰老"，而海拉细胞似乎特别擅长这一点。

有一点已经很明确了，那就是海拉细胞已经不再是分离之初的海拉细胞了。在经过如此多代的复制后，这些细胞不可避免地积累了很多突变：它们在进化，会经历各种进化的选择过程。事实上，进化生物学家利·凡·瓦伦（Leigh Van Valen）提出，海拉细胞如今应该被看作一种与人类不同的新物种，他称之为 *Helacyton gartleri*[2]。他认为这些细胞源自人类，但被人类培育成了一种新的微生物。虽然并不是所有的生物学家都接受这种观点，但它提醒我们，生物体与细胞群落之间的边界是很模糊的。在凡·瓦伦看来，在数十年的体外培养过程中，海拉细胞经历了一种反向进化，变回了一种更"简单"的

[1]　加特勒的上述发现只是在描述一项科学事实，他并没有参与到污名化拉克斯和海拉细胞或者其他带有种族主义倾向的活动中去。——译者注

[2]　你可能已经猜到了，使用这个名称是为了体现斯坦利·加特勒以及他关于海拉细胞侵袭性的研究。

状态。

你也许会说，但海拉细胞中确实还有人类的 DNA，更进一步说，还有海瑞塔·拉克斯的 DNA。真是这样吗？答案并不完全是这样。就像细菌一样，细胞也会通过进化来适应周围的环境，从而产生不同的营养需求和代谢过程，你可以说它们成了不同的"个体"。2013年，一些欧洲的研究者对一株海拉细胞的基因组进行了测序。不出意外，这些细胞的基因组可谓一团乱麻：许多细胞内出现了多余的染色体，许多基因也出现了多余的拷贝或者发生了大规模的基因重组。在这些变化中，有一些或许在拉克斯的肿瘤组织中就已经存在，并且是导致肿瘤形成的原因，但还有许多变化似乎是在随后的体外培养过程中形成的。无论如何，这些发现都让我们产生了疑惑：海拉细胞究竟在多大程度上能够模拟人体？更进一步来讲，我们是不是还可以确定地说，这些细胞代表了一位在半个世纪前去世的"永生"的女性？另一件或许会令人感到惊讶的事情是，虽然海拉细胞中累积的大量染色体异常已经使海拉细胞不可能（理论上都不可能）被用于人类克隆，但这并没有影响细胞本身的生命力。这表明海拉细胞可能只需要基因组的一小部分就能存活：它们唯一需要做的就是不停分裂。

组织培养技术使个体的生命与组成这个个体的细胞的生命之间的关系，或者说躯体与器官之间的关系，变得复杂了起来，此前的任何一种生命科学进展都未曾引起过这么复杂的观念变化。我们需要重新定义这种复杂的关系，苏珊·梅里尔·斯奎尔把这种尝试称为"重新定义人类"。

如今，人体组织在实验室中就像一种材料，就如同聚合物或者陶瓷一样。这并不是一种对生命的不敬。事实上，根据我的感受，进行组织培养的研究人员都会认真地考虑（也必须考虑）他们所进行的工作的伦理问题。就像朱利安·赫胥黎的小说所表现的那样，体外培养的组织不只是一块能够对外界刺激做出反应的材料，不只是一种生物医学资源，不只是一种方便用于研究的病原体宿主，也不只是药物的测试场。在他们探讨器官和组织移植及捐献的著作《组织经济》（*Tissue Economies*）中，社会学家凯瑟琳·沃德比（Catherine Waldby）和罗伯特·米切尔（Robert Mitchell）写道：

> 生物组织离开捐献者的身体到达组织库，再到达实验室，最终被移植到另一个人的身体上，在这个过程中，这些组织承载着各种各样的价值，其中包括事关身份的价值，事关亲缘、衰老和死亡的情感价值，以及有关信仰、伦理标准、认知的价值，有关科研声誉的价值，也包括使用价值和交换价值。[24]

在这些价值中，有一些与经济利益有关并且是合法的。有关生物组织的研究必须在法律规定的框架内进行。我惊讶地发现（但并没有感到丝毫不舒服），一旦我的成纤维细胞开始在体外分裂，它们在法律上就不再是"我的"了，而是被界定为一种细胞系。这样一来，虽然这些体外培养的组织具有某个人（无论这个人是死是活）的基因组，但科学家们利用这些组织获得的研究成果将会受到知识产权法规的保护。就我个人来说，如果塞利娜和克里斯能够通过研究"我的"细胞获得有科学或者商业价值的信息，我会非常高兴。（遗憾的是，这些细胞并没有什么特别之处。）但并非所有人都像我一样。1984年，一位名叫约翰·摩尔的阿拉斯加工程师起诉了他的前任医生，来自加州大学洛杉矶分校的大卫·戈尔德（David Golde）。根据摩尔的说法，戈尔德为他进行了脾脏癌细胞切除手术，并从这些癌细胞中获得了一株可以获利的"永生"细胞系，这些癌细胞可以产生一种能够刺激免疫系统抵抗感染的蛋白质。

法庭最终判定摩尔对这些细胞没有所有权，也无权索取由其产生的利润。这些细胞只是"被丢弃的组织"，是一种"废物"。[1] 法庭的这一判决使很多可能挽救生命的生物医学研究获益，因为如果细胞系的捐献者可以主张细胞的所有权，那么这些研究将会严重受阻。法庭同时认为，将摩尔体内的癌细胞转变成能够生产抗感染蛋白的细胞需要相当的技术独创性，而这些工作都是戈尔德完成的。这一判决同时也反映了相应监管制度的作用：将生物组织的所有权从捐献者移交给接受者。以英国为例，如果接受体外受精的人士同意把多余的胚胎捐献给研究人员，那么他们会被要求以"赠予"的方式完成捐赠，捐赠将不附带任何与商业利益有关的条件。如果对这些胚胎的研究产生了任何产品，那么研究人员可以对这些产品主张知识产权。

这些规定没有什么明显的坏处，就像我说的那样，它们使很多重要的研究得以顺利进行。但这些规定也提醒我们，我们的血肉现在也可以是一种商品。

这种想法似乎并不陌生。我们似乎在哪里听过类似的说法？

> 我们不妨开个玩笑，在约里载明要是您不能按照约中所规定的条件，在什么日子、什么地点还给我一笔什么数目的钱，就得随我的意思，在您身上的任何部分割下整整一磅白肉，作

---

[1] 尽管法律支持戈尔德，但他仍然被这件事深深地困扰，并于 2004 年自杀。这场诉讼的阴影深深地笼罩着戈尔德，哈佛大学医学院医学系主任在一份声明中说，戈尔德"非常尊重病人的权利和尊严，但他同时也认为科学不应该被废弃的组织所束缚"[25]。

为处罚。[1]，26

当夏洛克被告知他可以从安东尼奥身上切下属于他的一磅肉，但不能流血时（事实上，由于当时的反犹思想，书中说的是"基督徒的血"），他无意中已经遇到了一些"组织经济"将会面临的问题：哪一种组织？多少组织？哪一个人拥有哪一部分组织？公共卫生及福利政策领域的先驱理查德·蒂特马斯（Richard Titmuss）在 20 世纪70 年代曾指出，"人体不是商品……人体有它固有的价值，而且这些价值是无法被量化的"27 但这可能只是一种愿景，在现实中，无论是献血还是地下器官交易中都涉及金钱交易，整个市场的运行模式也和其他商品没有太大区别，穷人最终会把他们拥有的商品卖给富人。

夏洛克之所以会面临困境是因为这其实是一个零和博弈：夏洛克得到一磅肉就意味着安东尼奥必须要失去一磅肉。但组织培养技术出现之后情况就变得不一样了。我们的肉体和血液都可以用工业化的方式大规模生产。亚历克西斯·卡雷尔就可以给安东尼奥提供一个安全的解决办法，但考虑到卡雷尔的背景，夏洛克的所作所为大概会让卡雷尔更加确信"犹太人很邪恶"。

除了可操作性的问题外，组织培养还引发了更为复杂的社会学和哲学问题。这些问题事关我们究竟是谁，而且无法通过法律法规来解决。在这些方面，沃德比和米切尔提出了疑问：

> 当一个人的躯体可以被碎片化，而这些碎片严格来说又不再是这个人的组成部分时，这究竟意味着什么？在被碎片化的过程中，这个人的地位究竟发生了怎样的改变？28

---

[1]　这段文字出自莎士比亚的《威尼斯商人》，是犹太人高利贷者夏洛克在借钱给安东尼奥之前说的一段话，中文引自朱生豪译版。——译者注

当我躯体的一部分（从法律上讲，事实上已经不再是我的一部分了）在 8 千米以外的培养箱中长成类似大脑的结构时，我经常问自己这样的问题，目前我依然没有找到答案。

2008 年，纽约现代艺术博物馆展出了一件小小的"皮夹克"。这件"夹克"不是用牛皮，而是用小鼠的组织制成的：让小鼠的胚胎干细胞在一个聚合物支架上生长，用这个支架来引导细胞分裂生长出这件微型"夹克"的形状。但这件"夹克"没能存活很久。在这个名为"设计与灵活思维"（Design and the Elastic Mind）的展览开始几周后，一只袖子就掉了，生长在聚合物支架上的细胞也开始一团团地散落下来。展览的策展人保拉·安东内利最终被迫终止了整个细胞培养过程，她说：

> 我不得不决定"杀死"它。你知道吗？我觉得我无法做出这样的决定。我一直都支持堕胎权，但突然之间，我因为要"杀死"一件衣服而夜夜辗转反侧，难以入眠……你要知道，这件衣服在培养过程开始前甚至都不是"活的"。[29]

这件艺术品的名字叫"没有受害者的皮革"，创作者是西澳大利亚大学共生 A 实验室（SymbioticA laboratory）的"生物艺术家"奥朗·卡茨（Oron Catts）和艾奥纳特·泽尔（Ionat Zurr）。在学术机构的建制内，这两位具有反叛精神的艺术家展开合作，用生物技术本身来挑战生物技术。在谈到创作这件"小鼠细胞皮衣"的初衷时，卡茨和泽尔说：

有观点认为，通过体外培养类似皮革的生物材料，可以解决与用动物皮革生产人类消费品相关的问题。创作这件作品的目的就是要批判这种想法。这件作品是一组作品的一部分，这组作品探讨的是科技使我们消费行为的受害者变得模糊（而不是拯救这些受害者）的方式。[30]

共生 A 实验室有一件早期作品"猪的翅膀"，这件作品由三个微小的翅膀形状的结构组成，这些"翅膀"是生长在聚合物支架上的猪骨髓干细胞。"猪的翅膀"是共生 A 实验室的艺术家对人类基因组计划引发的"基因组狂热"的一种评论，作品的关键就在于它毫不起眼。据卡茨和泽尔介绍，这件作品采用了一种欲抑先扬式的"失望美学"手法：

人们之所以想来看这件展品是因为他们相信他们会看到可以飞的猪，以及其他生物科技带来的奇迹。但相反，他们看到的只是这些平平无奇的微小翅膀。这些翅膀由体外培养的组织构成，并没有长在猪的身上，也永远不会飞。[31]

这样的艺术形式为我们提供了一个平台，可以探索那些困扰我们的有关生命（以及它们可能的使用方式）的科技问题。当生命成为一种商品时会发生什么？生命的定义究竟是什么，我们又应该对生命负怎样的责任？我们可以在体外培养什么，体外培养实验中物理和伦理的边界在哪里？科学可以对这些问题提供指导和限制，但无法给出真正的答案。共生 A 实验室的作品提醒我们，这些问题还没有被解决，提醒我们不要对那些有风险的、令人兴奋的、让人费解的或者令人不安的事情感到习以为常。组织培养技术诞生于一个世纪前，但我们却依然没能完全理解它背后的意义。

SECOND INTERLUDE

HEROES AND VILLAINS

Cancer, immunity and
our cellular ecosystem

插曲 II

英雄与恶棍：
癌症、免疫和我们的细胞
生态系统

和人类世界中的情况一样，我们也可以把细胞世界中的细胞分为英雄和恶棍。有一些细胞是我们的朋友，甚至可以救我们的命，而有一些细胞却想杀死我们。细胞世界中有"好"细菌和"坏"细菌，有"杀手"细胞、"流氓"细胞和"僵尸"细胞。这种比拟不仅广受大众的欢迎，而且其中的细胞都很有个性。

致病的细菌，也就是所谓的"病菌"，很好分类，它们是来自外界的入侵者，是我们要对抗的看不见的敌人。但癌细胞就没那么容易分类了，正因为如此，它们也很难被打败。癌细胞是我们的一部分，是我们阴暗的一面。

癌症与所有其他疾病都不同，它的直接病因并不是病毒或者细菌这样的病原体（但某些病毒感染确实会诱发癌症）。各种癌症的直接原因都是相同的：细胞不受控地复制，形成肿瘤，最终对机体造成严重的破坏，进而导致灾难性的结果。事实上，癌症难以战胜的一部分原因就在于，有太多因素能引发这种细胞的恶性增殖了。

人们有的时候会说癌症是一种现代才出现的疾病，但事实并非如此。癌症一直都存在，很多动物也会得癌症。对于这样一种可能致死的疾病，我们在谈论癌症时或许会很自然地使用"功能紊乱"、"机体崩溃"和"入侵"这一类词语，并把癌症看作是我们"交战"的对象，但我们并不清楚这是否有助于理解和正视癌症。或许更正确的态度是把癌症看作细胞的一种自然行为，是以多细胞生物的形式存在不可避免的结果。

越来越多的科学家开始从进化的角度来理解癌症，从这一角度出发的研究也成果颇丰。这些研究让我们意识到，我们体内的细胞群体中存在一个令人费解的问题，那就是这些细胞似乎不受正常进化过程的影响。在细菌复制和菌落扩增时，细菌的 DNA 上会发生随机的突变，而自然选择会对这些突变进行选择。抗生素耐药性就是这样产生的：在抗菌药物存在的环境下，通过随机突变获得一定抗性的细菌会有较强的生存优势，这样的细菌很快就会在菌落中占据优势。细菌暴露于抗生素越久，选择压力就越大，耐药性就越容易形成。

你或许会认为，当我们的细胞在人体生长或组织更新过程中分裂增殖时，DNA 复制过程中出现的错误也会导致 DNA 序列出现差异。情况确实如此，就像我在前文中提到的那样，人体中不同细胞的基因组存在着许多微小的差异。在大多数情况下，这些突变都不会对细胞产生影响，但我们有理由相信，有一些突变可能会使细胞拥有更强的生存优势，比如某些突变可能会使细胞分裂的速度变得更快。

正是这些分裂更快的"自私"细胞导致了癌症，因此，一个生物体要成功繁衍，必须及时发现并制止细胞的异常增殖。人体有几种不同的机制来约束这样的"体内进化"过程。首先，在细胞分裂的过程中，一些负责"校对"的酶会仔细检查 DNA 的复制是否准确。其次，有一些基因编码的蛋白质能够调控细胞周期，这些蛋白质扮演着"刹车"的角色，可以控制细胞分裂的速度。此外，我们的免疫系统也一直在监控异常复制的细胞，这也是免疫抑制可能会导致癌症的原因。

有一种理论甚至认为，癌症并不是因为人体没能有效控制住异常增殖的细胞，而是机体对环境因子的一种自然的反应：当这些环境因子使细胞处于应激状态下时，细胞基因组中携带的应对这些应激状态的指令会被启动。这些指令是在很久远的时代进化出来的，因此在大多数时候细胞并不会启动它们。物理学家保罗·戴维斯（Paul Davies）指出，"突变可能会导致癌症，但癌症的根源在于一种古老并深植于我们基因组中的应急生存措施被激活了"[1]。这种观点存在争议，也没有被主流科学界所接受，但它告诉我们癌症与其他疾病都不相同，可能需要从新的角度来理解。从进化的角度来看，癌症似乎是细胞生长过程中顺理成章的现象。就像文明和社会化会要求我们压制自己无情和自私的一面一样，动物体内的细胞也必须学会克制自己以及彼此协作，并且需要有监管措施来保证细胞们遵守规则。正如托马斯·霍布斯（Thomas Hobbes）在《利维坦》（*Leviathan*）中所说的那样，人体的正常运作就像一个国家的政治体（body politic）一样，依赖于对自然本能的压制。而癌症就像无政府状态，它使人变得肮脏、残暴而短命。（在这里我又要提醒你，要小心使用比喻。）

"向癌症开战"这类带有军事化色彩的语言让人们觉得我们是在与某种入侵的病原体作战，而不是试图调控我们自己的细胞和机体的行为。人们之所以会有这样的误解，是因为某些进入我们身体的物质确实可以诱发癌症。这些物质之所以能够诱发癌症，是因为它们能扰乱细胞的调控机制，而在正常条件下，这些调控机制能够抑制癌症的发生。

最早发现癌症与环境因素有关的是英国的内科医生珀西瓦尔·波特（Percivall Pott），他在 1775 年发现，在青少年时期做过扫烟囱工作的男性中，癌症的发病率异乎寻常地高。今天我们知道，这是因为煤烟中含有很多致癌物。由于与癌症相关的因子有很多，因此搞清楚哪些因子能引发癌症并不容易。

以 X 射线为例，在 1895 年首次被发现后的几十年中，X 射线曾经被认为是一种有趣甚至是对人有益的射线，但后来的研究发现 X 射线与皮肤癌和白血病相关。放射线的情况也是一样：铀矿的矿工很容易罹患肺癌，玛丽·居里和她的女儿伊雷娜·约里奥-居里都在年纪不算大的时候就因为癌症去世，可以肯定，导致她们患上癌症的是她们进行的放射性实验。20 世纪 50 年代，科学家发现吸烟与肺癌之间存在相关性，至此，人们开始意识到癌症与我们的生活方式息息相关：你吃的食物，你生活和工作的环境都可能与癌症有关。现在我们知道，很多化学物质都是致癌物（也就是说会增加患癌症的风险），其中有一些甚至还存在于食品中或者被以添加剂的形式加入食品中。除此之外，有些癌症还与病毒感染相关。例如人乳头瘤病毒（human papillomavirus）会通过性行为传播，这种病毒大多数时候是无害的，但有的种类会增加患癌症的风险，尤其是宫颈癌。

科学家们花了很长的时间才搞清楚这些外界环境中的物质是如何导致癌症的：它们能够以某种方式导致一些关键的基因发生突变，而这些基因对调控细胞的正常分裂至关重要。其中一些基因被称为"原癌基因"（proto-oncogene），它们在细胞周期中扮演着重要的角色。这些基因上的突变（有时甚至只是 DNA 上一个碱基的改变）可以导致它们出现功能异常，进而使细胞分裂失控，这时原癌基因就转变成了"癌基因"（oncogene）。Myc 基因就是一个原癌基因，担负着很多不同的功能。[1] 还有一些基因之所以突变后会致癌，是因为这

---

[1] 基因的命名背后通常都有故事。Myc 基因首先是在一种病毒中被分离出来的，这种病毒能够引发鸟类长出一种骨髓细胞瘤（myelocytomatosis）。这个基因之所以被命名为 Myc，是因为科学家当时认为它和它的癌基因形式在功能上只与这种肿

些基因在正常情况下的功能就是抑制细胞癌变。在这些基因中，有的能够减缓细胞分裂的速度，有的能够修复 DNA 的损伤，有的能够在适当的时候让细胞死亡 [1]，因此这些基因被称为"抑癌基因"（tumor suppressor gene）。当突变破坏了这些基因的功能时，细胞的分裂就可能失控。p53 基因就是一个抑癌基因，是细胞周期的"刹车"系统的一部分。在被激活后，p53 基因能够使细胞周期暂停，这样细胞就有时间来修复受损的 DNA，如果 DNA 的损伤已经严重到无法修复的程度，那么 p53 基因就会诱导细胞死亡。p53 基因被激活的过程和它能够引发的一系列反应都很复杂，但科学家现在认为大约有一半的癌症与 p53 基因相关。

有很多因素可以引发这些能够导致癌症的突变，包括可致癌的化学物质或者辐射（例如紫外线或者 X 射线），细胞分裂过程中发生的随机突变以及遗传。突变在很大程度上是随机发生的还是会受生活方式的影响，科学家近年来在这个问题上展开了激烈的争论，因为这

（接上页注）

瘤有关。但实际情况远非如此。事实上，存在一个 Myc 基因家族，这个家族的基因的功能很难简单地描述清楚。泛泛地讲，它们是一类转录因子（transcription factor），可以调控很多基因的表达。在这些被 Myc 调控的基因中，有一些与细胞的分裂增殖相关。这样的例子在分子生物学中非常普遍，一个基因首先在某种特定的条件下被发现，于是就根据这个发现来命名，而后来才发现这个基因具有更加广泛的功能。这种以基因首先被发现的功能或位置命名的方式的优点是简单易行，但有时候却会造成误解。这种方式也反映了人们对基因功能的一种误解，这种误解甚至到 20 世纪 90 年代仍然很盛行，比如，癌症领域的专家罗伯特·温伯格（Robert Weinberg）就曾说："人体的每个基因都被分配了一个调控某种性状的功能。"考虑到这种错误观念的存在，人们在相当长的一段时间内似乎都很难理解癌症的遗传学基础就一点也不奇怪了。

[1] 作者此处使用的原文是 die（死亡），但在细胞生物学领域，这种表述显得过于宽泛。此处的"死亡"指的是为了维持机体内环境的稳定，细胞在基因的控制下自主而有序的死亡，被称为"细胞凋亡"（apoptosis），与坏死（necrosis）相对。——译者注

背后隐含的意义是癌症究竟只是"运气不好",还是"咎由自取"。

除了抑癌基因外,健康的细胞还有另一种重要的防止癌变的机制:当细胞的 DNA 过于异常时,细胞有可能会激活一条死亡通路,你可以把这理解成细胞"自杀"。当然,所有的体细胞最终都会死亡:在分裂了一定代数后,细胞会自发地启动"死亡程序"(这个过程被称为"细胞凋亡")。正常细胞分裂次数的极限被称为"海弗里克极限"(Hayflick limit,见第 124 页),对人类的细胞来说,这个极限代数大约是 50 代。这很好理解,因为在每一次细胞分裂的过程中,DNA 复制时都不可避免地会发生一些错误:你要知道,每一个细胞在这个过程中都需要复制两套 DNA 序列,每一套包含 30 亿个碱基对,没有什么酶可以保证复制不出一点差错。因此,如果细胞无限复制下去,基因组中就会累积越来越多的错误。让这些越来越异常的细胞死掉,并给组织补充新鲜的细胞才是一项更明智的策略。

如果无法执行其在生长和维持机体正常运作的过程中所承担的任务,那么细胞往往也会凋亡。例如,从组织中分离出的细胞可能在体外培养的过程中发生细胞凋亡,这也证明细胞具有内在的"社交"属性,只有在与其他细胞互动并能够接收附近细胞发出的信号时才能活下去。生物学家马丁·拉夫(Martin Raff)曾说:"很明显,细胞唯一能够自己完成的事情就是'自杀',来自其他细胞的持续不断的刺激是它们能够活下去的唯一原因。"[2]

细胞凋亡在躯体的形成过程中也扮演着重要的作用。在胚胎发育早期,手指与手指以及脚趾与脚趾是被一些组织连在一起的,手脚的外观就像"船桨"一样。在随后的发育过程中,这些多余组织会通过细胞凋亡的方式被去除的。如果这个过程发生异常,手指或脚趾就可能连在一起,就像鸭掌一样(当然鸭掌具有这样的结构是为了适应环境)。

但癌细胞可以逃避细胞凋亡并不断分裂，从而导致肿瘤持续生长。这是因为它们破坏了细胞中内置的"分裂计数器"。这种"计数器"的设计十分精巧。在染色体的末端，有一段被称为"端粒"的DNA序列，它们并不编码蛋白质，只是染色体末端的"安全帽"。在染色体每一次复制时，端粒都无法被完全复制，因此会变得越来越短。当端粒被消耗殆尽时，染色体的末端就失去了保护，这将导致各种严重的后果，例如，两条染色体的末端可能会融合到一起。这些变化会使细胞内出现各种异常，导致细胞无法正常生长，细胞这时就做好了死亡的准备。

通过产生一种叫作"端粒酶"（telomerase）的酶，癌细胞可以避免出现这种情况。端粒酶的作用是修复端粒，在胚胎发育早期，正常的细胞也需要修复端粒，这也正是我们的细胞拥有端粒酶基因的原因。在正常情况下，端粒酶基因在早期胚胎发育完成后就会处于沉默的状态。[1] 但在癌细胞中，端粒酶基因又被唤醒了。

讲了这么多，你可以看到，细胞发展为恶性肿瘤是需要很多前提条件的，并不是任何一点DNA损伤就会启动癌变过程。细胞周期的"刹车"必须被去除，这样细胞才能不受控地分裂。细胞还必须躲过抑癌基因的调控并激活端粒酶基因来避免细胞凋亡，另外还需要躲避免疫系统的攻击（关于免疫系统，我们会在后文中详细介绍）。此外，它们还需要诱导新血管形成，这样肿瘤深处的细胞才能获得营养。最终，它们还必须扩散到全身，这个致命的过程被称为"转移"（metastasis）。

这一切听起来像是个系统性和目的性很强的计划，也难怪癌细胞经常被视为"流氓"、"叛徒"或是"杀手"。有些学者喜欢从目的

---

[1] 在正常的体细胞中，有一些免疫细胞比较特别。这些免疫细胞也能重新激活端粒酶基因，因为免疫系统需要不断更新免疫细胞。

论出发谈论细胞的癌变，他们会说这些将要变成癌细胞的细胞采取了各种下流的"诡计"来确保自己能够不受控地复制，就好像这些细胞的目的就是"智胜整个系统"一样。同时，细胞的各种防御机制则被描述为勇士，努力避免灾难的发生。例如，癌症领域的专家罗伯特·温伯格把 p53 基因称为"生与死的仲裁者，时刻监控细胞健康状况的辛勤守护者，一旦细胞受损，就会由它来敲响丧钟"。p53 基因还真是责任重大啊！

这样的描述可能有利于教学，因为它与我们对癌症的印象相呼应，在我们的印象中，癌症就是一种可怕并且能够致死的"敌人"。但我又要说，这只是个比喻。在某些情况下，可能我们更应该接受癌变是细胞固有的一种特性，而不是一种病理性的变异。毕竟，癌变源自一种进化上的"需求"，而同样的"需求"也造就了我们人类。癌症的存在提醒我们，作为一种由很多细胞组成的细胞社群，人类的出现以及持续存在是有偶然性的，因为在组成我们的细胞分裂增殖和彼此交流的过程中，是可以形成很多种形式的生物的，而我们作为人类的存在形式只是这众多可能中的一种。

我在前文中提到过，癌细胞必须要躲避免疫系统的攻击。在这种情况下，我们的免疫细胞就像是人体的警察，它们在体内巡逻，不仅时刻注意着包括病毒和细菌在内的入侵者，也要留意来自我们自身的"反社会"细胞。如果我们把癌细胞视作体内的"恶棍"，那么免疫细胞就是"英雄"。

如今我们知道，免疫系统的功能不止于此。当然，免疫系统中包含淋巴细胞（lymphocyte），它们能够识别并消化入侵者。但免疫系统不仅仅在由病原体引起的疾病中起作用，它在许多器官本身病变引起的疾病中同样也发挥着重要的作用，这些疾病包括神经系统疾病、心脏病、肥胖、关节炎、糖尿病等。其中的原因之一是各种疾病和器官病变都会引发炎症和修复反应，而炎症和修复反应是受免疫系统调控的。正如免疫学家莉迪亚·林奇（Lydia Lynch）所说的那样，"在任何疾病中，我们都不能忽视免疫系统的作用"[3]。

　　在过去几十年间，免疫学是生物学发展最为迅速的领域之一。但与此同时，没有哪一个学科像免疫学这样让外行望而生畏，没有哪一个学科的语言像免疫学这样包含了大量晦涩难懂的缩写，也没有哪个学科像免疫学这样充斥着与理论不符的种种例外。免疫学的传统理论框架是比较容易理解的：免疫系统通过产生大量具有特定功能的白细胞来抵御包括细菌和病毒在内的病原体。这些细胞分为 B 细胞和 T 细胞两大类，它们的表面具有结构不同的"受体"（receptor）蛋白，有一些受体的"形状"正好与入侵的病原体上的某些结构相契合，因此相应的细胞能够与这些病原体结合。随后，免疫系统就可以开始消灭这些外来的入侵者了。比如，免疫系统会募集细胞毒性 T 细胞（cytotoxic T cell），这些细胞也被称作"杀伤 T 细胞"（killer T cell），可以杀死并消化掉被感染的细胞。与此同时，T 细胞还被"训练"得能通过细胞表面一类叫作"HLA 蛋白"的分子来识别自身的细胞。（不要在意 HLA 这个缩写的含义，这个名字也容易让人产生误解。[1]）没有任何两个人的 HLA 蛋白是完全相同的，但它们可以分为一些大类，这种分类决定了组织和器官移植时的相容性。

　　这些描述大体上是正确的，但免疫系统完整的机制要复杂得多。形成具有不同受体的 B 细胞和 T 细胞只是免疫应答的一部分，这些

---

[1]　HLA 是人白细胞抗原（human leukocyte antigen）的英文首字母缩写。——译者注

过程属于适应性免疫系统（adaptive immune system）。20 世纪 80 年代晚期，免疫学家查尔斯·詹韦（Charles Janeway）提出还存在固有免疫系统（innate immune system）[1]，这个系统利用具有"标准化"的受体的免疫细胞来抵御常见的病原体。其他学者的研究后来证实了詹韦这一大胆的想法，2011 年的诺贝尔奖被授予了这一发现。但令人遗憾的是，这对于詹韦来说太晚了：他已经于 2003 年逝世。固有免疫系统具有一套自己的"杀伤细胞"，同时还能激活适应性免疫系统。固有免疫系统是生物体的第一道防线，是更早进化出的防御机制，在植物、真菌和其他原始的多细胞生物中，固有免疫系统仍然占主导地位。固有免疫系统的优势是反应迅速，但它无法灵活地识别新的病原体。而适应性免疫系统则能够对过去遭遇过的入侵者产生记忆，疫苗正是依靠这一机制起作用的。

免疫应答中的主要表现之一是组织炎症，炎症是机体开始抵御外来入侵者的信号。然而，免疫细胞也经常会对"假警报"做出反应，这可能导致各种后果，例如过敏反应：当你的身体试图消灭原本没有危害的外来物时，你会出现涕泪横流、皮肤瘙痒等各种不适症状。免疫系统还有可能无法正确识别"朋友"和"敌人"，导致它对机体自身的细胞发起攻击，引发自身免疫疾病（autoimmune disease），类风湿性关节炎、1 型糖尿病和肌营养不良（muscular dystrophy）等都属于自身免疫疾病。[2]

在正常情况下，机体有一套免疫机制来避免自身免疫反应的发生。例如，有一些 T 细胞能够调控免疫应答，在免疫应答完成后将系统关闭。这种调控中涉及一个叫作"CTLA-4"的蛋白。在外来

---

[1]　固有免疫也译作"先天免疫""非特异性免疫"。——译者注

[2]　作者此处表述不够准确，肌营养不良是一大类疾病的统称，并非所有肌营养不良疾病都是自身免疫疾病。——译者注

物被识别，T 细胞被激活后，细胞会开始合成 CTLA-4 蛋白。这种蛋白可以告诉免疫系统"现在可以慢下来了"，它是"免疫检查点"（immune checkpoint）的"刹车"。

癌症治疗领域近年来最令人兴奋、最有前景的策略就是利用免疫系统来识别并选择性地消灭肿瘤细胞。通过操控免疫检查点分子进而抑制它们的功能，癌症的免疫疗法可以关闭免疫应答的"刹车"机制，让免疫系统开足马力杀死癌细胞。免疫疗法中使用的药物是经过精心设计的蛋白质，这些蛋白质分子可以与 T 细胞表面特定的目标分子结合，从而关闭免疫检查点。

虽然利用免疫系统来对抗癌症的想法早已有之，但操控免疫检查点的策略显现出了确实有效的迹象，在有些病例中，这一疗法可以较长时间地缓解症状。这个领域的研究开始于 20 世纪 90 年代，研究先驱是加州大学伯克利分校的詹姆斯·艾利森（James Allison）和京都大学的本庶佑。艾利森的研究集中在 CTLA-4 分子上，而本庶佑则主要研究另一个叫作 PD-1 的检查点基因。（在治疗不同种类的癌症时，最有效的"刹车"不尽相同。）2018 年，艾利森和本庶佑因为他们在免疫治疗领域的研究分享了诺贝尔生理学或医学奖。

利用免疫细胞来抗癌的挑战在于，癌细胞并不是外来的入侵者。它们是我们自己的细胞，只是进入了一种会对整个生物体产生威胁的状态。我们的免疫系统煞费苦心地建立起了不攻击自身细胞的机制，那么免疫细胞又如何能攻击癌细胞呢？但事实上，免疫系统确实有一定的区分癌细胞和健康细胞的能力。首先，细胞在癌变过程中发生的变化可能已经给在体内巡逻的 T 细胞敲响了警钟。与此同时，癌细胞也会逐渐获得一些躲避这套监控系统的能力。这是一个需要小心平衡的捉迷藏般的游戏，因为如果使用药物来增加免疫系统发现癌细胞的可能性，机体出现自身免疫反应的风险也可能随之增加。科学家目前正在研发的一种策略是对病人的 T 细胞加以改造，使这些细胞可以特异性地攻击肿瘤细胞而不影响到其他细胞。另一种策略是通过调整病人的肠道菌群（我会在后文中详述）来增强免疫系统的抗癌效果：肠道中有一些细菌可以促进免疫应答，但并不是每个人的肠道中都有这些细菌。

　　一种名为"易普利姆玛"（Ipilimumab）的检查点抑制药物目前已经获得美国食品药品管理局的批准，被用于治疗皮肤癌。这种药物一个疗程的费用超过 10 万美元，但疗效非常令人振奋（在与其他免疫促进药物共同使用时尤其如此）。在过去的几年中，癌症免疫疗法已经开始在临床治疗上产生实质性的影响，在一些过去必死无疑的病人身上产生了极佳的效果。通过免疫治疗，一名胸部长有葡萄柚大小的肿瘤的女性康复了，一名已经接近白血病晚期的 6 岁孩子的生命也被挽救了回来。癌症免疫疗法似乎对皮肤癌和血液癌（黑色素瘤和白血病）尤其有效。美国华盛顿州的弗雷德·哈金森癌症研究中心（Fred Hutchinson Cancer Research Center）进行的一项早期临床试验发现，在接受免疫疗法的病人中，有超过一半的病人彻底康复了。而对于一种特定类型的白血病，94% 的病人身上的症状都消失了，其中大部分病人原本已经病情垂危。在莉迪亚·林奇看来，多亏了癌症免疫疗法，"我们现在终于可以使用癌症研究领域那个一直很忌讳使用的词了：'治愈'"[4]。

　　这些关于癌症和免疫学的事实表明，我们所持的个体整体论（somatic integrity）完全站不住脚。我们可能会认为我们的身体是一个统一的整体，这使我们能够在充满威胁的环境中生存。但在细胞层面，我们的健康和生存依赖于一大群不同种类的细胞之间持续而复杂的物质和能量交换，这些细胞所扮演的角色取决于它们自身以及它们所处的环境。搞清楚我们自己的各种细胞的作用就已经够复杂了，但需要注意的是，我们体内大约有一半[1]的细胞其实并不是"我们"的。

它们是与我们共生的生物体的细胞，这些生物体分布在我们体内的各个地方，在多数情况下与我们保持互利互惠的关系。我们体内的这些微生物被称为"微生物组"（microbiome），其中我们最熟悉的是我们肠道中的细菌，它们是有助于消化的"好细菌"。通过服用益生菌和酸奶，我们可以为机体补充这些"好细菌"。除此之外，在我们的皮肤上、嘴里和身体的许多其他地方也有微生物，这些微生物不仅包括细菌，也包括真菌（例如酵母）和一类被称为"古菌"的单细胞原核生物。这些与我们共生的微生物加起来有好几磅[2]重。

我们的细胞已经适应了与这些微生物共处，彼此间已经不只是井水不犯河水，而是真正地互相帮助。肠道菌群对我们的健康至关重要，母乳中甚至含有专门滋养它们但婴儿自己消化不了的糖类。反过来，肠道菌群不仅有助于消化，也可以帮助我们构建和修复机体，例如，它们可以协助肠道壁的更新，并参与机体贮存脂肪的过程。在某些物种中，一些重要的生化过程甚至也可能被"外包"给共生微生物。例如，白蚁和某些种类的蟑螂会以木头为食，但它们自身其实并不能消化这些木头，而是依赖于它们肠道中的细菌，这些细菌产生的酶能消化木头。另一个例子是柑橘粉蚧，它们利用两种共生微生物产生的酶来合成几种重要的氨基酸。

目前看来，胚胎的发育过程也可能被微生物组调控，在包括斑

---

[1]　科学家此前认为比一半还多，但现在认为此前的估计过高了。

[2]　1 磅 ≈ 453.59 克。——译者注

马鱼、果蝇和小鼠在内的多种生物中，共生微生物被证明可以激活发育过程中所需的某些基因。例如，小鼠的免疫系统和消化系统的正常发育需要来自细菌的化学信号。生物的健康状况、交配和繁殖甚至也可能被共生微生物调控，例如，果蝇体内的细菌释放的信息素（pheromone）就可以影响果蝇的交配偏好。

我们的微生物组和我们自身的细胞间也可能存在类似的相互作用，这使我们的基因组是一份囊括制造一个正常人体所需所有信息的"说明书"的看法更加站不住脚。在实验室饲养的高等动物中，如果完全抑制其微生物组，这些动物通常都会出现健康问题。

微生物组对我们健康的意义十分重大，甚至可能会有些令人不安。疾病通常会改变我们体内生态系统的平衡，虽然我们很难厘清真正的因果关系，但有些证据表明，调整微生物组的平衡也许可以治疗某些疾病，或者至少可以减轻症状。人体的肠道与大脑通过一根被称作"迷走神经"的很长的神经相连，这可能为肠道菌群影响人的精神状态提供了一个渠道。有研究表明，益生菌也许可以被用来缓解紧张情绪和治疗抑郁，而肠道微生物脆弱拟杆菌（*Bacteroides fragilis*）则被证明可能对某些自闭症症状产生影响。这些结论都还存在争议，但无论如何，我们有理由相信微生物组除了帮助消化之外，对人体还有更大的影响。

我们每个人体内的微生物组的构成都非常个性化，不同的人的微生物各不相同。此外，我们体内的生态系统就像丛林一样，不同的区域分布着不同的物种，即使是我们左手上的微生物的种类也和右手有所不同。而微生物的功能可能与它所处的环境有关，一种在肠道中有益的微生物可能在血液中就会导致疾病。和生物学中的许多情况一样，在这里，环境决定着一切。

很明显，我们的免疫系统必须要接受这些并不属于人类的细胞。

事实上，免疫系统花在调控微生物组上的精力可能并不比花在抵御入侵病原体上的精力少。更重要的是，我们体内的微生物也会影响免疫系统，你可以把这理解为体内的微生物通过向免疫系统发号施令，来保护自己免受外来微生物的伤害。

　　既然人体细胞和那些寄生于我们体内的细胞之间的相互作用如此重要，那么我们就必须学会尊重这些微生物并给它们提供营养。在接受了抗生素治疗后，我们的身体往往会变得非常虚弱，这一点我们可能都有体会，原因之一就是抗生素破坏了体内菌群的平衡（但抗生素的副作用并非只限于此）。正因为如此，使用杀菌剂处理所有物体表面这种习惯可能值得商榷，毕竟，大多数细菌是无害的。与此同时，微生物组的复杂性也再次提醒我们，不应该简单地把细胞分成"好细胞"和"坏细胞"。就像科学作家埃德·杨（Ed Yong）所说的那样：

　　　　并不存在"好的微生物"和"坏的微生物"，这样的分类只应该出现在儿童故事中。这种分类方式不适合用来描述自然界中的关系，因为这些关系错综复杂，频频发生变化，并且与所处的环境息息相关。[5]

　　宿主和共生微生物之间关系紧密，我们可以把这种共生关系形成的"生物"称作"联合生物"（joint organism），有些人把它称为"共生功能体"（holobiont）。宿主和共生生物都对共生功能体的生存至关重要，这种紧密的共生关系让进化理论变得更加复杂。如果微生物组积极地参与到了共生功能体的生存过程中，那么自然选择的对象究竟是谁？一个人的微生物组并不完全来自遗传，虽然你的微生物组与你母亲的微生物组会拥有一些相同的特征，但两者并不会完全相同。在你出生时，你母亲产道内的一部分微生物会被传递给你，这种微生物的传递还会发生在你与母亲随后的身体接触以及哺乳的过程中。但你体内的另一部分微生物则是从别处获得的，其中包括你在婴儿时期接触的其他人。因此，我们并不太清楚从进化的角度来看，到底应该把微生物组置于何处，是完全独立于宿主的基因库，还是与宿主有一定联系的基因库呢？ [1] 进化生物学家在这个问题上存在分歧。或许，就像进化生物学家 W. 福特·杜立特尔（W. Ford Doolittle）提出的那样，进化的主体既不是宿主也不是共生微生物，而是它们共同建立的过程，比如代谢的模式。杜立特尔用歌曲做了一个类比：通过被人不断传唱，一首歌曲得以延续下来（同时也在不断"进化"！），生存并不断进化的是这首歌。

有一些学者甚至提出，我们应该认为生物体具有一个"全基因组"（hologenome），这个全基因组由宿主和共生生物的基因组成。也有一些人不同意甚至嘲笑这种看法，但我们会在后文中看到，很难把生物看作孤立的单个生物体。无论如何，这种把个体基因组的边界模糊化的视角并不与新达尔文主义的进化学说相悖。真正的问题是，这种界定是否有助于我们讲述其中的故事，或者说，你想要讲述一个什么样的故事。

---

[1]   有一些来自微生物组的基因似乎可以整合到宿主的基因组中。

CHAPTER 4

TWISTS OF FATE

How to reprogramme a cell

第 4 章

命运的转折：
如何重编程一个细胞？

　　研究人员用医疗器械从我的上臂挖下了一小团粉色的东西，这是我的一块组织。我不敢看它被挖下来的过程，但它在试管中的样子让我想起了小时候组装军事模型时，不小心用美工刀切下的手指上的表皮。在伤口出血之前，这一小块组织就被挖了下来并变成了一种"材料"，这一切既令人害怕又让人着迷。

　　我的这一小块组织不仅会变成迷你大脑，也将成为各种神经元的来源。这些神经元在体外呈单层生长并伸出一些藤蔓状的结构，在荧光染料的作用下，这些藤蔓状的结构将会形成一幅美丽的图样。

　　仅仅在十多年前，很多生物学家还认为这样的事情是不可能发生的。他们认为，我手臂上的细胞是特定细胞谱系分化的最终状态，而且这种状态是不可逆的。他们认为这些细胞随后只能进行自我更新，每次更新都会对组织产生损耗，并且随着年龄的增长，组织将逐渐起皱并失去弹性，直到我们生命的终结。但情况并非如此：在培养皿中，我的这些细胞获得了新的生命和身份。细胞似乎随时都可以开始一段新的旅程。

　　我们对于细胞可以做什么的认识正在经历一场革新，而这正是本书的核心。与仅仅在体外培养细胞不同，细胞的重编程打破了我们有关生物学时间的观念。我们都从胚胎发育而来，但胚胎可以蕴含不止一个关于生命的故事，而是拥有无限的可能。从这一点看，你可以说我们的肉体被解放了，而我们正在努力搞清楚应该如何利用这种自由。

对于胚胎最早形成的一批细胞来说，可以有无限种发育的可能。

我们在前文中介绍过，我们的生命始于受精卵，受精卵具有全能性，可以发育成胚胎生长过程中所需的所有类型的组织。但渐渐地，随着细胞在发育过程中的不断分裂，它们逐渐失去了这样的潜能。

有的细胞形成了能够为胚胎提供营养的胎盘，而构成胚胎的那部分细胞则具有多能性，拥有发育成成熟人体所有组织的潜力。这些细胞被称为"胚胎干细胞"。虽然科学家很早就知道存在胚胎干细胞，但直到 20 世纪七八十年代，哺乳动物的胚胎干细胞才被鉴定并分离出来。1981 年，剑桥大学的生物学家马丁·埃文斯（Martin Evans）成功地从小鼠的囊胚中分离出了胚胎干细胞，并在体外进行了培养，[1]埃文斯也因此在 2007 年与其他科学家分享了诺贝尔生理学或医学奖。体外培养干细胞的一大挑战是防止它们分化，这有点像让一根针直立在一个平面上。为了防止细胞分化，科学家最早是把干细胞培养在一层已经分化了的其他细胞（比如成纤维细胞）上。这些下层的细胞能够给干细胞提供一种能维持其多能性的蛋白质，研究人员后来鉴定出了这种蛋白质，因此可以直接把这种蛋白质加入培养基中。

直到 1998 年，人胚胎干细胞才成功地被分离并培养。威斯康星大学麦迪逊分校的詹姆斯·汤姆森（James Thomson）和约翰斯·霍普金斯大学的约翰·吉尔哈特（John Gearhart）分别独立地分离和培养了人胚胎干细胞。汤姆森从体外受精并发育到囊胚阶段的胚胎中分

---

[1] 相当大的一部分奠基性工作其实是由生物学家盖尔·马丁（Gail Martin）完成的，马丁建立了从生殖细胞瘤中分离并培养一种干细胞的方法。

离出了这些细胞，而吉尔哈特则是将从流产胎儿中分离的早期生殖细胞培养成了胚胎干细胞。

　　到胚胎发育为胎儿时，胚胎干细胞已经消失了，但脐带中仍然存在少数种类的干细胞。我们体内的少数细胞也有一定的"干性"（stemness），能够形成特定组织的若干种细胞类型。大部分组织都具有这种"成熟"的干细胞，它们被称为"成体干细胞"（adult stem cell），比如，在伤口愈合的过程中，就是成体干细胞提供了修复所需的新鲜组织。骨髓中的成体干细胞叫作"造血干细胞"（hematopoietic stem cell），它们能够形成体内的各种血细胞，这些细胞被用来治疗白血病已经很多年了：在用化疗杀死病人自身的造血干细胞后，正常的造血干细胞被移植到病人体内，以补充病人的造血系统。有些造血干细胞会分化成淋巴前体细胞（lymphoid progenitor cell），这些细胞的功能是形成免疫系统中的各种淋巴细胞。还有一些造血干细胞则会分化成髓样前体细胞（myeloid progenitor cell），它们会继续分化形成红细胞，或者参与炎症、凝血和过敏反应的嗜碱性粒细胞（basophil cell），以及免疫反应中最主要的白细胞——中性粒细胞（neutrophil cell）。大脑中的成体干细胞可以发育成大脑中的多种不同类型的细胞，包括神经元和神经胶质细胞。[1] 在某些组织中，这种组织特异性的干细胞使这些组织可以持续再生，皮肤细胞的寿命通常只有一个月，而血细胞的寿命大概是四个月。有些成体干细胞，例如肌肉干细胞，只有在接受环境中的信号之后才会被激活，创伤就是一种常见的信号。既然这些"半分化"的细胞周围的细胞都已经彻

---

[1]　人类神经元的再生现象直到最近才被瑞典卡罗林斯卡研究所的研究人员发现。2013年，他们利用放射性碳定年法发现在大脑的"记忆中心"——海马（hippocampus）中，有些神经元要相对"年轻"一些。据估测，每天海马中会产生大约700个新的神经元。

底分化，那么它们究竟是如何抵抗进一步分化的压力的呢？对于这个问题，科学家至今仍然没有找到明确的答案。

我们可以看到，成体干细胞让我们拥有了一定的组织再生能力，但这种能力十分有限。我们无法像蝾螈一样在失去四肢后重新长出新的四肢。你可以想象一下，一只蝾螈开心地在湖边爬行，突然，它被一只苍鹭猛咬了一口并失去了一条腿。但没关系，蝾螈会赶紧逃到安全地带，它的细胞也行动了起来，不断增殖的组织覆盖住了伤口，并很快长成一条全新的腿。

这一切是多么令人羡慕啊！如果我们能够培养出一个新的肾脏，用于替换因为疾病或外伤受损的肾脏，或者在脊柱骨折导致瘫痪之后，让脊柱中再生出新的神经元，那该有多好！你能想象人体再生出一根手指、一只手或者一条腿吗？

自从 20 世纪 70 年代科学家开始研究干细胞起，受损组织的再生就是一大研究目标。利用从多余的体外受精胚胎中分离出的人胚胎干细胞或者从脐带血中分离出的干细胞，科学家已经培养出了某些类型的组织，例如可以用于烧伤移植的"人造"皮肤。已经有研究者开始在临床上尝试将干细胞通过外科手术移植到体内受损的部位，希望周围的组织能够引导这些干细胞分化成相应类型的细胞。在另一些干细胞治疗的临床试验中，干细胞被直接注射到血液中，科学家希望这些细胞能自己找到它们的目的地。如果干细胞已经开始向某个方向分化，例如开始分化为肌肉组织或者心脏组织，那么这些干细胞往往能够找到相应的组织。

但实现组织再生还有很多障碍，因此干细胞疗法的效果目前与最初的期望还相去甚远。一方面，要控制干细胞分化为所需要的组织类型是一件极具挑战性的事情。事实上，在临床上使用具有全能性的胚胎干细胞的一大隐患就是这些细胞可能会向错误的方向分化，从而导致形成肿瘤。另一方面，和其他器官移植一样，从胚胎或者捐献者获得的干细胞在被移植到病人的体内后会引发病人免疫系统的排斥反应。此外，许多人类器官都是由多种不同类型的细胞构成的，这些细胞按照一定的模式排列并形成复杂的结构，我们目前还不清楚如何复制这些结构。（我会在下一章介绍这个领域的进展。）

有关胚胎干细胞的研究还涉及医学伦理问题。在一些国家，胚胎干细胞研究极具争议性，因为部分公众反对涉及人类胚胎的研究（这些胚胎在研究结束后必然会被销毁）。这样的顾虑使美国总统小布什在 2001 年颁布禁令，禁止在联邦经费资助的研究中使用新创造的人类胚胎干细胞，这一决定大大阻碍了干细胞治疗领域的科学研究。[1] 日本也有类似的限制规定。

正是因为这些阻碍的存在，有些研究人员开始思考是否能够从人类胚胎或胎儿以外的来源获得干细胞。可是，如果多能性干细胞在胚胎中存在的时间如此短暂，很快就会开始不可逆的分化，我们又如何才能从其他来源获得干细胞呢？

直到大约 10 年前，大多数生物学家仍然认为细胞向某一个命运方向分化的过程是不可逆的。他们认为，一旦细胞开始向某个细胞谱系的方向分化，细胞就不可能回头了。我们在前文中介绍过，在分化的细胞中，有一些基因会被关闭，有一些基因则会被开启，这使细胞

---

[1] 事实上，早在 1996 年就已经有一些规定，限制使用联邦经费从事涉及人类胚胎的研究。这导致詹姆斯·汤姆森关于人类胚胎干细胞培养的突破性工作只能依靠来自加州生物科技公司杰龙公司（Geron Corporation）的资金支持，并且汤姆森只能在位于麦迪逊的一间校外实验室独自完成这些实验。

得以正常发育并行使特定组织所需的功能。很多学者曾认为，在分化的过程中，当细胞不再需要某些基因时，细胞会永久性地失去这些基因，这并不是说细胞会从基因组中删除掉这些基因，而是说会使这些基因永久性地失活。

1928 年，汉斯·斯佩曼开始研究当细胞开始分化后，细胞的染色体是如何逐渐失去其多能性的。利用精细的工具，斯佩曼在显微镜下移除掉了一个蝾螈受精卵中的染色体，然后把另一个蝾螈胚胎细胞的细胞核（细胞核中含有染色体）转移到了这个去除了染色体的受精卵中。他发现这些"移植"的染色体仍然可以指导这个受精卵发育成一个完整的胚胎。经过这种"核移植"形成的"重组"细胞就是细胞核供体细胞的"克隆"，斯佩曼的实验是科学家首次有意地克隆复杂动物。[1]

在细胞分化到哪一个阶段时，它的染色体就无法再重编程另一个细胞了呢？1938 年，斯佩曼考虑过用完全分化的细胞来进行这个实验，他提出可以用成熟的体细胞作为细胞核的供体。虽然斯佩曼后来没能做这个实验，但他把这个想法提了出来，并且认为这是一个"奇思妙想"。

科学的历史不断告诉我们，一个人奇思妙想设计的实验可能会由其他人来付诸实施。1952 年，费城兰科诺医院研究所（Lankenau Hospital Research Institute）的罗伯特·布里格斯（Robert Briggs）和托马斯·金（Thomas King）从已经发育至囊胚阶段的豹蛙胚胎中取了一个细胞（此时的胚胎中含有几千个细胞，细胞也已经开始分化），并把这个胚胎细胞的细胞核移植到了一个去掉细胞核的未受精的卵细胞中。这个卵细胞随后发育成了一个完全正常的蝌蚪，这表明

---

[1] 当然，你也可以说斯佩曼用绳套将蝾螈胚胎分成几部分的实验（见第 66 页）也是一种克隆，因为他从单个胚胎创造出了多个遗传物质完全相同的个体。

即使细胞已经开始分化，它的染色体仍然保有多能性。

　　这个实验中有一个经常被忽视却引人深思的事实，那就是作为核移植受体并发育为蝌蚪的卵细胞从来都没有受精过。在这个实验中，仿佛只要那根显微注射针轻轻地刺入卵细胞，卵细胞就会开始分裂，并最终形成胚胎。正常情况下，一个卵细胞是无法发育成胚胎的，因为它是只有一套染色体的单倍体，还需要来自精子的另一套染色体。而胚胎细胞的细胞核是二倍体，因此在把胚胎细胞的细胞核移植到去掉细胞核的卵细胞中后，卵细胞就不再需要精子了。从细胞的角度来讲，受精过程就像是细胞的"性行为"。而在这个实验中，只要给卵细胞两套完整的染色体就可以让它发育成胚胎，从这一点看，受精过程似乎并不那么重要。我在前文中介绍过，受精过程不只是精子的染色体进入卵细胞这么简单，但现在看来，受精过程似乎真的只是为卵细胞提供染色体罢了。

　　布里格斯和金的实验表明，在胚胎发育最初的一段时间里，胚胎细胞仍能在一定程度上保有多能性。但这种多能性是有时间限制的：如果用比囊胚稍晚时期的胚胎，也就是神经胚（neurula）的胚胎细胞作为细胞核的供体，移植后的卵细胞就无法正常发育。很多生物学家据此认为在细胞分化的过程中，染色体会逐渐并且不可逆地失去多能性。或许它们甚至会丢失掉一些 DNA 序列？

　　在很长的一段时间里，这都是学界的主流观点，即使在英国胚胎学家约翰·格登（John Gurdon）用实验证明事实并非总是如此之后，很多人的观点仍然没有改变。20 世纪 50 年代，格登还是牛津大学动物学系的一名研究生，他进行了斯佩曼 20 年前设想过的实验——将体细胞的细胞核移植到卵细胞中。格登选取了非洲爪蟾作为实验对象，这种动物之所以适合用来做研究，是因为只要给它们注射一种激素它们就能产卵。格登首先选择了爪蟾胚胎中肠道部位的一种已经分化的表皮细胞作为细胞核的供体，他发现受体卵细胞在核移植后依然能发育成完整的个体。由于这些新个体与供体细胞的基因组相同，因此它们都是供体的克隆。格登随后又用包括心脏和肺在内的多种其他胚胎组织的细胞作为细胞核供体进行了同样的实验。

但格登仍然无法用成年爪蟾的体细胞作为细胞核供体完成同样的实验：有些卵细胞在被移植了成年爪蟾体细胞的细胞核后能够发育成蝌蚪，却无法进一步发育。

有些学者认为，在格登以已分化细胞作为细胞核供体的实验中，供体细胞的染色体并不是让卵细胞发育为胚胎的真正原因，或者说并不是唯一的原因。他们怀疑在移除掉细胞核的卵细胞中，可能还残留了一些遗传物质，是这些遗传物质促进了整个发育过程。此外，尽管供体细胞的细胞核在被移植到受体细胞内后可以诱导胚胎的发育，但新形成的胚胎仍然保留了一些供体细胞的记忆。例如，如果细胞核的供体是肌肉细胞，那么产生的胚胎中就会有高于正常比例的肌肉细胞。因此，格登的细胞核移植实验并没有彻底阐明成体细胞的染色体究竟有何种诱导发育的能力。

直到20世纪90年代，成体细胞染色体的多能性才被核移植实验明确证明。1997年，苏格兰罗斯林研究所（Roslin Institute）的伊恩·威尔穆特（Ian Wilmut）和基思·坎贝尔（Keith Campbell）领导的研究团队将成年母绵羊乳腺细胞的细胞核移植到了一个去除掉细胞核的绵羊卵细胞中，这个重组细胞随后发育成了克隆羊"多莉"。"多莉"是用成体细胞克隆出的第一个大型哺乳动物，这项成果引起了各界的热烈讨论，因为此前只出现在科幻小说中的情节在现实中实现了。这种狂热让很多人没有注意到，这一成功在细胞重编程领域意味着什么："多莉"的诞生表明，成体细胞仍然拥有发育为完整个体所需的全部基因，而且这些基因可以被重新激活。[1]

　　显然，卵细胞具有重新激活体细胞核多能性的能力。当接受了核移植的卵细胞开始发育时，它将产生与供体细胞核具有相同遗传物质的胚胎干细胞。当胚胎发育至囊胚阶段时，这些胚胎干细胞可以被从胚胎中收集起来用于组织修复，这种技术被称作"治疗性克隆"（therapeutic cloning）。2006 年，韩国首尔大学的生物学家黄禹锡宣称他用人体细胞完成了细胞核移植，但他发表在高影响力期刊上的这些研究随后被发现造假，他也因此被起诉并被判缓刑。这是一个风险极高的领域，学术不端行为一直是相关研究中的一大顽疾。至今仍没有人成功完成黄禹锡声称自己完成的实验。

　　但即使人类治疗性克隆被证明是可行的，将这项技术用于临床治疗依然存在很多问题。一方面，人的卵细胞并不容易获得。另一方面，在这一过程中，你需要培养一个人类胚胎，虽然这是以治疗为目的而进行的，但很多人仍然持反对态度。一些国家已经颁布了针对这项技术的禁令。

　　格登的实验表明，成熟的已分化细胞仍然具有干细胞所拥有的潜能，克隆羊"多莉"的诞生随后证实了这一点。在通常情况下，这种潜能是通过表观遗传学调控的方式被抑制的：在细胞分化的过程中，表观遗传学修饰会关闭掉一些基因。生物学家们普遍认为，体细胞只有在某些极端条件下才会唤醒这些已经沉睡的基因。将一个细胞

---

[1]　也有少量但重要的例外。在哺乳动物中，少数基因并不是保存在染色体 DNA 上，而是位于线粒体（产生贮能分子的细胞器）的 DNA 上。所有线粒体基因都遗传自母亲。

核塞进一个卵细胞中显然称得上是相当极端的事件了。细胞核并不是像油醋汁里的油滴那样随意漂浮在细胞里，而是更像被细致地绣在细胞这块画布上，因此威尔穆特和同事将细胞核移植比作大脑移植。当一个体细胞的细胞核被注射入胚胎细胞后，这个细胞核也会受到不小的影响。比如，与成体细胞相比，受精卵的分裂速度要快得多，分裂的速度有时甚至快到复制中的染色体难于承受的程度，不可避免地会对染色体造成损伤。

但除了核移植，能不能通过其他途径来"重置"体细胞的基因，将它们转变成干细胞呢？在进入 21 世纪之前，大多数学者都认为这就像逆转时间或者将一个成年人变成婴儿一样，是不可能实现的。

看似不可能的想法往往也会由看似不可能的人来研究。日本生物学家山中伸弥就是其中之一。他的背景与大多数细胞生物学家不同，而这让他能够从与众不同的角度来思考问题。

山中伸弥喜欢打橄榄球，也因此对运动损伤很感兴趣。虽然他在 20 世纪 80 年代接受过外科学训练，但他发现自己对外科手术并不十分擅长。1989 年，山中伸弥开始在大阪市立大学医学院开展基础医学研究，并在那里获得了博士学位。他主要研究动脉栓塞引起的心脏疾病，以及可能的基因治疗方法。后来，山中伸弥开始研究影响肿瘤生长的基因，在这个过程中，他开始使用小鼠的胚胎干细胞进行实验。他发现他所研究的抑癌基因似乎对维持这些干细胞的多能性非常重要。

日本对涉及人类胚胎干细胞的研究有严格的限制，因为这些细胞都取自人类的胚胎。山中伸弥对这些限制深感无力，于是他想到，能不能不通过胚胎获得干细胞呢？如果有办法在体细胞中激活与干细胞多能性相关的基因，细胞会不会进入类似干细胞的状态呢？山中伸弥决定试一试，他的方法很简单：把与多能性相关的基因导入体细胞中。

得益于基因治疗领域的发展，此时已经有很多种方法可以把新的基因导入到细胞中。基因疗法试图治疗的疾病是由某个基因的突变导致的，医生会把没有突变的正常基因导入病人的细胞中，使细胞内正确版本的基因远远多于突变的基因，这样这些正确版本的基因产生的蛋白就会在细胞中占上风，从而减小突变基因产生的蛋白对细胞的影响。将外源基因导入细胞中最有效的一种方法是使用病毒作为载体。

我在前文中提到过，病毒是介于生物和非生物之间的一类寄生物。与细胞不同，病毒无法自我复制，必须依赖宿主细胞的复制系统。它们会把自己的遗传物质注入宿主细胞，而这些遗传物质会插入宿主的 DNA 中，这样在细胞复制时，病毒也会一起被复制。[1]

病毒的这些行为本身并不会对宿主产生伤害，它们并不会"故意"伤害自己的宿主。病毒没有在漫长的进化过程中被淘汰，是因为从进化的角度来看，这是一种稳妥的生存策略。事实上，有些病毒可以与它们的宿主和平共处而不产生任何有害的后果。值得一提的是，那些攻击细菌的病毒（被称作"噬菌体"）可以帮助宿主抵抗细菌感染。还有一些病毒可以攻击其他病毒，比如一种叫作"GB-C"[2] 的病毒就能影响 HIV 的活性，后者是一种危险的致病病毒，是艾滋病的罪魁祸首。当病毒导致健康问题时，这些问题往往是由于身体对病毒的反应造成的，而并非病毒本身。比如，被流感病毒感染会导致发

---

[1]　作者此处的表述不够严谨，并非所有病毒都会将自己的基因组插入宿主细胞的 DNA 中。——译者注

[2]　此处的"GB-C"指的是 GB 病毒 C 型（GB virus C），这种病毒曾经被称作"庚型肝炎病毒"（Hepatitis G virus），但科学研究迄今未发现这种病毒与任何临床疾病存在关联，因此科学界目前普遍将其称为"GB 病毒 C 型"。——译者注

热、流鼻涕等症状，这些症状就是由免疫系统对病毒的攻击（比如炎症反应）导致的。[1]

用病毒来治疗疾病听起来似乎很危险，但在基因治疗领域，病毒的优势就在于它们能够有效地将遗传物质导入细胞中。只需稍加基因改造，某些病毒就不再会导致疾病但仍然具有把遗传物质导入细胞的能力。因此，基因治疗领域的学者把这些改造过的病毒用作"基因载体"。

山中伸弥知道，利用这种病毒载体，他可以把胚胎干细胞中高表达的基因导入体细胞中。他的设想是，这些外源基因会把体细胞重编程（reprogram）回一种更"原始"的状态，而一旦这些细胞的基因组被"重置"，它们此后分裂产生的子细胞也都会继承这种新的基因组状态。

但问题是，胚胎干细胞中特异性表达的活跃基因有上百个，重编程体细胞需要导入所有这些基因吗？还是只需要导入其中的几个？这些问题的答案只有通过反复实验才能揭晓，可是如果要穷尽这些基因所有的排列组合方式，那么需要开展的实验的数量是极其庞大的。山中伸弥后来说："我们当时认为，这项研究需要 10 年、20 年、30 年，甚至更久才能完成。"[1] 此外，没有人可以保证这种方法一定能实现细胞重编程，因此很多人根本就不会尝试开展这样的研究。

当然，候选基因的范围可以适当缩小，因为胚胎干细胞中的这些活跃基因对多能性的重要性不尽相同。在这些基因中，有一个名为"Oct4"的基因。这个基因似乎能够抑制细胞的分化，因为如果用基因干扰的方式在胚胎干细胞中把它沉默掉，胚胎干细胞就会分化。科学家们依然没有完全搞清楚 Oct4 基因的作用机制，但我们知道它编

[1] 与很多病毒不同，HIV 会攻击免疫系统，从而导致一种能够抵抗感染的白细胞死亡，这使艾滋病患者很容易被其他病原体感染。

码的是一种转录因子，而转录因子的作用是影响其他基因的活性，具体来说，是影响其他基因的转录过程。研究发现，Oct4 蛋白与一个名为"Sox2"的基因所编码的蛋白一同行使功能。这两种蛋白会一起结合到基因组中的某一段 DNA 上，从而调控一个名为"Nanog"的转录因子的基因的活性。Nanog 基因对维持胚胎干细胞的未分化状态不可或缺，因此是整个调控网络中的所谓"主基因"（master gene），对细胞从全能性状态到多能性状态的转变至关重要。

这些内容听起来是不是很抽象？某个基因会影响另一个基因，而这种基因间的相互作用又通过某种方式会影响细胞的状态。

但这就对了。我在前文中提到过，在大多数时候，某个蛋白的功能和相关的表现型之间的关联是十分模糊的。我们可以说 Oct4、Sox2 和 Nanog 是维持胚胎干细胞多能性的基因调控网络的一部分，或者说，细胞的"默认模式"就具有分化的倾向，而这个基因调控网络可以抑制这种倾向。然而，如果你尝试用简洁的文字来描述这个调控过程，你可能很难讲得清楚。我们可以简单明了地描述策划编辑、文字编辑和印制员在这本书的出版过程中承担的工作职能，却无法简单明了地描述基因调控网络的调控活动。

要想更好地理解细胞的命运是如何被决定的，或许我们可以把这个过程看作一种计算。这种计算需要各种"输入"信号，比如 Oct4等基因的活性。其"输出"也多种多样，比如某个细胞所执行的功能：胰岛细胞合成胰岛素，心肌细胞产生电信号，等等。在人类胚胎的发育过程中，卵细胞最早接收到的"输入"是精子的进入以及母体组织发出的信号。随着胚胎的发育，胚胎中每个细胞周围的细胞会不停地向其发送信号。比如，由扩散的蛋白提供的位置信号会告诉一个细胞它所处的位置，以及它应该发育成什么样的细胞。通过这些信号，胚胎能够对细胞的"遗传程序"加以调整。比如，有的信号可以诱导某些表观遗传学修饰，从而限制细胞在某些方面的活性。山中伸弥向体细胞内导入的外源转录因子是另一种"输入"，这些信号可以让整个细胞内部的运算程序发生改变，从而产生某种特定的"输出"。

要用语言解释清楚这些"输入"和"输出"背后的逻辑关系是一件几乎不可能完成的事情。在任意一种状态下，可能只有几个基因扮演着至关重要的角色，但这几个关键基因的作用就足以构建起一个由很多基因的相互作用形成的复杂的调控网络。事实上，"输入"和"输出"之间的一系列事件就像一个黑匣子，我们无法看清黑匣子中的"电路"是如何串联起各个"节点"的，或者说我们只能看到模糊的一部分。细胞生物学家和遗传学家有时候可能会画一些示意图，在这些示意图中他们用箭头来表明一系列事件间的因果关系。但很多时候，这些示意图可能只是表明了在实验中所观测到的事件间的关联性而非因果性，我们并不知道这些基因和蛋白是否确实通过相互作用引发了相应的事件。混淆相关性和因果性常常会导致严重的后果，使科学家在没有意义的研究方向上浪费精力，使用不恰当的语言来描述某些事件，或者产生盲目的自信。

尽管如此，对于山中伸弥想要开展的将体细胞重编程为干细胞的实验来说，Oct4 蛋白和 Sox2 蛋白依然是很好的候选蛋白因子。他和同事总共鉴定出了 24 个类似的候选因子，其中一个名为"c-Myc"的因子是一个作用范围极广的转录因子，能够促进很多与细胞复制有关的基因的表达。c-Myc 的基因位于调控细胞分裂的基因相互作用网络的中心，对细胞的正常分裂过程至关重要。也正因为如此，影响c-Myc 功能的突变是癌症常见的诱因（见第 150 页）。在有些肿瘤中，c-Myc 基因过度活跃，导致细胞不受控地复制。

此时的山中伸弥在京都大学工作，他建立了用病毒载体将他的24 个候选基因导入小鼠成纤维细胞中的方法。有这么多候选基因，山中伸弥显然需要开展大量的实验才能筛选出真正重要的基因，他后来承认："老实说，我们当初并没有指望能在这 24 个基因中找到答案，我们以为还需要筛选更多的基因。"[2]

在山中伸弥和他的学生高桥和利的第一次尝试中，他们把 24 个基因全部导入了细胞。让他们惊讶的是，这个方法奏效了！导入了外源基因的小鼠成纤维细胞表现出了一些与干细胞类似的特征，这些细胞被诱导出了多能性。

然而，用 24 个基因来重编程未免太过复杂。在经过一系列细致全面的实验后，山中伸弥和高桥和利成功地将这个数字大大缩小了。他们用病毒将 4 个基因导入成纤维细胞，并成功诱导细胞进入了干细胞状态。[1] 除了 Oct4、Sox2 和 c-Myc 外，第 4 个基因是一个叫"Klf4"的基因。山中伸弥和高桥和利把这些重编程后的细胞称为"诱导多能干细胞"（induced pluripotent stem cell）。他们还发现，如果把诱导多能干细胞引入囊胚阶段的胚胎中，这些细胞可以完美地融入发育的个体中。山中伸弥和高桥和利在 2006 年发表了他们的这项研究，并在第二年成功地用人的体细胞培养出了诱导多能干细胞。威斯康星大学的詹姆斯·汤姆森[2] 也独立完成了同样的研究，但研究成果的发表时间比山中伸弥团队研究成果的发表时间稍晚。

这些研究被各界称赞为制造出了"合乎生物伦理的干细胞"，因为

---

[1]　尽管这些病毒看起来是无害的，但使用它们作为基因导入工具依然存在一定的风险：它们有可能会引起细胞 DNA 的变化，并可能使细胞更容易癌变。这在体外细胞培养的研究中并不是什么严重的问题，但在临床治疗上就会成为隐患。因此，科学家们一直在寻找将重编程因子导入细胞的其他方法。其中一种方法是直接把相应的蛋白导入细胞，但用这种方法进行重编程的效率通常比较低，只有很小一部分细胞会进入干细胞状态。

[2]　此处的詹姆斯·汤姆森和前文中介绍的最先成功分离和培养人胚胎干细胞的詹姆斯·汤姆森是同一个人。——译者注

产生这些诱导多能干细胞不需要"牺牲"任何人类胚胎。"合乎生物伦理"的原因可谓显而易见，但这项技术目前依然存在争议。首先，我们需要搞清楚诱导多能干细胞是不是真的与胚胎干细胞完全相同。或者说，从表观遗传学的角度看，这些细胞中会不会残留有它们重编程前细胞状态的记忆？在这一点上，科学家们仍然没有达成共识，但已经有几项研究表明，在用分化的细胞重编程获得的诱导多能干细胞中，基因组上的表观遗传学标签并没有被完全抹去。即使在取自同一个体不同部位的成纤维细胞中，这种"表观遗传学记忆"的模式也会存在差异。不仅如此，这些记忆还与年龄相关。对于临床应用而言，问题的关键在于这些记忆会不会对治疗产生影响。如果诱导多能干细胞被用来培养新的组织或者器官，那么这种表观遗传学记忆就可能会影响细胞是否能够扮演好新的角色。例如，你可能不会希望用诱导多能干细胞培养出的神经元表现出类似皮肤细胞的特征。而如果我们想在辅助生殖领域使用这些细胞，例如用诱导多能干细胞培养一个能够植入母体子宫的胚胎，那么这种表观遗传学记忆有可能使胚胎处于一种早衰的状态。

除此之外，如果我们认为诱导多能干细胞是"合乎生物伦理的选择"，那么我们事实上就已经默认了在研究中使用人类胚胎干细胞是不合伦理的。2001 年，美国总统小布什召集了一个生物伦理委员会，为人类胚胎干细胞研究提供建议。很显然，这个委员会是认同这种态度的。这个委员会的主席利昂·卡斯（Leon Kass）是一名极端保守派，一直提倡以所谓的"厌恶的智慧"（wisdom of repugnance）作为行事原则：当某件事情让你感到厌恶但你却说不清楚背后的原因时，你应该遵从本能，不去做这件事。[1] 由这样的成员组成，这个委

---

[1]　卡斯持这样的观念却被召入这个生物伦理委员会，这或许会让人觉得奇怪。有必要说明一下，卡斯虽然极度保守，却接受过专业的生命科学训练，拥有生物化学博士学位，并且是芝加哥大学的教授。——译者注

员会最终建议禁止使用联邦基金资助建立新的人类胚胎干细胞细胞系的研究也就不足为奇了（显然，禁止使用已经存在的人类胚胎干细胞是没有意义的）。这一决定在很大程度上阻碍了美国在干细胞领域的研究。（然而，美国并不是唯一持这种立场的国家。）

有很多理由可以用来反对这种对胚胎研究的限制以及这些教条的观念，但本书不是进行这些辩论的地方。我只想说，我们现在仍然缺乏充足的事实来客观地解决这一争端。仅从实际应用的角度来说，诱导多能干细胞也许可以在限制性法规存在的情况下为干细胞研究提供新的途径，但我们仍然不知道它们是不是完全等同于胚胎干细胞，答案很可能是否定的。

2012 年，约翰·格登和山中伸弥分享了诺贝尔生理学或医学奖，他们的研究被认为会给医学研究和治疗领域带来革命性的突破。但他们的研究其实还具有更深层的意义，诺贝尔委员会称他们的工作"颠覆了我们对细胞分化和细胞分化状态的可塑性的认识"[3]。用直白的话说，他们的研究颠覆了我们对生长发育的认识，时间似乎是可以逆转的。

一直以来，我们都认为人类的生长发育过程是一条单行道：受精、生长、成熟、衰老。通过分裂和分化，一个细胞逐渐转变成了一群细胞。在历经一系列发育过程后，它们组成了一个边界分明的整体——人体。这看起来似乎没有什么问题。但现在，你可以从这群细胞中取出一小部分，将时间"重置"，从无到有发育出一个新的人体。在这种情况下，人体的统一性似乎被打破了。

我们可能都对康拉德·哈尔·沃丁顿有关细胞分化的景观模型

理论印象深刻。在这个模型中，细胞穿过山坡和山谷到达它们最终的分化状态。但这一理论也让我们产生了思维定式，限制了我们的视野：我们现在知道，这是一个过于简化的模型，因为不仅分化过程并不是不可逆的，而且模型中所谓的"景观地貌"根本就不存在。

在科学的发展过程中，技术的进步让我们可以更好地探究自然。但与解开的奥秘相比，这些进步通常会让我们产生更多的疑问，还会让我们意识到我们过去的很多理论都只是一种粗略的近似。细胞生物学研究就是这样。如今，我们已经有能力解析单个细胞完整的遗传学、基因组和转录组状态。例如，我们可以检测出细胞中有多少种蛋白和 RNA 分子，也可以描绘出细胞基因组的表观遗传学图谱。这些研究清楚地表明，在任意一个时间点，每一种组织中的细胞都处于多种不同的状态，这种情况是无法简单地用沃丁顿模型中小球沿着光滑而明确的山坡和山谷运动来描述的。

哈佛大学的系统生物学家阿隆·克莱因（Allon Klein）曾经把细胞分化过程与荷兰艺术家埃舍尔的一幅著名作品做过对比。在埃舍尔的这幅作品中，有一些上下颠倒因此也就分不清方向的楼梯。克莱因说："细胞分化过程中的基因表达有时候就像这些楼梯。景观模型在这里并不成立，分化的方向很多时候会发生意想不到的改变，小球可能在楼梯中向着并不明确的方向滚动。"[4] 如果我们只能看到细胞在某些时间点上的状态，也就是整个过程中"抓拍"到的"快照"，那么我们就无法弄清楚细胞究竟是如何到达这个状态的。在克莱因看来，"有很多不同的动态过程可以导致相同的状态'快照'"。

这一点和基因组学发现的人群多样性有些类似。出于种种原因，我们常常根据国籍来对人进行分类，比如法国人、印度人、日本人等等。与此同时，我们也会根据所谓的"种族"来分类，比如中国的汉族人、撒哈拉沙漠以南的非洲人、欧洲的白人等等。但这些标签在基

因组层面是没有意义的，因为在我们视作同一类人的人群中，基因组
也存在很大的差异。例如，两个西班牙白人的基因组图谱可能会有相
当大的差异。因此，我们可以根据基因组的相关性来对人进行分类，
并且可以不断细分，因为根据种族、国家或者家庭划分出的不同群体
间并没有明晰而本质的差别。尽管如此，如果慎重使用，这些传统的
分类方式还是有用的。

　　细胞也是一样。比如，从胚胎干细胞到红细胞的分化路径可能
有不止一条。在我们统称为"肝细胞"的那些细胞中，细胞的基因表
达图谱也可能大不相同。我们对细胞进行分类的依据多数来自传统的
观测方法。例如，在我的迷你大脑或者一个发育的胚胎的显微镜影像
中，有的类型的细胞会被化学染料染上颜色，这是因为这些染料可以
与特定的蛋白结合，如果一个细胞能够合成大量的这种蛋白，那么它
就可以被染色。这样，一个细胞是否合成某种蛋白就决定了它的种
类。这种分类方法有它的道理：在很多时候，某个基因的开启（以及
相应蛋白的合成）能够很好地反映这个细胞的分化方向。例如，大量
表达 Oct4 和 Sox2 蛋白的细胞很有可能是干细胞。然而用这种方法捕
捉到的只是一个巨大的多维空间中的一个数据点：人类有 23 000 个
基因，能够合成大约 6 万种蛋白，想要完整地描述细胞的状态，我们
就必须找到细胞在这个数千维的空间中的位置。

　　当然，我们很难想象出这样的"千维空间"究竟是什么样子，
但科学家现在已经研发出了一系列的实验手段和计算方法来对细胞进
行多维度的分析。在传统的分类方法中，我们通过显微镜下的荧光来
判断某个蛋白的有无，从而确定细胞的类型。而现在，通过这些新的
工具，科学家们发现细胞的状态以及谱系实际上要复杂得多。

　　例如，克莱因和他的合作者绘制出了斑马鱼胚胎生长过程中的
细胞发育图谱。他们的研究描绘了胚胎细胞从卵裂球（blastomere）

时期（胚胎发育早期细胞仍处于多能性状态的一个时期）到发育成各种特化的细胞类型的过程。在这个阶段，如果考虑一个细胞内所有基因的表达情况，那么很多细胞所处的状态是很模糊的。如果用沃丁顿的景观模型来描述，那么模型中此时的景观主要是面积广阔的盆地。相邻的盆地有时并没有被山脊明显地隔开，但盆地间的区域地貌复杂。这些盆地有时会一分为二，有时又会合二为一，有的盆地排列成环，有的盆地则分支排列。在这样的景观中，细胞的发育路径并不总是那么清晰，因此很多时候会有多种选择。

需要注意的是，并不是说细胞根本无法分类。克莱因说："成熟的细胞的分类是很明确的。一个已经完成整个分化过程的细胞最终行使的功能是由某些特定的基因来实现的，这些基因的表达是十分特异的。"但那些尚未完全分化的细胞则形成了一个连续体（continuum），这个连续体就像一个广袤的平原，你很难看清这些细胞会向哪个方向分化。

或许我们应该把沃丁顿的"山坡-山谷"模型换成另一幅图景：一片广袤而平坦的土地，其边缘分布着一些城镇，城镇间由交错而密集的道路相连。这幅"细胞之国"的"地图"并非混乱无序，而是有着明确的结构和逻辑。但这种结构十分复杂，是多维而且动态的，我们只能通过"抓拍"某些静态的"快照"来粗略地了解整个过程。

以上就是现代生物学对生命的理解。生物的进化造就了复杂的体系，这些体系中的结构不断变化，其中隐藏着有规律并且可预测的现象，但也充满了例外和难以预料的现象，而在生物学中我们需要找到近似的模型来理解这些复杂的体系。正因为如此，我们在使用比喻的时候要尤其小心，不要过分执迷于某些具有欺骗性的比喻。

无论如何，克莱因等人绘制的胚胎发育过程中的单细胞图谱给我们提供了海量的信息，让我们得以搞清楚某些基因的激活在身体各器官形成过程中扮演的角色。2019 年，西雅图华盛顿大学的一个团队发表了小鼠胚胎的细胞图谱。这些科学家研究了器官开始形成时期的胚胎，也就是妊娠第 9 至第 13 天的胚胎。图谱的信息包括细胞的类型以及每个细胞特征性表达的基因，整个图谱共包括至少 200 万个胚胎细胞。这项研究产生的数据量极其巨大，收集这些数据也需要强大的技术支持。我们得到的最大启示或许是，想要完全理解发育过程，我们需要进行无比精细的观测，其精细性已经达到我们能力的极限，这使我们难于看清我们所需要的信息，也没有能力解释获取到的海量信息中蕴含的意义。今天，我们对发育过程的理解已经远远超越了胚胎学早期"组织场"这样的粗糙概念。但我们距离深入理解小鼠（更不用说人）是如何生长和发育的，还有很长的路要走。

使用山中伸弥发明的细胞重编程方法，塞利娜和克里斯将我的皮肤成纤维细胞培养成了诱导多能干细胞，进而又诱导成神经元。科学家目前已经能在体外用成体细胞培养出很多种类器官，他们使用的正是这种方法。从最初的干细胞阶段起，类器官逐渐形成的过程与胚胎发育时期相应器官在体内的发育过程或多或少存在一些相似性。

2013 年，细胞生物学家麦德琳·兰卡斯特（Madeline Lancaster）还是一名研究生，她当时在维也纳的分子生物技术研究所（Institute of Molecular Biotechnology）学习，师从尤尔根·诺布里奇（Jürgen Knoblich）。这一年，她意外地培养出了大脑类器官。当时，兰卡斯特在自己培养的干细胞中发现了一些白色的团块。她刚开始时并不知道这是什么，但渐渐地，她意识到这些细胞正在逐渐发育成大脑。

在体外培养迷你大脑需要操作者具有相当高超的细胞培养技巧，但这些细胞本身并不需要太多引导，它们在很大程度上可以自发地形成迷你大脑。"这并不需要很复杂的生物工程技术，"诺布里奇说，"我们只需要让细胞做它们想做的事就行了。"[5]

"只需要提供正确的条件和足够的营养，让它们能够在三维空间内生长，这些细胞就会自发地组织并形成迷你大脑，"兰卡斯特说道，"这些细胞自己就能长成类似大脑的结构，刚开始时我感到非常惊讶。"[6]但仔细想想，这其实很好理解，用兰卡斯特的话说，因为在胚胎中，"细胞就是这样发育成大脑的"[7]。

胚胎干细胞和诱导多能干细胞都可以被用来培养类器官，你只需要给它们提供一些生长为相应器官的诱导条件。如果这些细胞被向肾脏细胞的方向诱导，它们就会具备长成类似肾脏器官的潜能。同样，只要提供适当的条件，干细胞也能诱导分化成胰腺细胞并形成迷你胰腺，或者诱导成胃脏细胞并形成胃类器官。虽然这些类器官并不是真正的器官，甚至算不上体内器官的微缩版，但它们也绝非许多细胞随随便便混合到一起的产物，因为它们确实具有真实器官的一些特征。类器官中的细胞不仅可以分化成相应器官中具有特定功能的细胞，还可以像胚胎发育过程中的细胞一样，通过迁移和分化形成体内相应组织所具有的结构。比如，从小鼠肠道分离的干细胞可以自发地组织并形成中空的结构，这些中空结构的表面还会长出一些凸起，这些凸起就是能够吸收营养的微绒毛。再比如，用人的干细胞诱导产生的神经元可以长成迷你大脑，这些细胞可以像大脑皮层中的神经元那样分层分布，也可以形成与大脑中的其他部分以及相关器官类似的结构（比如原始的视网膜）。

在体外培养类器官也需要合适的条件。据兰卡斯特介绍，培养迷你大脑的关键是一种叫作"基质胶"（Matrigel）的物质。基质胶是一种胶质，由多种蛋白混合而成，能够为细胞提供柔软的支撑，并且能在一定程度上促进神经元生长。这项工作的开拓者是日本生物学家笹井芳树。2008 年，笹井芳树和他的同事发表了一项研究成果，在这项研究中，他们用一种特殊配方的胶质培养基来培养小鼠胚胎干细胞，使其生长成了类似大脑某些区域的结构（可以认为是迷你大脑的前身）。第二年，另一群研究人员用人的肠干细胞成功培养出了肠类器官。从 2011 年起，科学家开始用诱导多能干细胞来培养各种类器官。

　　兰卡斯特关于大脑类器官的研究始于 2013 年。然而一年后，对类器官领域做出重要贡献的笹井芳树却因为被卷入一场学术不端的丑闻而自杀。当时，一个与笹井芳树有合作关系的研究团队发表了一项令人震惊的研究成果，他们用一种全新的方法将小鼠的体细胞诱导成了干细胞。与此前广泛采用的向细胞中导入转录因子基因的方法不同，在这项研究中，论文作者声称只需要用特定的培养条件刺激细胞（例如酸处理）就可以将体细胞诱导成多能干细胞。这项研究发表于 2014 年初，但其中的一部分数据后来被发现是伪造的，这篇论文也随之被撤稿。笹井芳树只是这项研究的合作者之一，本人并没有参与伪造数据，但仍被认定为需要承担未能监督青年学者行为的责任。此外，他还遭到了日本媒体的猛烈批评，媒体认为他为这项研究申请了过多的资金支持。[1] 重压之下，笹井芳树在 2014 年 8 月留下遗书后自杀身亡。

---

[1]　作者此处的表述似乎有误，根据能够查到的资料，媒体对笹井芳树的指控之一是他参与这项研究的主要目的是追求大量的研究资助。——译者注

随着体外类器官培养技术的发展和完善，这种技术在未来可能被用于器官移植：培养出与真实器官充分类似的类器官，用于替换损伤或者功能异常的器官和组织。类器官也使肾衰竭、心脏疾病甚至神经退行性疾病等疾病的个性化治疗成为可能。或许有一天，培养器官就像我们（有些人）长头发或指甲一样容易。

但这些美好的愿景离我们可能还很遥远，我会在下一章中介绍其他人工培养组织或器官的方法。在体外，如果不给予恰当的条件，诱导多能干细胞和胚胎干细胞并不能很好地形成器官。在塞利娜和克里斯给我展示的很多迷你大脑图片中，可以看到一些揪心的缺陷。有的迷你大脑上长出了一些突起的结节，它们在试图寻找周围组织释放的信号。在体内，这类信号会告诉发育中的脊髓将神经纤维伸向何方。但在体外，这样的信号却并不存在。

缺少这样的引导信号会导致什么后果？我们可以看一下畸胎瘤（teratoma）这个例子。畸胎瘤是一种由多种组织形成的团块，某些情况下见于性器官中，是生殖细胞在错误的时间或者地点被诱导分化而自发形成的。由于缺乏正确的引导，这些增殖的细胞分化成了各式各样形态奇特、彼此混杂的组织。畸胎瘤中可能有肌肉、心脏、骨骼、牙齿等等。这种结构其实是一种肿瘤，可能是恶性的，也可能是良性的，既见于儿童（包括新生儿）也见于成人中。就像它的名字所暗示的一样（"tera"在希腊语中的意思是"怪物"），畸胎瘤是很可怕的。牙齿和毛发显然是一个人所必需的，但它们却不应该从一团混乱的组织中随随便便地长出来。畸胎瘤的例子告诉我们，在正常的发育过程中，各种组织必须在正确的位置形成，一旦这一过程失控，结果将是灾难性的。

类器官的组织结构并不像畸胎瘤那样杂乱无章，但也不像真正的器官的结构那样有序。以迷你大脑为例，它们能长出一些复杂的脑结构，但这些结构与大脑中的相应结构在形态上就相去甚远。尽管如此，迷你大脑中的神经元仍然能够执行正常的功能，相互传递电信号。考虑到迷你大脑和真实大脑的差别，这可能会让你感到一丝不安。需要注意的是，这些电信号并不是"思想"，但"思想"源自这些电信号。

科学家们目前正在寻找迷你大脑的更优培养方法，希望给迷你大脑提供更接近体内发育环境的培养条件，从而让形成的结构与真正的大脑更为接近。在胎儿以及出生后不久的婴儿的大脑中，特定脑区的发育会受到这些脑区与其他脑区的相互作用的影响，也就是说，不同的脑区会促进彼此的发育。我们可以在体外模拟这个过程：把已经被诱导成特定脑区的几种类器官放在一起培养，让它们建立起神经连接，这样它们就可以形成一个"组装体"（assembloid）并彼此"交流"。因此，类组装体是用模块组装出来的，你可以把它看作一种升级版的迷你大脑。

除了大脑不同区域间的相互作用，胎儿的大脑还需要与大脑以外的其他组织的细胞相互交流，例如组成血管的某些细胞以及中枢神经系统内的免疫系统的细胞。这些细胞也可以在体外单独培养，然后再添加到类器官的培养体系中。在神经系统中，有一类被称为"神经胶质细胞"[1] 的细胞。科学家最初认为这些细胞只是起支撑和连接神经元的作用，但现在我们知道它们的作用远不止于此，它们很可能是

---

[1]　神经胶质细胞的英语单词"glia"源自希腊语，意思是"胶水"。鲁道夫·菲尔绍在 19 世纪 50 年代使用了这个词来翻译德语单词"kitt"（黏合剂）。菲尔绍时代的科学家认为这些细胞只是一种基质，或者说只是一种"神经胶水"，其作用只是把神经细胞连接在一起。现在我们知道，神经胶质细胞还起着更积极的作用：它们可以调节周围神经元的活动，帮助形成或者修剪神经元间的突触连接，等等。因此，神经胶质细胞被有些科学家称为"大脑平衡的调节器"，它们维持着神经系统的完整性并使神经系统能够正常行使其功能。

大脑类器官非常重要的组成部分。

另一类对大脑发育至关重要的信号是那些决定体轴的信号，特别是那些在胚胎发育早期建立起来的前－后轴（头－尾轴）和背－腹轴的信号（见第 73 页）。我在前文中介绍过，这些信号是由所谓的"组织者"细胞提供的，这些细胞能够释放形态发生素，形态发生素通过扩散形成的浓度梯度来引导体轴的建立。那些将要发育成脊髓的细胞团所需要的正是这样的方向性信号。我们可以在体外模拟这样的方向性信号，方法并不复杂：在类器官中植入融合有形态发生素的凝胶珠或者凝胶管，逐渐释放出的形态发生素就会形成浓度梯度。一些科学家已经开始构想基于这种策略的"新一代"类器官培养方法，希望在体外培养出与大脑更类似的大脑类器官。

科学家们之所以如此热衷于大脑类器官的培养，并不是因为他们想要培养出一个能够"思考"的器官，而是因为这样的类器官为我们提供了研究真实大脑结构和功能的替代品。利用人的大脑类器官，科学家们可以开展侵入性实验，并且可以采用一些最终会导致大脑结构被破坏的方法，这些研究显然是无法在活人上进行的。兰卡斯特解释说，"你并不需要一个与体内结构完全相同的大脑类器官来研究生物学问题"[8]，但如果你的类器官能尽可能地接近真实的结构，那么你就能更好地模拟体内真实发生的生物学过程。

兰卡斯特已经在用大脑类器官研究是哪些因素决定了大脑的大小这一问题：为什么大脑只会长到正常的大小，不会长得更大？很多人之所以对这个问题感兴趣，是因为一种叫作"小头畸形"（microcephaly）的先天缺陷，被这种先天缺陷影响的新生儿的头远小于正常的新生儿。这个问题在寨卡病毒（Zika virus）疫情发生后开始广受关注。这种病毒在 2007 年开始在加蓬和密克罗尼西亚流行，随后跨过太平洋到达南美洲。对大多数人来说，这种病毒可能引发的风险很小：有些人不会出现任何症状，有些人只会出皮疹或者表现出低烧、头痛等轻微症状，体内的病毒很快就会被清除掉。但对于孕期妇女来说，情况就完全不同了：感染这种病毒可能导致新生儿出现小头畸形。在某些罕见的病例中，寨卡病毒会导致"吉兰–巴雷综合征"（Guillain-Barré Syndrome），病毒造成的神经损伤可能会导致瘫痪甚至死亡。

科学家目前还不清楚寨卡病毒究竟是如何影响大脑的发育过程的，但在迷你大脑上进行的研究也许可以帮助我们理解背后的机制。在他们的研究中，兰卡斯特、诺布里奇和他们的合作者首先把从小头畸形病人体内获得的细胞培养成诱导多能干细胞，然后用这些细胞培养出迷你大脑。他们发现，与用正常细胞培养出的迷你大脑相比，这些迷你大脑有很多异常。除了寨卡病毒外，一个与神经元分化相关的基因上的突变也被发现与小头畸形有关。这些研究人员发现，如果把这个基因编码的正常蛋白导入用小头畸形病人细胞培养的迷你大脑中，迷你大脑中就会产生更多的神经元。

兰卡斯特感兴趣的另一个问题是，什么原因会导致大脑长得过大？你可能会认为大脑越大越好，可事实并非如此，因为大脑过大与包括自闭症在内的一系列神经系统障碍都存在关联。有一些科学家也在利用迷你大脑研究其他神经系统疾病，例如精神分裂症和癫痫。塞利娜·雷正在利用迷你大脑研究两种神经退行性疾病：阿尔茨海默病和额颞叶痴呆（frontotemporal dementia）。当神经元中的两种蛋白——tau 蛋白和 β 淀粉样蛋白（amyloid beta）——结构出现异常时，这些蛋白就会在大脑中聚集、沉积，并导致神经元死亡，脑组织就会开始萎缩。

在阿尔茨海默病和额颞叶痴呆患者中，有些人具有遗传易感性（约占总病例数的 1%~5%）。塞利娜用这些人的细胞培养出了迷你大脑，她希望能够发现在神经元的生长过程中，这两种蛋白究竟会出现什么样的异常。她说："我们希望捕捉到疾病最早期的异常现象，这对研发治疗手段来说至关重要。"[9]塞利娜发现，与健康个体的样本相比，在有遗传易感性的个体的样本中，tau 蛋白表现出了明显的不同。

用类器官可以进行很多类似的研究，可供使用的类器官并不限于大脑类器官，还包括其他组织的类器官。类器官的出现为我们提供了研究各种人类疾病的模型，并且可以避免传统研究方法中的安全和伦理问题。在生物学研究中，非人灵长类动物的使用一直都存在争议。有了人的器官，我们可能将不再需要在实验中使用这些灵长类动物。同样地，类器官还可以被用于药物测试：我们可以在临床试验前用类器官来评估药物对整个器官的影响，从而有效避免药物对人体的毒性以及难以预测的副作用。肿瘤类器官在细胞构成上与体内的肿瘤颇为相似，因此研究人员已经开始使用这些类器官来测试抗癌药物。类器官还有另一个诱人的应用：把取自病人的体细胞培养成诱导多能干细胞，进而培养出类器官，然后用这些类器官来测试哪些药物对特定的个体更有效或者毒性更小。这种个性化药物筛选也许最终可以实现自动化，类器官将被培养在一种芯片上，这种芯片上有许多微小的细胞培养室，培养室上有传感装置和给药系统。这种芯片上可以同时培养多种不同类型的类器官，有些研究人员把这样的芯片称为"芯片上的人体"（body-on-a-chip）。当然，这只是一个比喻，但它确实很容易让我们想起亚历克西斯·卡雷尔的一些构想。

我们当然有理由觉得"芯片上的人体"这样的构想很诡异，但我们也没有必要对此产生过多恐怖的联想。有人可能会把"芯片上的人体"中的单层细胞想象成一个小人，这个小人被困在一个邪恶的装置里，并且被不断地灌各种药水。事实显然并非如此。1890 年，德

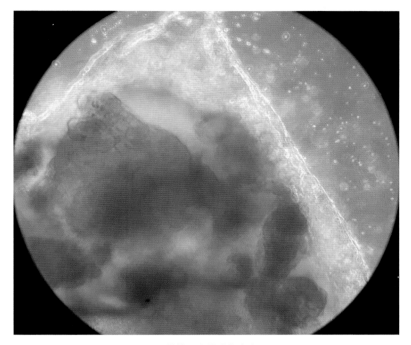

显微镜下我的迷你大脑

（图片来源：克里斯托弗·拉夫乔伊和塞利娜·雷，伦敦大学学院）

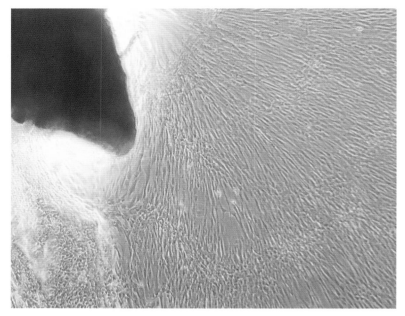

在培养皿中培养的我的皮肤细胞（成纤维细胞）

取自我胳膊上的一块皮肤组织

（图片来源：克里斯托弗·拉夫乔伊和塞利娜·雷，伦敦大学学院）

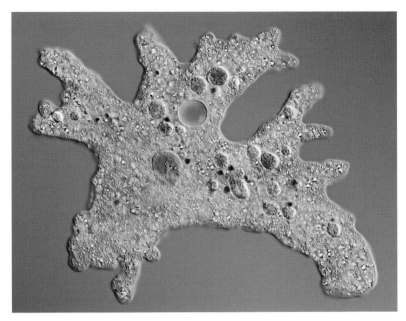

大变形虫（*Amoeba proteus*）：一个没有固定形状的细胞

（图片来源：图库 Shutterstock）

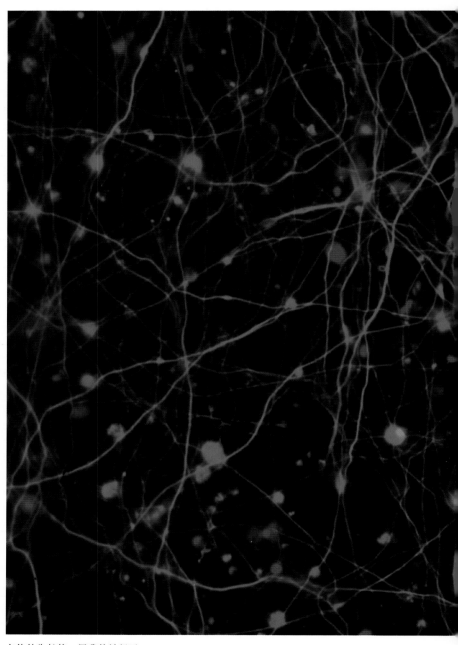

在体外生长的一层我的神经元

（图片来源：克里斯托弗·拉夫乔伊和塞利娜·雷，伦敦大学学院）

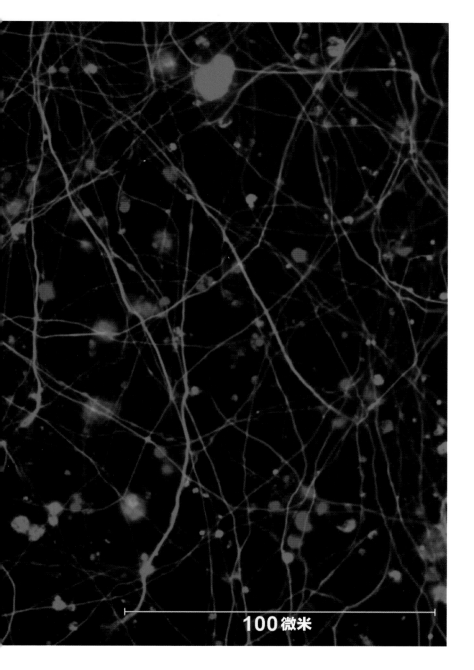

100微米

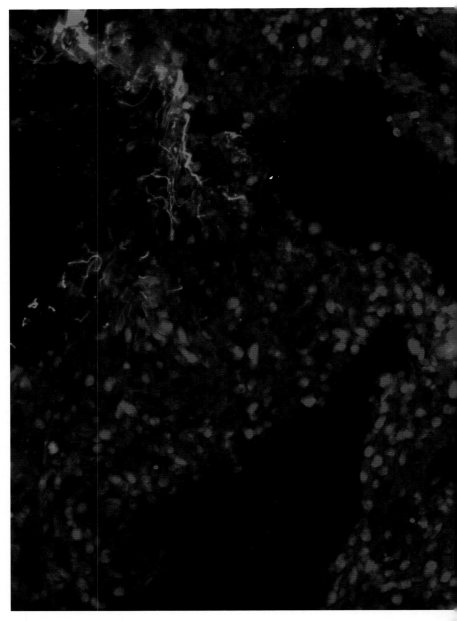

显微镜下我的大脑类器官

神经元被染成了红色。可以看到，这些神经元组织

成了一些层状结构，与大脑皮层中的分层类似

（图片来源：克里斯托弗·拉夫乔伊和塞利娜·雷，伦敦大学学院）

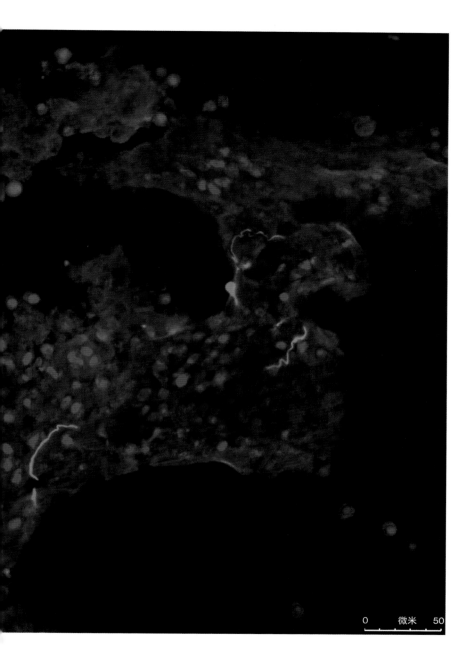

0　微米　50

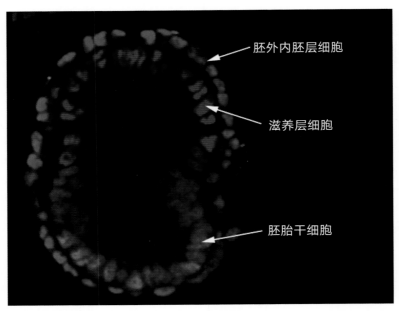

标注：
胚外内胚层细胞
滋养层细胞
胚胎干细胞

由胚胎干细胞和两种胚外细胞（滋养层细胞和胚外内胚层细胞）[1] 形成的小鼠胚状体。

这些细胞将自身组织成了一个含有空腔的胚胎状结构。

滋养层细胞未来将形成胎盘，胚外内胚层细胞将形成卵黄囊

（图片来源：伯纳·索曾，剑桥大学）

1　　这两种细胞之所以被称为"胚外细胞"，是因为它们在未来形成的是胎盘和卵黄囊，而非胚胎本身。——译者注

裔美国生物学家雅克·洛布（Jacques Loeb）曾乐观地设想未来会出现一种"生命物质的技术"[10]，"芯片上的人体"显然就属于这样的技术。生物工程领域的研究者将在芯片上模拟整个人体，他们的模拟越准确、越接近人体，这种工具对医学研究的助益就会越大。

大脑类器官的其他用途同样显得天马行空。瑞典古生物学家斯万特·帕博（Svante Pääbo）在位于德国莱比锡的马克斯·普朗克进化人类学研究所工作，他正在利用大脑类器官研究人类已经灭亡的"近亲"——尼安德特人。尼安德特人曾与早期的人类共存，帕博想搞清楚尼安德特人的大脑为什么与早期人类的大脑不同。

尼安德特人是生活在 25 万至 4 万年前的古人。他们与人类的亲缘关系很近，因此可以进行种间交配，这也是很多人（只要你不是非洲裔）的基因组中都有少量"尼安德特人基因"的原因。2010 年，帕博的实验室对几个尼安德特人个体的化石样本进行了 DNA 测序，并用这些 DNA 序列拼出了尼安德特人的整个基因组。研究人员发现，与现代人的基因组相比，尼安德特人在几个与大脑发育相关的基因上与现代人有明显的不同。

这些基因究竟是如何使尼安德特人的大脑变得与我们的大脑不同的？尼安德特人的大脑又与我们的大脑有多大的不同？现在我们知道，我们以前对尼安德特人的刻板印象是错误的，他们并非像我们所认为的那样不够聪明，较为"原始"。尼安德特人拥有相当复杂的文化，他们的文化中有艺术，甚至可能包括一些仪式。他们的大脑比我们的大脑更大（当然，这并不意味着他们比我们更聪明）。我们目前还不清楚尼安德特人灭亡的原因，而现代人的某些认知能力使我们比尼安德特人更有生存优势可能是原因之一。（但原因也有可能只是尼安德特人更容易患上疾病。）

帕博希望用基因编辑的方法把人类干细胞中的一些基因替换成

尼安德特人的基因，并将这些细胞培养成迷你大脑，从这些迷你大脑中寻找线索。使用这种方法培养出的迷你大脑并不是一些媒体报道中所谓的"尼安德特人的迷你大脑"，但通过观察这些迷你大脑的形状和结构，我们可以了解这些基因是否会影响大脑的发育过程，从而为理解尼安德特人和现代人认知能力的差别提供一些启示。

帕博实验室的研究人员发现，这些"尼安德特化"的迷你大脑在形状上确实发生了一些变化。但科学家现在还很难为这些结果提供解释，因为迷你大脑本身就只是真正大脑的一种粗略近似物。或许，我们目前能提出这样的问题就足够了。

体外器官培养技术的发展为器官移植提供了新的希望，但器官移植并不只是把体内旧的器官替换成体外培养的新器官那么简单。新的器官必须融入周围的环境才能正常运转。

以心脏为例，心脏病是世界范围内导致死亡的主要原因之一。心肌受损会导致心脏衰竭，但我们目前还无法通过体外培养和移植心肌组织来有效地治疗这种疾病。心脏要正常搏动，心脏中所有心肌细胞的电活动就必须同步化。如果某个区域的心肌细胞的电活动与其他区域细胞的电活动不同步，心跳的节律就会被破坏，从而导致心律失常，并很可能导致心脏衰竭。科学家曾经尝试把在体外培养的心肌组织移植到体内，但始终未获成功，原因正在于此：移植的心肌组织与体内的心肌组织间无法互相"交流"，因而也就无法同步地搏动。

体外培养的神经组织和脑组织也面临同样的问题。我们都希望体外培养的神经元可以被移植到体内，用于修复受损的脊髓，或者修复因为中风或者神经退行性疾病（比如亨廷顿病或者帕金森病）导致的脑损伤。但实际操作起来却存在很多困难。首先，大脑中有上百种不同类型的神经元，每种神经元都有独特的形态、连接方式和功能。因此，在体外培养的组织中，各种类型的神经元以及其他细胞必须要以正确的比例共存。此外，这些神经元还必须能够正确地融入体内的神经网络中。在体外培养这么复杂的组织并通过手术将其移植入人体，同时还要保证组织中的神经元能够形成正确的神经连接，这是一件极具挑战性的事情（不过，我在后文中会介绍，已经有研究者在进行这方面的尝试）。但如果我们直接在体内需要移植的位置培养这些神经元，它们也许就能接收来自周围组织的信号，被诱导发育为相应类型的细胞并与其他细胞建立起恰当的联系，从而可以正常地发送和接收神经信号。

实现这种设想的一条途径是直接把诱导多能干细胞（或者胚胎干细胞）移植入体内，这样它们周围的环境或许就可以诱导它们发育为相应的细胞。但这里的关键问题在于，成熟的组织是否还能为这些干细胞提供早期发育中所需的信号？对于这个问题，目前还没有人知道答案，而且对于不同类型的细胞和组织来说，答案可能各不相同。我们无法保证器官、组织发育的信号在个体成熟后依然存在，或者依然可以被激活。

虽然这种方法充满了不确定性，但依然有科学家进行了尝试。目前已经有多个团队在尝试开发类似的再生疗法：这些研究人员直接把在体外培养的诱导多能干细胞移植入体内，或者直接在体内诱导干细胞的形成。2014 年，山中伸弥和眼科学家高桥政代合作，把一种用诱导多能干细胞培养出的视网膜细胞移植入一位老年性黄斑变性（age-related macular degeneration）的患者的眼中。这种疾病是视网膜中的感光细胞退化引起的，会导致患者部分失明。此前的研究发现，只要条件适当，人胚胎干细胞可以在体外被诱导成视网膜细胞。

在小鼠和大鼠上进行的实验表明，在被移植入体内后，这些在体外培养的视网膜细胞能够感光并产生相应的神经信号。因此，视网膜疾病是干细胞治疗颇具前景的领域之一，但这种治疗方法也面临一个巨大的挑战，那就是在眼睛这样精细的器官上进行手术操作。

山中伸弥这项尝试的结果可谓喜忧参半。一方面，病人的疾病没有再恶化；但另一方面，病人的视力也没有改善。由于在病人的诱导多能干细胞中发现了令人担忧的基因突变，因此研究人员不得不终止了第二次试验。

日本的研究人员还尝试了用诱导多能干细胞培养成的神经元来治疗神经退行性疾病。京都大学医院的神经外科医生菊地孝之就做了这样的尝试，他首先把捐赠者提供的诱导多能干细胞在体外培养成神经元的前体细胞，然后把这些细胞移植到一名五十多岁的男性帕金森病患者的大脑中。帕金森病是负责释放神经递质多巴胺（dopamine）的神经元死亡导致的，因为多巴胺在运动控制中起着重要的作用。这种疾病至今仍然没有有效的治疗方法。此前的研究发现，只要把诱导多能干细胞移植入表现出帕金森病症状的猕猴的大脑中，就能减轻这些动物表现出的症状并改善其运动能力，而且没有明显的副作用。

在菊地孝之领导的临床试验中，移植的诱导多能干细胞可以在体内产生多巴胺。菊地孝之的团队在这名病人大脑的不同区域总共移植了 240 万个细胞，这些区域都是已知的多巴胺发挥作用的区域。从早期的实验结果来看，这种方法很有潜力。病人状态良好，如果能够保持这种状态，研究人员计划随后移植更多的细胞。他们预计，这种疗法在 2023 年左右也许就能被广泛应用。此外，日本庆应义塾大学的冈野荣之领导的研究团队也希望尝试相关的研究，他们计划把诱导多能干细胞培养成神经元的前体细胞，然后把这些细胞注射入脊髓损伤病人的损伤部位。

　　这些临床试验中使用的诱导多能干细胞都源自捐赠者的细胞，这些捐赠的细胞已经被重编程成诱导多能干细胞，研究者可以直接使用。这种做法省去了从病人体内提取细胞并培养成诱导多能干细胞的冗长过程。山中伸弥计划建立一系列与病人免疫系统相匹配的"标准化"的诱导多能干细胞细胞系（有点像输血时使用的血型匹配系统），这样只需要低剂量的免疫抑制药物就可以降低免疫排斥的风险。

　　另一种治疗策略是直接在身体的损伤部位把体细胞重编程为诱导多能干细胞。印第安纳大学的研究人员就尝试过使用这种方法来治疗脑损伤。当大脑的最外层（皮层）受到损伤时，会有新的神经胶质细胞产生。科学家目前还不清楚这种现象究竟是会对大脑产生更加负面的影响，还是说这是大脑应对损伤的一种修复或者止损机制。不管是哪一种情况，这些新的神经胶质细胞最终会在大脑中形成瘢痕组织，这些瘢痕组织无法行使任何认知功能。但印第安纳大学的研究人员发现，这些神经胶质细胞可以被诱导成新的神经元，替代那些损伤的神经元。

　　利用病毒作为载体，这些科学家把山中伸弥的 4 种"重编程因子"的基因直接导入大脑皮层受损的小鼠的大脑中。他们发现，有一些新产生的神经胶质细胞被重编程成了干细胞（但发生重编程的细胞数量很少）。这些诱导多能干细胞随后分化成了具有正常功能的神经元。然而，这距离真正修复大脑受损的功能还有很长的路要走。此外，虽然在体内引入干细胞（无论是通过移植，还是通过原位的重编程诱导）有助于新组织与原有组织的融合，但这一方法却存在着一大隐患：我们无法保证干细胞的分化方向。在体内，比起分化成健康的组织，这些干细胞更容易转变为癌细胞。

　　幸运的是，我们还有其他选择。

如果导入适当的转录因子可以把已经分化的细胞转变成干细胞，那么我们是不是也可以把它们转变成其他类型的细胞呢？换句话说，我们能不能通过生物技术手段，使一种类型的体细胞（比如皮肤细胞）直接转变为另一种类型的体细胞（比如心脏细胞或者肌肉细胞）呢？

事实上，这确实是可以实现的。实现这种转变的关键似乎依然是找到正确的转录因子的组合，从而"说服"某一种细胞转变成另一种细胞。这样看来，诱导多能干细胞的培养只是这种重编程技术的一种。我们依然可以把细胞获得相应命运的过程比作一种计算过程，正如位于旧金山，致力于生物医学研究的格拉德斯通研究所（Gladstone Institutes）的所长迪帕克·斯里瓦斯塔瓦（Deepak Srivastava）所说的那样，这种改变就像是"修改了细胞内部的代码"[11]。

事实上，在山中伸弥证明体细胞可以被转变成干细胞之前很久，科学家就在尝试直接把一种体细胞转变为另一种体细胞。1987年，西雅图哈金森癌症研究中心的研究人员发现，向体外培养的成纤维细胞中导入适当的基因可以把这些细胞转变成能够形成肌肉的成肌细胞（myoblast）。

但直到山中伸弥的研究证实了细胞的状态具有极大的可塑性之后，科学家才开始认识到这种直接转变细胞类型的方法的意义。例如，通过导入3种转录因子，斯里瓦斯塔瓦和同事在2010年将小鼠心脏的成纤维细胞转变成了心肌细胞。在对使用的重编程方法进行优化后，他们重编程得到的心肌细胞可以像真正的心肌组织一样同步化地"搏动"。2013年，同样的转化在人类细胞上也实现了。当然，这些研究都是在体外进行的。

除了通过导入转录因子来重编程人的心脏细胞外，也可以用一些完全人工合成的分子来作为重编程的开关分子，这些分子似乎可以模拟天然蛋白的功能。要找到这样的分子通常需要大量的实验。研究人员首先需要建立巨大的小分子库，这些分子库中的分子是随机选入的，但在结构和成分上具有一定程度的相似性。研究人员随后会用体外培养的细胞对这些分子逐一进行测试筛选，找到相应的分子。

人工合成的分子能实现重编程，这并不令人惊讶。毕竟，很多药物都是通过模拟体内的天然分子来发挥功能的。通过在实验室中人工合成小分子（就像我们制造颜料和塑料一样）来重编程细胞，这一方法为我们开启了很多新的大门。这些合成的分子是否能通过自然界中不存在的方式决定细胞的命运呢？它们能不能诱导出全新的细胞状态，从而产生新的组织和器官呢？我们并不知道答案，但这或许是可以实现的。

可以用这种方法重编程的并不只是心脏组织。2010 年，斯坦福大学的研究人员用 3 种转录因子把小鼠成纤维细胞直接转变成了神经元。一年后，科学家在人类细胞上也实现了这一点。在有些情况下，甚至只需要导入 1 种转录因子（Sox2）的基因就能实现这样的转换。[1] 这种细胞"魔法"与取自我胳膊的组织所经历的转变很类似，只不过转化为干细胞的中间步骤被省略了。

科学家最终的目标是在体内实现这种转变。迄今为止，这种尝试大多是在小鼠体内进行的。2008 年，哈佛大学的道格拉斯·梅尔

---

[1]　你可能还记得，Sox2 是山中伸弥把成纤维细胞诱导成诱导多能干细胞的转录因子之一。那么在这项研究中，它为什么又能把成纤维细胞诱导成神经元？这个例子再次表明，细胞中的基因通路这个黑匣子是多么微妙。Sox2 并不是一个专于"创造干细胞"的基因，它在细胞发育过程中有广泛的功能，广泛到甚至难于定义的程度，其具体功能在不同的环境下各不相同。

顿（Douglas Melton）和他的同事利用病毒载体把 3 种转录因子的基因导入小鼠体内，成功地将小鼠胰腺中的外分泌细胞（exocrine cell）转变成了能够合成胰岛素的 β 细胞。与很多在体内直接重编程细胞的实验一样，在这种重编程中，细胞转变的程度相对较小，发生转换的两种细胞是原本就有一定联系的细胞类型。

由于胰腺细胞和肝脏细胞在胚胎发育过程中源自同样的前体细胞，因此研究人员们认为把肝脏细胞直接转变为胰腺细胞或许并不会是一件很难的事。（对于 β 细胞来说，只要产生胰岛素就行了，它们位居身体中的哪个部位并不重要。）明尼苏达大学的乔纳森·斯莱克（Jonathan Slack）和他的同事已经在小鼠体内实现了这样的转变，并发现这种转变能够减轻患糖尿病的小鼠的症状。

有趣的是，在体外培养的条件下，梅尔顿使用的 3 种转录因子并不能把小鼠胰腺的外分泌细胞转变为 β 细胞。这说明在体内，来自周围组织的信号可以让重编程过程更有效地发生。在大多数情况下，重编程过程在体内的效率更高，体内重编程也更加方便，但科学家们目前还没有完全搞清楚这背后的原因。

对于严重的 1 型糖尿病，目前的治疗方法通常是移植可以合成胰岛素的胰腺细胞团——胰岛。但胰岛的来源十分紧缺，移植后免疫系统的排斥反应也让这种疗法充满了不确定性。因此，直接将病人体内的细胞重编程为胰岛细胞就成了一种很诱人的思路。但这种疗法实现起来并不容易。在一项用猕猴作为实验动物的实验中（猕猴比小鼠更适合用于研究人类疾病），研究人员直接在猕猴体内对胰腺细胞进行了重编程，但他们发现被重编程的细胞只能在很短的一段时间内合成胰岛素。此外，他们还发现这种方法需要在体内引入高剂量的重编程因子，这大大增加了给药的难度。

随着年龄的增长，我们身体的很多感官都会退化，其中最令人困扰的是视力和听觉的丧失。当然，疾病和意外也会导致视力和听觉的损伤，有些人甚至一出生就没有视力或听觉。很多故事中都有圣人或者救世主让盲人重见光明的情节，这也彰显了视觉对人类的意义。

在很多情况下，要想实现重见光明的医学奇迹，我们必须修复受损或者退化的视网膜组织。人类的视网膜无法再生，但斑马鱼的视网膜可以。当斑马鱼的视网膜受损时，视网膜上一种叫作"穆勒细胞"（Müller glia）的神经胶质细胞会激活细胞内编码转录因子 Ascl1 的基因。这将使这些细胞转变为能感光的神经元，这其实是一种自然条件下的细胞重编程。人类等哺乳动物也有自己的 Ascl1 基因，但作用与斑马鱼的 Ascl1 基因有很大的不同：在哺乳动物胚胎发育早期，这个基因能促进胚胎干细胞分化为神经元。但这种作用是单向的，如果视网膜在发育完全后受损，视网膜细胞中的 Ascl1 基因并不会被重新激活。西雅图华盛顿大学的研究人员提出了这样一个问题：如果在哺乳动物中人工引入有活性的 Ascl1 基因，哺乳动物的穆勒细胞会不会像斑马鱼的穆勒细胞一样，也转变成神经元呢？他们的研究发现，在向年轻小鼠注射 Ascl1 基因后，穆勒细胞确实会转变成神经元，不过这种效果会逐渐消失。但如果在注射 Ascl1 基因的同时也注射一个编码一种酶的基因，成年小鼠的穆勒细胞就会转变成能感光的神经元。当然，这项研究距离让病人重见光明还很遥远，但这是一个令人充满希望的开始。

那听觉呢？我们能修复受损的听力吗？鱼类、鸟类和蛙类能够在耳内的毛细胞（hair cell）受损后恢复一部分听力。（这里所说的"毛细胞"并不是能够长成"毛"的细胞，而是一种形态上呈纤毛状的细胞。这些细胞能对由声波引起的震动做出反应，并激活听觉神经。）在胚胎的发育过程中，毛细胞的生长需要一个重要的转录因子——Atoh1。在大鼠上做的研究发现，引入 Atoh1 基因可以把其他细胞重编程为毛细胞。（这种转化在其他几种分子存在的情况下会更加高效。）要想通过这种方法修复受损的听力，新形成的毛细胞必须与听觉的神经网络建立正确的联系，但这一点至今仍未实现。

直接在体内把其他细胞重编程为神经元在医学上有非常重大的意义。例如，这种方法可以用来修复导致瘫痪的脊髓损伤，甚至修复大脑的损伤和退化。位于达拉斯的得州大学西南医学中心的张纯理（Chun-Li Zhang，音译）及其同事的研究发现，成年小鼠大脑中的神经胶质细胞可以被转变为能够形成神经元的神经母细胞，因此这些细胞或许可以继续在体内转变为神经元。同样，这也只是一个好的开始：即使真的可以直接在体内诱导产生新的神经元，这些神经元是否能够与已有的神经网络建立正确的连接并与其他神经元有效地"沟通"，这些目前都还是未知数。

那么心脏呢？毕竟心脏是人体中最脆弱、最重要也最具象征意义的器官。2012 年，格拉德斯通研究所由斯里瓦斯塔瓦领导的团队成功地将心肌成纤维细胞（心脏中不负责心跳的结缔组织细胞）转变成了心肌细胞。他们是通过向心脏中注射 3 种转录因子的基因实现这一点的。之所以选择这 3 种转录因子，是因为体外的研究发现，这 3 种转录因子能够把心肌成纤维细胞转变为心肌细胞。斯里瓦斯塔瓦团队的研究显示，这种在体内完成的重编程的效率要高于体外重编程。在我写作本书时，附属于格拉德斯通研究所的旧金山初创公司"特纳亚医疗"（Tenaya Therapeutics）正计划开展临床试验，在体内重编程心脏细胞。这项试验的对象是患有严重心脏疾病的病人，他们心律严重失常，只能依赖于植入性的心脏起搏装置控制病情。

直接在体内改变细胞的类型似乎是一件意义非凡的事情，但这一过程也存在隐患。从理论上说，我们无法掌控导入体内用于重编程的基因或者小分子的活动，它们有可能会偏离目标位置，进而重编程其他部位的细胞，改变这些细胞的类型。但迄今为止，我们还没有在动物实验中观察到这种现象。改变细胞的类型不是一件容易的事，必须要有足够且正确的驱动力才能让细胞从一种成熟的状态转变为另一种成熟的状态。因此，一小部分"迷路"的重编程因子可能并不足以让其他部位的细胞发生变化。

除了体内重编程引导细胞改变类型并行使新功能的策略外，还有一种方法也能帮助修复受损的组织和器官，这种方法从某种意义上说更激动人心：让体内已经彻底分化的细胞回到在子宫中发育时的状态，重新开始生长。我们的心脏和肾脏之所以无法进行自我修复，是因为它们已经停止生长了。组织的生长都有一定的限制，这样我们才不会在整个人生中不停地越长越大。但这种"停止生长"的机制也使我们无法长出新的肢体。

但如果组织中的细胞可以重新开始生长呢？研究人员正在寻找重新激活细胞生长的方法，他们通常的思路是寻找小鼠胚胎或胎鼠中不断分裂的细胞中的关键基因。科学家们认为，提高成体细胞中这些基因的表达水平也许能让已经停止分裂的细胞重新开始生长。细胞的分裂是通过细胞周期来调控的，所谓细胞周期是指细胞在复制过程中经历的一系列事件。在大部分时候，你不会希望细胞周期被打乱，因为我在前文中介绍过，细胞周期失控很可能会导致癌症。

但如果谨慎操作，与细胞周期相关的转录因子确实可以被用来把成体细胞转变回它们在发育阶段的状态，使它们完成某种意义上的"返老还童"。在这种情况下，这些细胞就可以分裂并形成新的组织。研究人员在多年前就已经构想出这种方法，但真正的挑战是如何让这一过程在体内高效地进行。最近，斯里瓦斯塔瓦和他的同事对这种方法进行了优化，使成年小鼠体内的心肌细胞能够高效地生长。在瘢痕组织开始形成前，这些科学家向心肌受损的成年小鼠体内注射了特定的转录因子，他们发现小鼠心脏的功能出现了改善。这些小鼠形成了新的心肌，而不是仅仅长出没有功能的瘢痕组织。在自然条件下，这种情况在成年小鼠中是不会发生的。同样的转录因子也可以让体外培养的人心脏细胞重新开始分裂，当然，我们还需要进行很多严谨的实验，才能知道这种方法对临床应用来说是否足够安全。

今天，细胞的可塑性已经得到了充分的证实。回看历史，我们会发现细胞具有可塑性的证据一直都存在，只不过在很长的时间里都被忽视了。第一个证明体内细胞可以重编程的实验完成于 1891 年：动物学家 V. L. 科卢奇（V. L. Colucci）发现，在通过手术摘除蝾螈眼睛的晶状体后，蝾螈能够再生出新的晶状体。几年后，科学家发现这些新的晶状体的细胞源自虹膜中的色素细胞，这些细胞能够首先"去分化"（de-differentiate），然后再分化成新的细胞类型。

我们知道，在脊椎动物中，蝾螈以及其他一些两栖动物非常特别，因为它们具有很强的再生能力。但现在有证据表明，细胞重编程，包括细胞回到类似干细胞的状态，似乎是自然界中天然存在的生物学过程。能够更新特定组织的成体干细胞究竟是一直都以干细胞的形式存在，还是只是在需要的时候由成体细胞去分化而来？对于这个问题，细胞生物学家们目前仍争执不休。血液和肌肉中似乎确实存在一定数量的"专职"干细胞，但其他组织中存在的似乎是所谓的"兼性干细胞"（facultative stem cell），这些细胞只有在组织受损需要修复时才会转变为干细胞。我们的肠道壁中有一些"专职"的干细胞，但如果这些干细胞因为某种原因缺失，或者肠道受到损伤急需新的细胞，那么一部分肠道壁的上皮细胞就会转变成干细胞。这些干细胞会不断分裂并分化出新的细胞，补充肠道壁的需求。此外，研究人员还在人的肺脏和小鼠的肝脏中发现了兼性干细胞。

有鉴于此，山中伸弥和细胞生物学家亚历杭德罗·桑切兹·阿尔瓦拉多（Alejandro Sánchez Alvarado）写道：

> 现在看来，在自然界中，很多生物体内的细胞的分化状态都不是一种终末状态，而只是一种较为稳定的状态。当环境改变时，例如受伤或者患病，甚至只是自然地衰老时，这些细胞的状态都可能会通过重编程发生改变。[12]

从进化的角度来讲，这完全说得通。在沃丁顿的表观遗传学模型中（请允许我在这里用一下这个虽然并不准确却很易于理解的模型），如果细胞可以逆着分化方向回到山顶，或者可以在山谷间穿行，那么自然选择为什么不让这些能力保留下来，以对抗来自外界的可能的创伤呢？当然，细胞需要精确地控制这种转变过程，避免形成肿瘤。但细胞是很聪明的，因为它们会对周围的细胞和所处的环境做出响应，把自己调整到需要的状态。

科学界对细胞可塑性的理解正变得越来越深入，甚至每周都会有新的进展，因此我很难预测这个领域未来会发生什么，这个领域的发展速度甚至超过了现有的论文发表速度。总的来说，我很高兴看到这个领域飞速发展。当然，我们最终可能会发现这些细胞重编程方法中存在致命的缺陷。但我认为更可能的情况是，科学家们精巧的思维和不屈不挠的精神会让我们避开这条道路上的障碍，设计出新的方法，并很快让很多人开始获益。我的年龄已经不小了，这让我开始迫切地感受到我需要这些技术来修补我日渐衰老的身体，如果我足够幸运的话，我可能还来得及从这项革命性的技术中获益。

"革命性"这个词似乎有些夸张并且已经被用滥了，但我觉得这项技术配得上用这个词语来描述。这并不仅仅是因为这项技术在医学上的应用前景，还因为这项技术是基于自然界中天然发生的过程。我们现在有理由相信，只要找到正确的方法，我们身体的每一部分都可以被转变为另一部分。放眼自然界，蝾螈可以重新长出一条腿，有的鱼类可以修复受损的眼睛，因此我们也完全可能领悟这些"魔法"：我们与这些神奇的生物拥有足够近的亲缘关系，足以使我们的身体模仿这些再生过程，这样一种希望可能并不是妄想。

CHAPTER 5

THE SPARE PARTS FACTORY

Making tissues and organs from reprogrammed cells

第 5 章

零件工厂：
用重编程细胞制造
组织和器官

　　制造出整个人体器官一直是组织培养工作者的梦想。虽然通过向体外人工容器中的人体器官灌注血浆，亚历克西斯·卡雷尔和他的追随者查尔斯·林德伯格可以维持这些器官的活力，但他们的终极目标是"全器官培养"，两人 1935 年在《科学》（*Science*）杂志上发表的一篇论文就以此为题。虽然那篇论文并没有报道任何有关制造器官的内容，但当卡雷尔看到一个接受血浆灌注的猫卵巢上长出了新的组织时，他得出结论，利用相应的组成细胞，器官能够再生。

　　在他 1935 年出版的著作《人之奥秘》（*Man, the Unknown*）中，卡雷尔写道："孤立的细胞就拥有一种独特的能力，它们无须引导就能形成每个器官的特征性结构。"[1] 他还补充说，这些器官是"由某些细胞形成的，这些细胞似乎对它们要形成的结构了然于胸，并能利用血浆中的物质合成'建筑材料'，甚至'建筑工人'"[2]。这看起来简直就像魔法，甚至让坚定的理性主义者卡雷尔也不那么理性了。他说："器官是通过一些神奇的方式发育而来的，神奇得就像旧时童话中的小精灵拥有的那些魔法一样。"[3] 他希望这种魔法能够成就另一种魔法：用实验室中制造的器官不断更新人原有的器官，从而实现长生不老。

　　剑桥研究实验室[1]的托马斯·史澄威斯和霍娜·费尔发现，如果

---

[1]　此处的剑桥研究实验室就是本书前文中提到的史澄威斯研究实验室。——译者注

从胚胎上切下一些细胞已经完成分化的组织并在体外培养，那么组织中的细胞会保持其细胞类型（例如眼睛或骨骼的细胞）继续生长。这就是今天所谓"组织工程"的早期形式。"组织工程"这个词是生物学术语和工业领域术语一种非同寻常的组合，让人觉得制造一个人（或人的一部分）归根结底是一个工程学问题。1926 年，史澄威斯宣称："体细胞不需要整个有机体的调控就能形成它们应当形成的特定组织。"[4] 这句话所传递的思想无比清晰。今天，推动迷你大脑以及其他类器官研究的正是这种思想，这些研究的结果也在反过来为这种思想提供佐证。

1910 年代末，在伦敦工作的苏格兰生物学家大卫·汤姆森（David Thomson）前往洛克菲勒研究所，向卡雷尔学习相关的技术。回到英国后，汤姆森开始从鸡胚上切下新生的器官并在体外培养。他发现这些新生的器官保留了原来的解剖结构，并认为这是因为生长中的器官周围有一层膜，这层膜可以防止器官边缘的细胞增殖失控。汤姆森的这种观点虽然是错误的，但他正确地意识到这种"人造器官"能长多大是有限度的，因为当这些器官长到一定大小后，营养物质将无法到达最深处的细胞，因此这些细胞必然会死亡。他认识到，要超越这种限度，就需要"某种人工循环手段"[5]：这些细胞需要血液供应。

体外器官培养及活力维持技术让生物学家 J. B. S. 霍尔丹（J. B. S. Haldane）能够畅想完全在体外制造人类。在 1923 年剑桥大学的一次讲座上，他阐述道：

> 我们可以从一名女性身上取一个卵巢。在合适的培养液中，这个卵巢可以存活 20 年，并且每一个月产生一枚新鲜的卵子。这些卵子中有 90% 可以成功受精，在受精卵顺利生长 9 个月后，

婴儿就会降临到这个世界。[6]

　　霍尔丹在第二年把这次讲座的内容扩展成了一本书，书名叫《代达罗斯，或科学与未来》(Daedalus, or Science & the Future)。我们将在下一章中看到，霍尔丹的这些遐想是体外受精和辅助生殖技术的前奏。然而，这种制造人类的愿景离不开器官和组织培养。霍尔丹自己正是从史澄威斯实验室的研究结果构想出在体外制造人类的，而《自然》(Nature) 杂志对《代达罗斯，或科学与未来》的书评则认为，"如果你还记得组织培养所取得的成果的话"，那么这本书的内容似乎并不牵强。[7]

　　史澄威斯实验室在体外培养出了眼睛和骨骼等器官的一部分，这使一些观察家相信，这个实验室即将培养出一个又一个器官，进而制造出整个有机体。诺拉·伯克（Norah Burke）[1]1938 年在《珍闻》(Tit-Bits) 杂志中写道："人类身体的其他部分已经可以在试管中制造出来了。另外，想想那颗不断生长的鸡心吧……人类有一天也许可以完全通过化学手段制造出试管婴儿或者成年人。"[8]

　　考虑到一些科学家已经取得的成果，这种说法并不算异想天开。1959 年，法国生物学家让·罗斯丹（Jean Rostand）断言（有必要提一下，他的断言有些无凭无据）："现在似乎已经能够构建人造器官了，包括心脏和肺……这项工作是卡雷尔和林德伯格……以及许多其他人完成的。这些人造器官正越来越接近天然器官。"[9]这样的观点甚嚣尘上，伯克等人喜出望外也就无可厚非了。

---

[1]　诺拉·伯克（1907—1976），英国小说家、旅行作家，以描述她 20 世纪初在印度的生活的作品知名。——译者注

但细胞真的能胜任这一切，在体外生长成完整的器官吗？对于体外培养的细胞，一些研究者将信将疑，认为它们不过是一个杂乱无章的群体。正如俄裔美籍组织学家亚历山大·马克西莫（Alexander Maximow）在 1925 年所说，"这群形形色色的细胞的排列没有任何规律"[10]。[1] 有人怀疑，要想让体外培养的细胞像真实组织和器官中的细胞那样有序，可能需要整个有机体，或者至少是机体某些重要部分的协助。

尽管史澄威斯和卡雷尔实验室早期的组织培养工作伴随着许多夸张的，有时甚至是令人忧心忡忡的新闻报道，但人类组织工程在那时从未取得真正的成果。虽然组织工程技术在其他哺乳动物和高等生物上取得了成功，但研究人员发现，正常的人类细胞的生长特别难以维持。到 20 世纪 60 年代，已经几乎没有人探索以细胞为起点制造人体器官和组织了。

但仍有少数研究者坚持不懈。20 世纪 70 年代，一些科学家致力于制造人造皮肤来覆盖烧伤患者的创面，以帮助创面愈合和防止感染。麻省总医院的约翰·伯克（John Burke）制造出了一种薄片，其主要成分是天然的胶原蛋白。当被敷在伤口上时，这种薄片可以支持皮肤细胞的迁移和增殖。因此，伯克的这种材料并不只是应急的覆盖物，还是一种生物可降解的支架，能够为体表皮肤的生长提供支撑。这项技术现在已经相当常规。目前有几款商业化的高分子产品，通常

---

[1]   虽然马克西莫此时任职于芝加哥大学，但医学史家邓肯·威尔逊指出，马克西莫对这一时期故乡发生的反布尔什维克运动所造成的混乱无序感到不安，这可能是他的措辞中带有一丝政治寓意的原因。（这句话中"细胞"的英文单词"cell"也有"牢房"的意思。——译者注）

由牛胶原蛋白制成。在这些产品的支撑下，皮肤细胞（角质形成细胞和成纤维细胞）不仅可以在体外培养的条件下生长成人造皮肤，还可以直接在创面上生长。举个例子，这类材料已经被用于治疗难以愈合的糖尿病足溃疡，如果不使用这种材料，患者将不得不截肢。人造皮肤也可以利用脐带干细胞来制备，并作为即用薄片储存起来，随时供手术使用。尽管用某一个人的细胞制成的人造皮肤在移植到另一人身上时可能引发排斥反应，但捐赠者和接受者的免疫配型（immune matching）可以减少这种情况的发生（见第 155 页）。

从这些由干细胞生长而来的"合成皮肤"可以看出，体外制备的组织和原始器官样结构还有另一种可能的用途：不是用于外科手术，而是用于测试药物和其他医药产品。一个足够近似真实器官的类器官可以揭示潜在的副作用，例如，某种药物是否容易引起炎症、皮肤刺激，或者毒性反应。这些测试以前都是在动物身上进行的，但动物实验不仅存在伦理争议，而且有时也未必能反映药物用于人体时的情况。目前，体外培养的皮肤已经开始被用于药物测试。如果能够培养出人类肾脏、肝脏或者大脑的类器官，这些类器官也许同样能帮助我们筛选出安全而有效的药物。利用这些类器官，我们甚至能以个人化医疗的方式来筛选药物，毕竟无论药效是好是坏，药物对每个人产生的效果不尽相同。然而这种方法仍有待验证，细胞生物学家玛尔塔·沙巴齐（Marta Shahbazi）警告说："也许我们会发现我们能治好类器官，但没有办法治愈病人。"[11]

皮肤是人体最大的器官，但从很多角度来看，也是最简单的器官。制造其他器官比制造皮肤更具挑战性。20 世纪 80 年代中期，同在麻省总医院工作的小儿外科医生约瑟夫·瓦坎蒂（Joseph Vacanti）深感无力，因为器官短缺使他无法通过器官移植挽救患儿的生命。"当几个孩子逐渐陷入昏迷或者失血而死时，我只能眼睁睁地看着，心如刀割却又无能为力。"[12] 瓦坎蒂回忆道。为了获得可以移植给患儿的肝脏，为数不多的几种选择之一是将成人的肝脏切割成合适的大小，但这种粗暴的方法操作起来难度很大。"我突然想到，如果我们能制造肝组织，那么就可以满足移植的需求。"[13] 瓦坎蒂回忆道。但怎么制造呢？

在职业生涯早期接受医学训练时，瓦坎蒂在烧伤病房目睹了约翰·伯克试图在高分子支架上培养皮肤的尝试。但肝脏是一种与皮肤截然不同的组织。比如，和大多数器官一样，肝脏需要一个血管系统来使细胞保持存活。[1] 因此，瓦坎蒂向他的同事罗伯特·兰格（Robert Langer）求助。兰格是麻省理工学院的一名化学工程师，对控制血管形成（angiogenesis）的方法颇有研究，并试图用这些方法来阻断恶性肿瘤的生长。

瓦坎蒂和兰格随后尝试在人工支架上培养肝细胞，所使用的高分子材料与此前已经被批准用于人体的材料很类似。要给培养的组织供应血液，一种方法是直接在组织内部建立血管系统：在高分子支架上构建一个由微小通道组成的网络，然后把构成血管壁的细胞（内皮细胞）覆盖在这些通道上。利用这种策略，兰格和他的合作者制造出了一种人工肝脏。他们把含有血管细胞的高分子薄片和含有肝脏细胞的高分子薄片交替地堆叠在一起。在这种"三明治"式的结构中，任何肝细胞都不会离血管太远。兰格和他的同事并不打算把这种结构的人工肝脏作为肝脏的长期替代品，而是希望可以把它们暂时移植到等待肝移植的肝衰竭病人体内，以维持这些病人的生命。要实现这一点，科学家面临着一个巨大的挑战：把人体自身的血管网络与这种人造器官的血管网络连接起来。一种颇具前景的方法是在支架材料上覆

---

[1]　任何厚度超过几百微米的人体组织都需要一个血管系统，这样细胞才能获得充足的氧气和营养物质。

盖一类名为"生长因子"（growth factor）的蛋白质，这些蛋白质可以刺激人体产生血管网络，使形成的血管融入支架材料中。

伦敦大学学院的喉科医生马丁·伯查尔（Martin Birchall）和瓦坎蒂一样，对传统移植手术的局限性感到沮丧。在谈及头颈部癌症手术时，他说："显然，即使采用最先进的技术，对那些口、舌、咽、喉和食管接受过大手术的患者来说，要想恢复这些器官的功能以及生活质量，依然长路漫漫。"[14] 伯查尔认为，这种对病人生活质量的损害是极不人道的。"我觉得一定有更好的办法。"[15] 他说。

对于伯查尔从事的呼吸道手术，理想情况下，组织替代材料的形状应该是量身定制的，可以与患者完美匹配。在定制时，医生会先塑造一种符合患者身体特征的高分子支架，接着在体外让细胞在这个支架上生长，然后通过手术把支架植入患者体内。2005 年左右，伯查尔用这种方法制造出了一种可以移植到猪体内的组织工程气管。2008 年，他和西班牙的合作者获得批准，把这项技术使用到一名西班牙青年女性病人身上。这名女性在患结核病后气管严重受损，命悬一线。研究人员把患者的干细胞培养在手术用的支架上，这些干细胞取自患者的骨髓，以防止发生免疫排斥。"考虑到我们当时所知甚少，疗效可以说出奇地好。"[16] 伯查尔说。这名患者至今仍然健在，而且生活质量很高。

通常来说，这些干细胞需要信号来触发它们增殖并引导它们向相应的细胞命运分化。例如，从肌肉、骨髓或脂肪中获得的间充质干细胞（mesenchymal stem cell）将根据周围组织的硬度选择不同的命运：它们会发育成与周围组织硬度最匹配的细胞类型。这就好像干细胞会捏一下周围的组织，以此来决定分化成哪种类型的细胞。因此，环境中的机械信号可以引导这些细胞的分化。此外，生物化学因子（如转录因子）也可以决定细胞的命运。

在组织工程中使用成体干细胞仍然是一项刚兴起的技术，但其前景无比广阔。单个器官中可能存在几种不同的细胞类型，如肝脏中的胆管细胞、肝细胞和血管细胞，但这些细胞往往源自同一个细胞谱系。因此，如果给予合适的信号，相同的干细胞就可能分化成器官中不同类型的细胞。从病人身上获取成体干细胞很难，但还有另一种选择：使用从病人的已分化细胞（比如皮肤细胞）培养而来的诱导多能干细胞。兰格和瓦坎蒂认为，诱导多能干细胞可以成为"构建组织结构的理想材料"[17]，但必须对这些细胞在体内发育成肿瘤的倾向严加防范。胚胎干细胞也可以被用于这些领域，但免疫排斥的问题依然存在，患者需要接受一定剂量的免疫抑制药物。

当今的人造器官"建筑师"们对前景持乐观态度。2002 年，美国组织工程公司先进细胞技术公司（Advanced Cell Technologies）的罗伯特·兰扎（Robert Lanza）大胆预言：

> 如果这项 [有关干细胞的] 研究能够继续推进下去，那么当我们活到迟暮之年时，使用诱导多能干细胞将是一件常规的事情。你只需要去医生的办公室采集一个自己的皮肤细胞，他们就能培养出一个新的器官或者一些新的组织，比如一个新的肝脏或者肾脏。在接受移植手术后，你的病痛就将不复存在了。这不是科幻小说里的情节，这将发生在真实的世界里。[18]

"即使是脑卒中或者脊髓损伤后的神经修复这样困难的组织再生问题，我每年也都能看到新的希望。"[19]瓦坎蒂说。然而，即便是制造相对简单的组织，研究人员也依然面临着很大的困难。例如，20 世纪 90 年代中期，瓦坎蒂和其他一些研究者设计出了人工软骨。和皮肤一样，软骨不需要广泛的血管网络，但软骨移植后伤口的愈合过程非常复杂：随着时间的推移，人工合成的软骨往往会被机体重新吸收，导致组织变形。正因为如此，这些材料至今仍然没有在人体上使用过。细胞有自己的"计划"，我们对这些"计划"还了解得不够，更不知道如何操控它们。"这是一门艰深的学问。"[20] 瓦坎蒂承认道。

要把细胞培养成具有预定形状的人造器官，还有另一种方法：不使用合成的高分子材料支架，而是以真正的供体器官的"骨架"取而代之。在器官中，组成器官的细胞被一种称为"细胞外基质"（extracellular matrix）的坚韧网络连接到一起，这个网络是由细胞分泌的各种生物分子构成的。在动物组织中，细胞外基质的成分通常是糖基聚合物（多糖）和形成纤维的蛋白，比如胶原蛋白和有延展性的弹性蛋白（elastin）[1]。细胞表面的一些分子能牢固地黏附在这些基质成分上。（胶原蛋白之所以非常适合充当合成支架的原材料，就是因为这种蛋白是细胞外基质成分的一种。）

这种方法的原理是用去垢剂（detergent）和酶移除掉供体器官中的所有细胞，只留下"脱细胞"（decellularized）的基质，为接受器官移植的人或者动物的细胞提供生长的支架。由于供体细胞已经彻底被移除掉，因此动物的器官（比如猪心）也可以充当支架，用于制造人类器官。

对于像皮肤这样简单的软组织，脱细胞技术已经被用于制造商业化的产品，使用的原材料包括猪、牛甚至人的皮肤（真皮）和肠。马丁·伯查尔用猪和人的脱细胞气管支架都进行过实验。事实上，

[1]　此处的"弹性蛋白"是一种蛋白质的名称，并非泛指"有弹性的蛋白"。——译者注

2008 年他在那名西班牙女患者的手术中就使用了这种脱细胞的支架，这个支架来源于一名 51 岁已故女性的一段气管。对于复杂的器官，研究还停留在动物实验的阶段。使用大鼠的脱细胞支架，研究人员已经制造出人工的肺、肾和心脏，但这些器官移植后的结果好坏不一。例如，移植的人工肾脏能够产生类似尿的液体，但移植的人工肺却很快就会充满液体。

2013 年，匹兹堡大学医学院的一个研究团队发表了一项研究，在这项研究中，他们使用源自小鼠的支架制造出了人类的迷你心脏。这些研究人员首先用人诱导多能干细胞培养出心血管组织的前体细胞，然后把这些细胞培养在用小鼠心脏制成的脱细胞支架上。这些细胞不仅在支架上蔓延开来，而且分化成了心脏中特定种类的细胞，包括心肌细胞、其他肌肉细胞和形成血管的内皮细胞。在用含有生长因子的培养基灌流 20 天后，这种人工心脏开始以每分钟 40～50 次的频率出现自发的收缩，这已经勉强可以看作心跳了。进一步的研究发现，这种人工心脏对影响人类心脏搏动的药物也有反应。

那么，培养皿中的这个东西，是一颗跳动的迷你人类心脏吗？只能说某种程度上算是，毕竟能够收缩并不意味着它能正常行使心脏的功能。但这项研究也表明，利用大小相当的脱细胞器官（比如猪心），我们也许能够制造出正常大小的人类心脏。

组织工程将鲜活的血肉作为一种材料来塑造、成形、变换。如果说有一种技术体现了我们在这一理念上的成就，那么这种技术就是 3D 生物打印。3D 生物打印把细胞作为打印的"墨水"，就像家用打印机的彩色墨水一样。在打印过程中，细胞被从一个精细的喷头一层层地喷到指定的位置，从而形成复杂的三维结构。

　　常规的 3D 打印技术正在推动整个制造业的技术变革，可以被用于制造从机械部件到艺术雕塑的各种物体。在打印的过程中，打印头会挤出树脂或者喷出金属、陶瓷、石膏粉末，这些粉末在经过处理后可以被焊接或者固定成坚固的结构。在计算机的控制下，3D 打印系统可以制造几乎任何奇形怪状的物体，无论是陶器还是发动机零件。3D 打印甚至可以用来制造食物"雕塑"，比如用意大利面或者巧克力来制作绚丽的作品；纺织品现在也可以通过 3D 打印的方式制造出来。随着 3D 打印机越来越便宜，公司甚至个人已经可以根据需要打印各种物品：不再需要向供应商订购，只需下载相应的打印说明即可。一些未来学家预言，一个新的时代即将到来。到那时，"购物"这个词的意思将变成"按下打印按钮"。但我们需要注意，技术上的可能性和商业及社会经济上的可行性并不是一回事。

　　既然如此，为什么不用这种方法来制作人体器官呢？ 2014 年，威尔士斯旺西的莫里斯顿医院收治了一名摩托车事故的伤者。在手术中，医生使用特制的 3D 打印钛部件将伤者受损的面部骨骼固定到一起。这是 3D 生物打印最早的临床应用之一。这类定制的金属移植物或者生物可降解高分子支架是为病人量身定做的，有望得到广泛应用。事实上，它们已经在颅面外科领域小试牛刀，用来为骨替代材料塑形。3D 打印机可以打印出无比纷繁复杂的结构，或者精确地复制器官或者组织的形状。你可以在手术前用 CT 扫描技术（计算机断层扫描，一种先进的 X 射线扫描形式）扫描出病人的解剖结构，然后借助 3D 打印来制造尺寸和形状分毫不差的成品。使用这种方法，密歇根大学的研究人员为一名患儿定制打印了一个高分子套管，这个套管完全由合成材料构成，可以防止患儿气管畸形的部分发生塌陷并阻塞呼吸道。喉部植入物的形状也必须完美匹配患者的相关结构。伯查尔预测，有朝一日，喉部植入物将由 3D 打印的生物可降解支架制成，支架上铺有病人的诱导多能干细胞。

当喷头喷出的是生物组织时，也就是当我们开始打印血肉组成的器官时，这项技术的应用前景就更无可限量了。在这种情况下，"墨水"由一团团活细胞组成，这些细胞通常被包裹在柔软并且具有生物相容性的高分子或凝胶液滴中，以防止细胞在高速通过喷头和冲击到物体表面时受到损伤。虽然这种技术尚不成熟，但毋庸置疑的是，细胞可以在打印的过程中存活下来并被组装成复杂的形状。研究人员已经在动物身上进行过 3D 生物打印试验，比如，通过将形成皮肤和软骨的细胞直接打印到损伤部位，能够加速伤口的愈合。扁平的组织相对容易打印，血管、气管等管状结构的打印也能实现。然而，对于肝脏和心脏这样的实性立体器官，打印起来挑战性会非常大，因此这些领域还任重道远。

另一种更实惠的生物打印方法是像挤牙膏一样把生物材料挤出来，但喷头要精细得多。这里的"牙膏"通常同样是一种柔软并具有生物相容性的高分子材料，材料中充满了细胞。在打印过程中，这些细胞被逐层"写"成需要的样式。并不是所有细胞都能在挤出后存活下来，但通常超过半数的细胞都能存活。

3D 生物打印可以为体外培养的器官和组织提供模式化的血管网络。在一项研究中，哈佛大学的詹妮弗·刘易斯（Jennifer Lewis）领导的团队培养出了包含三维网格状血管网络的组织。这些研究人员首先用高分子墨水打印出血管网格，这些高分子材料稍后可以被洗去，这与传统铸造工艺中使用可去除的蜡模的策略相同。他们随后把包裹在凝胶中的细胞打印在这个网络上并把凝胶液滴融合到一起，制成一种坚固的材料。在把构成血管网络的墨水洗去后，人造组织中就留下了中空的通道。最后，研究人员向这些通道中注入上皮细胞，这些细胞就能在通道壁上形成一层没有通透性的血管样涂层。使用这种方法，刘易斯的团队制造出了超过 1 厘米厚的由成纤维细胞构成的组织，其中的细胞可以借助人工血管网络中流淌的血液存活超过 6 周。通过向培养液中加入相应的转录因子，研究人员把这些细胞诱导分化成了一种成骨细胞并观察到骨骼开始生长。这是制造骨骼的第一步，这种新骨骼附有纵横交错的血管，可以在原有骨骼遭受不可逆损伤时完全复制受损骨骼的形状。

弗拉基米尔·米罗诺夫（Vladimir Mironov）是俄罗斯一家名为"3D 生物打印解决方案"（3D Bioprinting Solutions）的初创公司的负责人，他认为生物打印人体器官很快就会成为现实。他的公司目前致力于用这种方法打印小鼠的甲状腺，其长远目标则是打印出人类的肾脏。米罗诺夫坚信，人类最终能够实现"皮格马利翁梦想"（Pygmalion's dream）[21]：打印出整个有功能的人体。（在希腊神话中，雕塑家皮格马利翁雕刻出了一尊绝世美人的雕像，以至于他对雕像心生爱慕。爱神阿佛洛狄忒被皮格马利翁打动了，在他亲吻雕像时赐予了雕像生命。）米罗诺夫表示，细胞具有自我组织的能力，会自己处理细节，打印机只需要把这些细胞大致以正确的密度打印在正确的位置就行了。

我不确定以望文生义的方式理解上述想法是否合适。打印人体的做法会成为《惊奇故事》杂志的又一绝佳素材——"打印妻子的男人"只是一种未经推敲的隐喻，技术文化变革的浪潮在其中恣意狂欢。然而，打印制造人类很难满足任何迫切的临床或社会需求。

因此，批评人士可能把米罗诺夫的想法视为纯粹的炒作。但我们也可以更宽容一点，把这种想法看作激进的思想实验，因为 3D 打印的关键是你可以随心所欲地制作任意形状的物体，而且要想正常执行其功能，3D 打印的器官的形状以及细胞组织方式不一定必须和正常器官一模一样——例如，詹妮弗·刘易斯打印的血管就与正常的血管存在差异。一个简化的、理想化的器官结构也许完全能满足生理需求。这些器官的形状还可能更加规则，从而更易于制造。不过，目前还没有人知道对组织和器官的重新设计在多大程度上经得起检验。

你可能会接着问，通过生物打印制造出来的人体是否也可以与天然的人体有所不同？打印出来的人体同样不需要与天然的人体一模一样，其形状甚至都不需要呈人形。同样的，请保持淡定，因为这纯粹是一种假设。短时间内，不会有光怪陆离的生物被打印出来，抽搐、呻吟着从制造平台上坐起来。但"纸上谈兵"总是可以的，相关领域的进步表明，改变细胞类型以及用细胞作为构建材料的技术使我们能够构想，甚至开始深究生物学中意义深远且令人忐忑的问题。何处是我们造物能力的极限以及道德红线？设计人体的行为应当受到何种约束？何谓人类？

工程师有建造的本能，而生物学家则有培养的本能。

到目前为止，用培养的细胞制造人工器官的过程兼具建造和培养的特征。无论是使用成形的支架、脱细胞的支架还是借助 3D 打印机来排列细胞，其逻辑都是通过人工手段引导培养的细胞形成组织或器官的正确结构。但这些方法都不能真正反映人体内组织或器官的发育过程。在人体中，组织是由其他组织通过细胞间复杂的"对话"塑造的，这些"对话"涉及化学和机械信号以及细胞的运动、黏附和自我组织过程。

在组织培养刚兴起的时候，研究者一直对一个问题争论不休：是否需要整个有机体的调控，增殖的细胞才能保持井然有序？对类器官的研究现在给了我们一个答案，一个生物学家们非常熟悉的答案：既可以说是，也可以说不是。通过细胞间的相互作用，一种组织中的细胞很大程度上自己就能完成排列和布局，但如果没有整个生物体环境中的正确信号，细胞的排列组织往往会出现错误。你越能让一个类器官"认为"它是整个胚胎的一部分，它就越有可能酷似真实的器官。就像教育孩子一样，你可以用强迫的手段让细胞就范，但最好的方式还是给予它们一些点到为止的温和指导，让它们随心所欲地生长。

而最好的指导者是（生长中的）身体。

但一个能兢兢业业地告诉细胞如何生长为器官的身体，恐怕提着灯笼也难找吧？其实不一定要用人类的身体：我们可以在其他动物体内培育人体器官。

你的直觉可能会对此产生怀疑，因为生物学基础知识告诉我们，在生殖活动上，不同物种间是不相容的，生殖隔离把不同的物种隔离开了。这种怀疑不无道理，但事情也没这么简单，因为一些在进化上亲缘关系较近的物种能够繁育后代，马和驴杂交生出骡子就是一个例子。事实上，从理论角度看，跨物种繁殖的可能性也许会超出你的想象。例如，雄性老虎和雌性狮子可以杂交生出虎狮兽，而雄性狮子和雌性老虎则可以杂交生出狮虎兽。这些跨物种的杂交后代并非一定就没有生育能力：骡子确实没有，但虎狮兽和狮虎兽都有。跨物种杂交的现象在自然界很罕见，很大程度上是因为不同物种的交配习惯和栖息地不同，而不是因为这在生物学上行不通。

尽管如此，那些可以杂交并生出后代的物种在进化上的亲缘关系必须非常近，比如老虎就无法和马交配生出后代。那么，如何让其他动物长出人类的器官呢？

这是可以做到的。让我们以日本横滨市立大学医学部的武部贵则及其同事 2013 年发表的研究成果为例吧。这些科学家培养了人诱导多能干细胞，并把这些细胞诱导分化成了肝脏组织的前体细胞——肝脏内胚层细胞（hepatic endoderm cell）。他们随后将这些细胞与间充质干细胞以及取自脐带组织的血管内皮细胞混合培养。科学界此前普遍的观点是，体外细胞培养无法模拟体内细胞与细胞间、细胞与组织间的复杂相互作用，而这些相互作用是器官形成所必需的。但武部贵则和同事发现，这些混合培养的细胞自组织成了类似早期胚胎肝脏、被称为"肝芽"（liver bud）的结构。在正常的人类胚胎中，肝芽出现于妊娠的第三或第四周。

但由于缺乏血管网络，这种器官在体外无法进一步生长。为了解决这个问题，武部贵则的团队把这种人的肝芽移植到了小鼠体内。利用基因工程技术，研究人员使这些小鼠的免疫系统丧失了原有的功能，从而抑制了免疫排斥反应。在最初的实验中，武部贵则和同事把肝芽移植到了小鼠的颅骨上。这听起来可能有些奇怪甚至荒唐，但个中原因只不过是这样更容易检查肝芽随后的生长情况。他们的研究发现，移植到颅骨上的肝芽能够正常发育，这表明机体对器官的生长部位并没有太严格的要求。事实上，这些肝芽不仅存活了下来，而且还从小鼠的组织接收生长信号，开始长出血管。这些是人类的血管，是由类器官中的内皮细胞形成的。当被移植到小鼠腹腔内的肠管邻近区域（即所谓的肠系膜）时，肝芽也能扎根并生长，而这个区域离肝脏的天然生长部位并不远。

当然，一个小鼠内脏大小的器官只能满足小鼠的需求。但自那以后，武部贵则和同事扩大了研究规模，制造出了大量的类器官，他们把这个制造类器官的平台称为"多细胞类器官供应生产平台"（a manufacturing platform for multicellular organoid supply）[22]。

这些移植了人类的类器官的小鼠并不是骡子那样的杂交种，而是嵌合体，因为杂交种的所有细胞都有相同的基因组，这些基因组由不同物种的基因混合而成。比如，骡子每一个细胞的基因组就都是由马和驴的基因混合而成的。而组成嵌合体的细胞则有不止一种基因型，但每一个细胞的基因组都不是混合而成的。因此，从遗传学上看，嵌合体是一种"马赛克"。

我在前文中介绍过（见第 91 页），有些人是嵌合体，他们的身体是由具有不同基因组的细胞镶嵌而成的。例如，他们的一些细胞可能来自自己的母亲：在他们的母亲怀孕期间，这些细胞通过胎盘进入了胎儿体内，成了他们的一部分。"嵌合体"这个词源自古希腊神话中的怪兽奇美拉（Chimera），在《伊利亚特》中，荷马把奇美拉描述为"狮首，蛇尾，羊身"的怪物。和奇美拉一样，嵌合体的组织也可以来自不同的物种。

我们都是由细胞组成的，在认识到这一点后，嵌合体（而非《荷马史诗》中的奇美拉）能够正常生长发育似乎就不足为怪了。有性生殖是一种非常特殊的生殖方式，会混合父母双方细胞的基因组。今天，把一个物种的基因整合到另一个物种的基因组中是完全可行的。事实上，基于细菌的基因工程产业依赖的正是这样的基因改造。但总的来说，把两个物种的基因组混合到一个细胞中在生物学上是很难实现的：基因组混合产生的整套"指令"往往无法正常行使其功能。因此，卵细胞有一种机制，可以在精卵融合前检查到达的精子是否与自己源自同一个物种。女人和公牛交配不会产生希腊神话中半人半牛的怪兽弥诺陶洛斯那样的嵌合体。

如果不同的基因组没有被混合到一个细胞中——如果一个生物体的每一个细胞都保留自己物种的基因组——那么问题就不复存在了。真正重要的是，当一个个有生命力的细胞聚在一起时，它们能否和谐相处。我们知道不同类型的细胞可以和谐共存，比如，某些细菌就可以在我们的肠道内繁殖，甚至遍布我们全身。嵌合体只不过是另一种多样而和谐的细胞群落罢了。

像武部贵则那样在小鼠上培养原始肝脏等微型人体类器官是一项了不起的成就，但科学家目前还不清楚如何用这种方式制造一个完整并且尺寸正常的人类肝脏、肠管或者大脑。

如果用与人类大小相仿的动物（比如用猪、牛或者羊）来培养这些类器官呢？这个想法在理论上似乎行得通，但不用说，实际操作起来会非常复杂。

首先，这个想法似乎面临着伦理上的挑战。我们应该把这些动物仅仅视作人类器官的载体吗？这有可能会让人感到非常不适：很多人会觉得长着人类肝脏的猪很恶心甚至污秽。

但这在技术上可行吗？你可以想象一下这样的场景：一名患者需要新的肝、肾、胰腺或者其他器官，你用这名患者的细胞培养出诱导多能干细胞，然后把这些细胞移植到猪的胚胎中，期望它们能在小猪的体内长成相应的器官。等到这头猪该被做成培根的时候（原谅我说话不好听，但畜牧业的实际情况就是如此），你就可以摘取这些长好的器官了。但人类干细胞为什么要选择你希望它们选择的命运，而不是其他命运呢？

几年前，日本生物学家小林俊宽和中内启光发现了一种让干细胞言听计从的方法。他们的想法是在宿主动物中为所需要的器官创造一个"龛位"（niche）[1]：对胚胎进行改造，使之失去形成这种器官的

---

[1]   此处的"龛位"的英文单词与本书前文中"生态位"的英文单词同为"niche"，两者的意义也较为近似，但生态学和发育生物学中惯常的译法分别是"生态位"和"龛位"。——译者注

能力，从而在这种器官原本的位置上留出一个空间。这一想法源自
20 世纪 90 年代早期的一项研究，在这项研究中，研究人员以一种特
殊的小鼠为研究动物，这种小鼠缺失了一个关键的基因，因而无法产
生免疫系统的白细胞。当科学家把取自正常小鼠，含有这个基因的胚
胎干细胞注射入缺失这个基因的小鼠胚胎后，他们发现这些胚胎发育
成的小鼠能够产生白细胞。

这表明宿主的胚胎非常"足智多谋"。上述被注射进胚胎的干
细胞最初并没有特定的命运：它们可以发育成任何类型的组织。但
随着胚胎的发育，胚胎中原有的细胞似乎在说："是时候产生免疫细
胞了，等等，我们没有产生白细胞的基因。啊，看，这些'外来户'
有。干脆让它们承担这个任务吧！"

当然，细胞并没有这么通人性。但有时候，如果不用这种拟人
化的表达方式，就很难把其中的原理讲得浅显易懂，因为细胞的应答
方式中似乎蕴含着一种远见卓识、聪明才智以及团队协作能力。"似
乎"这个词中蕴含着一种张力，影响着我们看待生命中细胞和组织的
身份以及自主性的方式。

更关键的是，生长中的生物体确实会利用来自另一生物体的合
适细胞，去主动填补一个空白的"组织龛位"（tissue niche）。2010
年，在剑桥大学格登研究所工作的小林俊宽发现，人为地创造一个龛
位能够诱发这个过程。他和同事首先在小鼠囊胚中敲除[1]了一个对胰
腺发育至关重要的基因，然后向这些胚胎中加入了一些取自另一只小
鼠，上述基因仍然正常的细胞。不出意外，这些胚胎发育成了有胰腺
的小鼠。两年后，小林俊宽和中内启光证明同样的方法也能用于制造
肾脏。

---

[1]　在遗传学领域，敲除一个基因是指采用某种方式使这个基因失去活性。——译
　　者注

跨物种地应用这种方法所面临的挑战似乎要高出一个数量级。小林俊宽和中内启光首次"打破物种界限"是借助小鼠和大鼠完成的：他们在缺乏胰腺形成基因的小鼠体内让大鼠的胚胎干细胞发育成了胰腺，也在缺乏胰腺形成基因的大鼠体内让小鼠的胚胎干细胞发育成了胰腺。换句话说，由此产生的嵌合体老鼠的胰腺完全是由另一个物种的细胞构成的。[1]

使用这些小鼠-大鼠嵌合体开展的实验揭示了一些令我啧啧称奇的现象。在大鼠的多能干细胞被植入小鼠的胚胎后，这些干细胞会形成小鼠胆囊的一部分。但大鼠是没有胆囊的！大鼠的细胞怎么能形成大鼠自己都没有的器官呢？显然，如果条件允许，大鼠细胞拥有形成胆囊组织的能力，小鼠胚胎中"是时候长出胆囊了"的信号解锁了这种能力。这种能力不是凭空而来的：大鼠和小鼠在进化上的共同祖先确实都有胆囊，但大鼠的胆囊在进化过程中消失了。然而大鼠的细胞仍然把胆囊的发育指令"铭记在心"，就像保存它们进化历史的记忆一样。那么，人类的细胞是否有潜力发育成人类没有的身体器官（来自我们进化上的祖先发育过程的记忆）呢？

小林俊宽等人的研究表明，通过跨物种嵌合体来培养器官在啮齿类动物上是可以实现的。那么人和猪呢？这就没那么简单了。一方面，实验的时间会更长，因为猪的妊娠期为 3 个月，而小鼠的妊娠期只有 3 周。另一方面，人类和猪在进化上的亲缘关系比小鼠和大鼠的亲缘关系要远得多。

要在猪体内制造人的器官，第一步是证明可以在猪体内制造出

---

[1] 请注意，研究人员此前就曾用取自一个小鼠胚胎的胚胎干细胞在另一个小鼠胚胎中发育出了胰腺，这些小鼠也是嵌合体，但不是跨物种嵌合体。这种嵌合体小鼠最早是在 20 世纪 60 年代由体外受精技术的先驱罗伯特·爱德华兹等人通过让胚胎在囊胚期之前融合而制造出来的。

器官的龛位。2013 年，小林俊宽和中内启光的研究发现，在移植了另一头猪的胚胎干细胞后，缺乏胰腺发育关键基因的猪胚胎确实可以长出胰腺。这样产生的公猪甚至可以作为精子的来源，借助体外受精技术产生更多的"无胰腺"猪，这些猪带有现成的龛位，可供胰腺生长。

但人的干细胞能填补这种龛位吗？

一项耗时 4 年的研究搞清楚了这个问题。2017 年，美国加州索尔克研究所（Salk Institute）的生物学家胡安·卡洛斯·伊兹皮苏阿·贝尔蒙特（Juan Carlos Izpisúa Belmonte）和同事报道称，他们制造出了含有人类细胞的猪胚胎。这些研究人员把人诱导多能干细胞导入囊胚期的猪胚胎，然后让这些胚胎最多发育了 4 周。[1]（研究人员不允许这些胚胎进一步发育，以免长有人类组织的猪引发伦理争议。）尽管这些人类细胞在猪体内的存活率相当低，但仍有一些细胞存活了下来，并发育成肌肉以及一些器官的前体细胞。这个研究团队还发现，人诱导多能干细胞也能在牛胚胎中存活，但存活率同样不高。

这些研究结果距离证明人类器官能在猪体内生长还有一段距离。但鉴于目前的进展，我相信这在理论上是可以实现的。但我们应该用猪来培养人的器官吗？

---

[1] 这种在备有龛位的动物胚胎中培养人类干细胞的方法此前已有先例。例如，2016 年，鲁道夫·耶尼施（Rudolf Jaenisch）等科学家先把人诱导多能干细胞或者胚胎干细胞诱导成"神经嵴"（neural crest）细胞，然后把这些细胞植入小鼠胚胎中。使用这种方法，他们制造出了嵌合体的白化小鼠。神经嵴细胞是多种成体细胞的前体细胞，其中一种成体细胞是黑色素细胞。这种细胞能产生黑色素，从而导致头发着色。植入小鼠胚胎的人类细胞在发育的小鼠体内存活了下来。由于具有人类的组织，这些小鼠一出生就带有一片片黑色的毛发。

伊兹皮苏阿·贝尔蒙特的团队无法获得美国联邦政府的资助来开展这些研究工作，因为美国国立卫生研究院在 2015 年暂停了对这类研究的支持。在相关伦理问题得到审慎考虑前，美国联邦政府将不会再资助这些研究。尽管在听取过各方的意见后，国立卫生研究院承诺在 2016 年重新考虑该决定，但在撰写本书时该禁令仍然有效。不过，考虑到白宫目前在任者 [1] 的特点，很难预测接下来会发生什么。

对于上述决定，没有人比中内启光更沮丧了。他已于 2014 年从东京大学迁至美国加州的斯坦福大学工作，以规避日本禁止将人多能干细胞植入非人类胚胎研究的法规。这些禁令让像中内启光这样的研究者垂头丧气，因为他们深信这项技术能够投入使用。中内启光说："在动物体内生长的人类器官可以改变成千上万器官衰竭患者的生活，我真搞不懂为什么总是有阻力。"23

但这种技术遭遇阻力并不令人感到意外。嵌合体生物似乎扰乱了自然的秩序。毕竟，它们带有一丝神秘性：在古希腊神话中，奇美拉是一种能喷火的怪兽，是不祥之兆。在词源学意义上，嵌合体是个"怪物"：它在本质上是一个代表冲突的符号。中世纪和启蒙运动时期的文献中描述的生物畸形现象，包括畸形的人类婴儿，延续了奇美拉作为不祥之兆的角色：它们不仅是异常现象，而且是一种征兆。这些事物警告我们要小心谨慎。

现代技术造就的嵌合体生物不仅让人想起这些带有神话色彩的起源，它们也是这些神话中的"怪物"的生动体现。事实上，嵌合体确实是不同物种的组织混合而成。在 2015 年宣布暂停资助此类研

---

[1]　在作者写作本书时，在任的美国总统是唐纳德·特朗普。——译者注

究后，美国国立卫生研究院征集了公众的意见。在数千名发表意见的民众中，大多数人都反对嵌合体的相关研究。公众的这些疑虑不是无理取闹，他们持反对态度并不是因为无知、欠缺思考或者排斥技术变革。（至少不完全是。许多人错误地认为，制造嵌合体必然会使用人类胚胎。）出于人类的本能，我们对"自然秩序"改变程度的接受度是有限的，因此难于全盘接受嵌合体引发的巨大改变。

这并不是说我们必须屈从于这种判断。就我个人而言，我认为不应该禁止嵌合体生物在再生医学领域的应用，但我无法给出任何哲思性的分析来支持我的这种观点。对于猪被当作人体器官的载体，在死期到来时被屠宰和肢解的图景，我心里也感到不好受。但我意识到，对于一个吃培根或者其他猪肉制品的人来说，反对用猪来制造人类器官是不符合逻辑的，因为除了满足我们的口腹之欲外，宰杀猪来制作培根和其他猪肉制品别无他用。

但如果只是一头长着人类肝脏的猪，我并不觉得这是什么非自然或不恰当的事情。动物躯体与人类脏器的结合与我们的经验背道而驰，很容易产生令人忐忑不安的联想。然而，我们的本能反应是建立在一种错觉之上的，我们错误地认为人体是一个不可侵犯的整体，一个定义明确、具有生物学同源性的实体。一旦我们认识到人体是共同进化、共同发展的细胞群落，那么人-猪嵌合体似乎就并不比共生细菌遍布我们的肠道更怪异和恶心了。问题的关键是，嵌合体生物中的细胞能和谐共处吗？

在我看来，嵌合体生物相关的真正问题不是做什么，而是怎么做和为什么做。在这个话题上，技术的正当性并不意味着目的也是正当的。恰恰相反，要驾驭细胞生物技术当下惊人，有时甚至是可怕的能力，我们应该警惕绝对化地划分正确与谬误，以及自然与非自然。我们应该问的问题是：我们做出的选择会给个人和社会带来多大的益处？为了挽救人的生命而忽视动物福利是不道德的，但以让一些群体"感到不舒服"为由拒绝减轻人的病痛也是如此。

　　人体是一个细胞群落，但这个群落演化出了单一身份感（unique identity）和道德主体感（moral agency），这是我们所面临的问题。要让这两者统合起来并不容易，我们最明智也最人道的做法是不拒斥两者中的任何一方。

　　即使是那些急于看到这项技术向前发展的研究人员也认识到，不能无限制地应用嵌合体创造技术，至少在没有经过非常慎重的伦理考虑之前是这样。小林俊宽和中内启光提出了一些应该加以限制的领域，他们列出的清单令人大开眼界。小林俊宽和中内启光认为，在涉足如下领域前应当三思：

- 通过植入人源的细胞来对动物大脑进行广泛的改造。这可能改变动物的认知能力，产生接近人类的"意识"或"感觉"，也可能导致动物出现"像人一样"的行为能力。
- 让人类的前体细胞在动物体内发育成有功能的人类配子（卵子或精子）。在这种情况下，人类（或人源的）配子和动物配子间可能发生精卵结合。
- 可能使动物拥有与人类相似外观（比如皮肤类型、肢体，或者面部结构）或特征（比如能说话）的细胞或者基因修饰。

　　我们早已见识过上述三种情况的后果，它们是传奇与小说中的图景、愿景与梦魇：第一种情况将把我们带到莫洛博士的小岛；第二种情况像极了希腊神话中米诺斯国王的妻子帕西菲的故事，在海神波塞冬的诅咒下，她与一头公牛交配，生出了半人半牛的怪兽弥诺陶洛斯；第三种情况则类似希腊神话中半人半马的怪物。

　　在一篇题为《重温伊卡洛斯的飞行》的论文中，小林俊宽和中内启光提出了这一系列可能性，因为他们认为，伊卡洛斯为自己设计和制作翅膀"以实现翱翔于蓝天的雄心"[24]，是在通过把另一物种身体有用的部分附加到自己的身体上，从而把自己变成"嵌合体"。我想他们事实上并不了解这则神话，因为翅膀其实是伊卡洛斯的父亲代达罗斯做的，而且制作翅膀并不只是为了能够飞翔，而是为了逃离克里特岛上米诺斯国王的监禁。代达罗斯此前被暴怒的米诺斯国王囚禁了起来，因为他造了一头木牛，被波塞冬诅咒的帕西菲躲在木牛里与公牛完成了交合。这一领域的研究人员可能发现，自己的工作越来越多地与神话联系到了一起，并被拿来与神话中的情节对比。因此，明智的做法也许是，阅读清单中不仅包括《细胞》（*Cell*）、《自然》和《科学》这样的学术杂志，还包括荷马和罗伯特·格雷夫斯（Robert Graves）[1] 等人的著作。

　　有必要说明一下，小林俊宽和中内启光在这个清单下面做了补充说明，他们坚信这些结果都不会成为现实。他们认为，似乎存在一些障碍，这些障碍将限制供体的细胞、组织和身体器官在跨物种的"异种移植"（xenotransplantation）实验中发挥如此巨大的作用。他们还认为，通过采取各种措施，我们可以确保移植的供体组织不会意外地盘踞身体的其他部位。

　　也许如此吧。但并不是所有人都觉得对未来的可能性（更不用

---

[1]　罗伯特·格雷夫斯（1895—1985），英国学者、诗人、小说家，专事古希腊和罗马研究，代表作包括《我，克劳迪亚斯》《耶稣王》《向一切道别》等。——译者注

说被允许的范围了）可以做如此斩钉截铁的判断。以 2013 年的一项研究为例，在这项研究中，研究者把人脑中神经胶质细胞的前体细胞移植入了新生小鼠的大脑中。当这些小鼠长大成熟后，它们表现出了更强的学习和记忆能力（例如在探索迷宫方面）。这并不意味着这些小鼠获得了更类似于人类的认知能力。这些研究人员认为，人类的神经胶质细胞更复杂，能力也更强，这激发了小鼠大脑网络中神经元的信息处理过程。事实上，我们并不知道小鼠大脑中发生了什么样的变化，使它们的学习和记忆能力变强了。但确实可以说，人类的脑细胞使小鼠变得更聪明了。

我曾亲耳听到一些研究大脑类器官的专家一本正经地谈论一种可能（但肯定不可取）的情境：用人类的神经元在猪的体内制造大脑，一个尺寸正常，有血管系统的人类大脑，就像武部贵则在小鼠身上培养肝芽一样。有必要再次强调，请仅仅把这看作一个思想实验。那么，我们对此该做何感想呢？一只具有人类特点的猪又会做何感想呢？

我不是在提出这样一种研究建议，如果真有人提出这样疯狂的建议的话，这样的建议应该被斩钉截铁地否决掉。我想表达的是，生物技术的进步正在如何击碎既往的必然性并创造崭新的可能性。此外，技术的进步也在向我们抛出一些极具挑战性的问题，比如，我们应该把不能逾越的红线画在哪里？为什么要画红线？如何画红线？

CHAPTER 6

FLESH OF MY FLESH

Questioning the future of sex and reproduction

第 6 章

我血肉的血肉：
关于未来之性和
生殖的困惑

　　我通过显微镜观察着我发育中的迷你大脑，这已经不是我第一次看到含有我自己基因的细胞在玻璃培养皿中生长了。

　　但我之前看到的那些细胞并不只属于我。它们中只有 50% 的基因和我有关，其余的基因来自我的伴侣。这些细胞是体外受精的胚胎，大约在 4 细胞期被分离出来。

　　我是不是把这些胚胎拟人化了？我是不是赋予了它们个性，把它们塑造成了矢志不渝，尽最大努力长成婴儿，无比勇敢的小家伙？确实是。

　　那么，该怎么样描述这些胚胎呢？有人可能会说，它们有潜力发育成人，我无权对它们主张任何所有权（除了从法律上讲外）。但事实证明这些胚胎发育成人的潜力并不大。无论是何种原因，即使是那些看起来最有潜力的胚胎，最终绝大多数都无法发育成婴儿。这可能是因为它们运气不好，但更可能的原因是它们存在生物学上的缺陷。我在前文中介绍过，无论是在体外受精还是体内受精，大多数这个阶段——卵细胞受精两天后——的人类胚胎都无法发育成婴儿。因此，没有人清楚目前体外受精的成功率（35 岁以下的健康女性的成功率通常为 20%~30%）还有多大的提升空间。

　　体外受精技术改变了我们的生育方式，但还不止于此。它以一种很少有人意识到的方式颠覆了我们对自身的看法。它向我们展示了人是从一个细胞发育而来的，这使细胞和人的边界变得更加复杂。它把性和生殖区分开了，而这发生在 20 世纪 60 年代末和 70 年代，那时，性、性别和家庭角色正在被前所未有地颠覆和重构。体外受精使性行为不再是生育所必需的过程，就像避孕药使生育不再是性行为的必然结果一样。[1] 体外受精技术提高了我们研究人类胚胎的能力。同时，这种技术也引发了一系列的问题，传统的社会观念、婚姻观念、道德观念、生物观念和生殖观念对这些问题几乎没有任何指导作用。借助这些新技术，我们仍在探求制造人类的方法。

胚胎学研究表明，胚胎是一个难以捉摸、千变万化的东西。一种观点认为，胚胎是出于一己私利"剥削"母体环境的细胞群体。这一点在胚胎的最早期阶段（比如囊胚期）尤其明显——胚胎看起来更像是"人体组织"，而不是一个人。胚胎可能会和母体交换细胞。无论如何，胚胎肯定不是一个独立自主的生物体。这种观点还认为，一个胚胎的未来是难以预料并且无比脆弱的，其中变数很多，但其结局很可能是注定的。

所有关于"胚胎道德地位"的激烈争论都源自细胞和人的不可比性对传统观念带来的冲击。当我们在体外受精技术的帮助下，能够看到甚至干预个体生命的早期阶段时，我们发现我们惯常的人格概念已经不足以用来界定这个生命实体的地位。看着培养皿中体外受精形成的胚胎，一些人可能会把这一个个细胞团视作自己早期的"自我"形式。在被移植入子宫时，每个胚胎包含的细胞的数量用十个手指头就能数得过来。

因此，围绕辅助生殖技术难分难解的伦理争论，其目的绝不仅仅是确立恰当的立法依据。这些伦理争论同时也在努力重新界定"什

---

[1] 这绝非巧合。辅助受孕和体外受精领域的研究使人类对激素在女性排卵期中的作用有了深入的理解。基于这些认识，研究者找到了调控排卵周期进而避孕的方法。一些科学家当时在同时从事这两个领域的研究。

么是人"：这一团团细胞曾经是我们的全部，它们成为我们的时间节点在哪里？

　　至少在几个世纪前我们就已经知道，生育并不一定需要性交。18世纪 70 年代，苏格兰外科医生约翰·亨特进行了第一例有记载的人工授精。据称，利用一名男性的精子，通过人工授精手段，亨特使这名男子的妻子怀上了孩子。有关人工授精更详细的记载出现于 1884年，这一年，美国医生威廉·潘科斯特（William Pancoast）用捐赠者的精子为一名全身麻醉（使用了氯仿作为麻醉剂）的女性进行了人工授精，使她成功受孕。[1] 此前，潘科斯特在显微镜下检查了这名女性的丈夫的精子，发现他没有生育能力。潘科斯特显然认为自己是在助人为乐。这名女性和她的丈夫当时都不知道潘科斯特进行了人工授精，潘科斯特后来把情况告诉了丈夫，但妻子一直被蒙在鼓里。[2]

　　当时，显微镜正在揭示受孕的生物学过程。1879 年，瑞士动物学家赫尔曼·福尔（Hermann Fol）首次观察到了精子进入卵子的过程，不过受精卵明显没有形成胚胎。但在卡雷尔和巴罗斯改进了组织培养技术后，制造胚胎是研究人员首先尝试的事情之一。1912 年，美国解剖学家约翰·麦克沃特（John McWhorter）和艾伦·惠普尔

---

[1]　"捐赠者"不是那个时代的概念。据报道，精子来自潘科斯特的一名学生。在潘科斯特的学生中，他是公认最英俊潇洒的那一个。学生们发誓对此守口如瓶。

[2]　对妻子隐瞒事实的原因不得而知。虽然这次人工授精的伦理问题在今天看来着实骇人听闻，但这也阻止了人们对这一事件的深入探讨。是怕母亲知道真相后就不爱她的孩子了吗？是怕她会对这个手术感到震惊和羞耻吗？是怕她会谴责潘科斯特和他的学生吗？这种父性沙文主义（paternalistic chauvinism）的出发点单纯吗？这一事件无疑是公众对辅助生殖技术态度演变过程中一个值得记录的节点。

(Allen Whipple）发现，他们可以使 3 日龄的鸡胚在体外存活最多
31 个小时。一年后，比利时胚胎学家阿尔伯特·布拉切特（Albert
Brachet）证明，他可以在培养皿中使兔囊胚期的胚胎保持存活状态。

用精子和卵子在体外创造出一个鲜活的胚胎——真正的体外受精——则是另一回事。20 世纪 30 年代，美国生物学家格雷戈里·平卡斯（Gregory Pincus）曾报道过用体外受精产生兔的胚胎。20 世纪 40 年代，他甚至声称自己成功完成了人类卵子和精子的体外受精，但他的这项工作从未得到证实。第一例可信的体外受精帮助哺乳动物生育的报道出现在 20 世纪 50 年代，完成人是平卡斯的合作者、华裔美国生物学家张明觉。通过体外受精，他使母兔产下了活的兔子。为了证实这些兔子确实是体外受精产生的，张明觉使用了不同颜色的兔子：他把黑兔子的卵子和精子结合，然后把胚胎移植到白兔子体内。母兔最终产下的小兔子是黑色的。

人类的受精过程则更为困难。受精不仅仅是把卵子和精子扔到一起，让它们为所欲为。我在前文中介绍过，受精是一个复杂的过程，还需要女性的生殖器官参与其中。在很长的一段时间里，没有人能找到一种实现体外受精的方法，因为我们对受精的生物学过程知之甚少。

20 世纪 30 年代，美国妇产科医生约翰·洛克（John Rock）决定研究受孕后最初阶段的受精卵，他发起了一个今天会让人瞠目结舌的项目。他与助手亚瑟·赫蒂格（Arthur Hertig）和米里亚姆·门金（Miriam Menkin）一道，在计划接受子宫切除手术的志愿者体内寻找受精卵。他们向这些女性暗示，她们可以在手术前夜发生性行为。这些女性同意洛克等人采集受精卵的请求，这表明她们无比慷慨，愿意推进人类对生育能力及生育障碍的理解。这项研究竟然被批准了，这表明当时人们对医学伦理规范的必要性仍然认识不足。

1944 年，洛克和门金声称他们利用子宫切除手术时采集的卵子首次实现了人类的体外受精。[1] 洛克等人能够观察到受精卵开始分裂，但仅止于此：他们没有在培养皿中培养出真正意义的胚胎。在后来的研究中，洛克又为口服避孕药的发展做出了开创性的贡献。

在体外受精技术发展的早期，学界颇有一些狂放冒险的风气，验证猜想的研究往往依赖于大胆、雄辩和一定程度的傲慢。20 世纪 60 年代，在伦敦北部的英国国立医学研究院（National Institute for Medical Research）工作时，生理学家罗伯特·爱德华兹极尽所能从认同他目标的外科及妇科医生处获取卵子。这些卵子是在卵巢手术过程中获取的，但没有征得卵子"捐赠者"的同意。这种自由是当时的一种风气。虽然爱德华兹的动机是缓解不孕不育者的痛苦，但在这幅男医生借助不知情的女性创造"新生命"的图景中，我们不免可以看出，自潘科斯特的时代以来，社会对有关辅助生殖的文化态度没有什么改观。正如人类学家林恩·摩根（Lynn Morgan）所指出的那样，胚胎学史的一个特点是提供胚胎或者卵子的女性无名无姓：她们通常被当作研究中一种任人摆布、身份不明的生物材料来源。一些女权主义者对生殖技术抱有谨慎甚至反感的态度，这可能源于一种合情合理的担忧：这些技术重新踏上了男性控制和支配女性的老路。

不过，爱德华兹并不是很看重名声和荣誉。相反，他的努力还遭到了同行的攻击和嘲笑。爱德华兹的博士生马丁·约翰逊这样总结团队当时的工作氛围：

> 说实话，当我们在他的实验室攻读博士学位，甚至进入博

---

[1]　更复杂的是，洛克是一名虔诚的天主教徒，但他显然不认同教会对节育和辅助受孕的看法。毕竟，洛克从子宫中采集受精卵的做法可以被看作某种形式的流产。

士后阶段的时候，我们都极不确定他的研究是否合乎伦理，也不想过多地参与其中。部分原因是，作为研究生和早期阶段的博士后，看到外界人士对这项工作的敌意之深，我们感到相当不安——当诺贝尔奖得主、皇家学会会士以及这个学科崭露头角的新星们……痛斥鲍勃[1]，说他不应该做这些研究时……你不禁会怀疑，我们实验室到底在做什么？¹

尽管同行们持怀疑和对立的态度，并且认为这些研究违背伦理——例如，著名生物学家詹姆斯·沃森和马克斯·佩鲁茨（Max Perutz）等人后来警告说，体外受精可能会产生带有严重出生缺陷的婴儿[2]——英国医学研究委员会也拒绝资助他的研究，爱德华兹仍在1969年与他的学生巴里·巴维斯特（Barry Bavister）以及妇科医生帕特里克·斯特普托（Patrick Steptoe）合作，在《自然》杂志上发表了一篇论文，详细描述了人类精子在体外进入卵子的过程。[3] 他们写道："人的受精卵也许可以用于治疗某些不孕不育。"² 第二年，爱德华兹、斯特普托和他们的临床助理琼·珀迪（Jean Purdy）发表了人类受精胚胎发育到16细胞期时的照片。到1971年时，他们已经能够把人类胚胎在体外培养到囊胚期。

斯特普托通晓将胚胎重新植入子宫的外科技能，而且这些研究人员也很清楚，就算这个手术有很大的不确定性甚至很危险，也不会缺少志愿者。

---

[1] "鲍勃"是"罗伯特"的昵称。——译者注

[2] 当你认识到在动物实验中，体外受精技术并没有产生带有严重出生缺陷的动物幼崽后，事实就变得更加清楚了：这些恐惧没有科学依据。

[3] 这篇论文发表于情人节当天，这大大吸引了媒体的兴趣。论文在这一天发表不可能是作者们的选择，不过《自然》杂志当时的编辑约翰·马多克斯以擅长做这种精明的决定而闻名，因此我怀疑这一举措可能出自他之手。

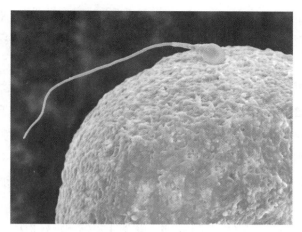

受精那一刻？精子即将进入卵子

（图片来源：图库 Science Photo Library）

但这些培养皿中人类胚胎的照片有着更深层次的意义：我们第一次能够看到生命之旅的起点。在此之前，我们只能把生命的开始追溯到一个像小人一样的组织块，组织中已经形成了一个虾一样的头部。

要想从发育的角度思考人类自身，我们首先需要有目睹发育过程的能力。"我们今天所谈论的胚胎是一个相对较新的概念，"林恩·摩根说，"一百年前，大多数美国人可能都无法想象出人类胚胎的形象。"[3] 摩根指出，有些文化并不把自然流产的胚胎视为真正的人，也不认为它们具有与人相同的道德地位。[1] 目前，许多"反堕

---

[1]　在有的文化中，即使是新生的婴儿也不一定被认为完全是人。这是因为婴儿的死亡率在 20 世纪以前非常高，这种高死亡率可能使人们与新生的婴儿间形成了一定的心理距离。

胎"[1] 团体会通过生物医学技术获取一些影像，并用这些影像来论证他们的观点。他们用子宫内的胎儿来代表胚胎，以此暗示从受孕的那一刻起，胚胎就已经是一个人了。

根据科学史家尼克·霍普伍德（Nick Hopwood）的观点，"人类发育"这个概念是主动构建出来的，而不只是被揭示的"关于生命的事实"。据他介绍，这一构建过程始于19世纪末的胚胎学。那时的生物学家和内科医生认为，胚胎的形成是一个错综复杂但又平平无奇的生物学过程。他们还认为，胚胎形成所引发的道德问题可以通过更科学的认知得到澄清甚至解决。

我们现在知道情况并非如此。事实上，情况正好相反。我们很难搞清楚如何理解体外受精揭示的个体发育过程。我们需要何种想象力才会把啼哭的婴儿和一小团细胞联系起来？毕竟，这些细胞充其量只是像一堆肥皂泡罢了。

我们试图用一个词语把化学实验室中一种常见的器件——也是体外受精的舞台——与母体孕育的神圣结晶联系起来。这个词语就是"试管婴儿"。

试管从未参与体外受精，其作用纯粹是象征性的。"试管婴儿"这个词最早出现于20世纪初，当时公众对生物学的理解还很粗浅。对他们来说，用化学方法创造生命听起来完全可行，甚至即将成为现实。在那样的时代，我们今天所说的体外受精——在体外进行精卵结合，或许还让受精卵继续在体外生长——是一项壮举，看起来与

---

[1]　我用这个词也在强调其中的政治含义，并不是单纯在描述事实。

上帝创造生命相差无几。

长期以来，被放置在玻璃容器里的孩子一直是人类对生命和死亡想象的一部分。几个世纪以来，死胎、流产和畸形的婴儿尸体一直被保存在瓶瓶罐罐里。正如苏珊·梅里尔·斯奎尔记述的那样，一个生物不仅死后被存放在瓶子里，而且实际上是在玻璃做的人造环境中被创造出来的，这种景象至少可以追溯到中世纪和文艺复兴时期。那时的炼金术士和神秘主义者声称能在实验室里制造出小人，甚至还提供了制作配方。在《浮士德》中，歌德就描述了此类生物是如何产生的，并阐明了应该以何种道德依据来评价这些小人。[1]

体外细胞培养改变了这种叙事模式，并给我们带来了试管婴儿。在 1924 年出版的《代达罗斯，或科学与未来》一书中，J. B. S. 霍尔丹描述了体外发育（ectogenesis），或者说体外妊娠的前景。这启发他的朋友阿道司·赫胥黎在近十年后创作了一部著名的讽刺小说——《美丽新世界》。在《美丽新世界》中的未来社会里，体外发育的婴儿被用化学手段操纵，形成了一个按智力划分社会阶层的体系。

霍尔丹认为，这种（假想的）技术能给人类带来福祉。这种技术可以支持女性的解放——霍尔丹原则上是欢迎的——和优生的社会工程，以保持人类的活力。霍尔丹和朱利安·赫胥黎担心，随着女性的发展机遇日益增多，受教育程度和智力水平较高的女性将更不愿意生儿育女，因为她们会发现生活并不只是家务劳作。但由于缺乏机遇，"低等阶层"的人会继续繁衍后代，（霍尔丹担心）人类的基因库会一代不如一代。正如《代达罗斯，或科学与未来》中的叙述者从21 世纪的未来视角出发所解释的那样：

---

[1]　我在我的《非自然》（*Unnatural*）一书中讲述了这个故事。

如果不是因为体外发育的话，人类文明无疑会在可预见的未来崩溃，因为人群中素质较差的那些人有更强的生育能力。[1], 4

利用体外发育，可以在可控的实验室环境中人为制造人，这种可能发生的情况在两次世界大战之间的时期引发了对控制人口数量以及文明衰落的担忧。

霍尔丹从来没指望过所有人都会接受他对未来的这种展望。"从钻木取火到翱翔蓝天，没有一项伟大的发明不曾被视为对某些神祇的侮辱，"他写道，"但如果说所有物理学和化学发明都在亵渎神明的话，那么每一项生物学发明甚至都可以说是变态和堕落的。"5 霍尔丹很清楚，有些人会把体外发育以及在实验室里操纵受孕的相关技术视作"不得体和非自然的"，事实确实如此。1938 年，受史澄威斯组织培养研究的启发，诺拉·伯克在《珍闻》杂志上发表了一篇反应过激的文章（见第 215 页）。她在文章中提到了"化学婴儿"（chemical baby），并问道："这些究竟是什么生物？"6 这篇文章的标题——"你会爱一个化学婴儿吗？"——在读者中引发了作者希望看到的排斥反应。

但创造"试管婴儿"这个词的似乎不是别人，正是托马斯·史澄威斯自己。在他 1926 年有关组织培养的讲座中，史澄威斯说："由此可见，'试管婴儿'的想法并非天方夜谭。"7 "试管婴儿"是一个比霍尔丹的"体外发育"更能引起共鸣的词，后者听起来更像是科学术语。任何人都能领会"试管婴儿"这个词的个中含义，并产生复杂的情绪：既惊讶又兴奋，还可能感到恐惧。它是现代性本身的象征：用科学控制生命的时代中人类的象征。

---

[1] 不幸的是，霍尔丹喜欢用"生育能力"（fertility）来表示实际的后代数量，而不是生育后代的潜在能力。这种含混不清的用法现在仍然大行其道，其误导性也丝毫不减。

一幅"试管婴儿"的常见画面

在被植入子宫中时，胚胎还处于囊胚期前的阶段，但图片中往往会使用婴儿的形象来代表这些胚胎

（图片来源：图库 Shutterstock）

简而言之，"试管婴儿"是合乎时宜的正确措辞。一个人竟然可以是一种奇妙技术的产物，这几乎是工业化大规模生产的必然结果。毕竟，工业化大规模生产似乎在流水线上生产着人们生活中的一切，是标准化、经过测试并且商品化的过程。

从霍尔丹的体外发育到阿道司·赫胥黎《美丽新世界》中的繁育中心，两种概念的距离并不大。但更贴近史澄威斯"试管婴儿"的也许是"机器人"这一概念。这个概念最初是由捷克作家卡雷尔·恰佩克在 1921 年的剧作《罗素姆万能机器人》中提出的。R.U.R. 是一家公司名称的缩写，这家公司叫"罗素姆万能机器人"（Rossum's

Universal Robots）。虽然恰佩克所说的机器人（这个词在捷克语中的意思是"劳动者"）会让人联想到金属和电线组成的人形机器——就像撕掉人造皮肤的"终结者"一样[1]——但罗素姆机器人并非如此：它们是由柔软的皮肉制成的。

在这部剧作中，R.U.R. 公司的总经理哈里·多明（Harry Domin）解释说，这些机器人的发明者是罗素姆，他的发明源自实验时的一些发现。他当时在试管中进行化学实验，试图创造一种有生命的物质。罗素姆是一名海洋生物学家，[2] 他在试管中创出了一种新形式的"原生质"。从化学的角度看，这种原生质比细胞内的原生质简单得多。"接下来他得把这些生命从试管里弄出来。"8 多明说。

利用这种人造生命，R.U.R. 公司制造出了一种像面团一样的东西，这些"面团"可以被塑造成器官。"那里有制造肝脏、大脑等器官的大缸，"多明说，"那边是装配室，所有东西都是在那里组装起来的。"9 这种生产流程有赖于亨利·福特的自动化生产模式，但显而易见的是，制造技术是由卡雷尔和史澄威斯等人开创的组织和器官培养技术。

恰佩克作品中反映出的那种恐慌情绪——对以工业自动化规模制造同质化的人的恐慌——也驱使大卫·H. 凯勒（David H. Keller）[3]创作了一篇题为《一次生物实验》（"A Biological Experiment"）的故事，发表在 1928 年的一期《惊奇故事》杂志上。这则故事预测，未

---

[1] 终结者是美国著名科幻电影《终结者》中的机器人，它们的外表是活体组织，酷似人类。——译者注

[2] 可以看出，罗素姆的原型是德裔美国生物学家雅克·洛布。19 世纪 90 年代，洛布发现了使用盐类物质处理海星，诱导其完成孤雌生殖的方法，因此有人认为洛布用化学方法创造出了生命。

[3] 大卫·H. 凯勒（1880—1966），美国作家，拥有医学博士学位，以科幻、奇幻、恐怖等题材的作品知名，是第一位尝试创作恐怖小说的精神病学家。——译者注

来的社会将充满反乌托邦色彩：性行为将被禁止；婴儿是根据标准化的规格，通过辐射处理在工厂的大缸中制造出来，并派发给取得了必要政府许可的夫妇的。阿道司·赫胥黎后来出版的小说《美丽新世界》中也有类似的情节。

当然，反乌托邦的故事总是比乌托邦的故事更博眼球。一如既往，这些"化学婴儿"的故事往往以人造人征服人类结尾，这一点值得注意。《罗素姆万能机器人》为十恶不赦的机器人反击并征服人类的故事建立了一个模板。时至今日，这种模板仍在被沿用，比如连续剧《西部世界》中的情节以及电影《终结者》中的天网系统。科幻作品不怎么描写唯命是从的机器人，其中的假设不言自明：人为制造出来的人天生缺乏道德，因此冷酷无情。在诺拉·伯克的笔下，"化学婴儿"被毫无缘由地描述为"没有性别、没有灵魂的化学生物"，最终可能"征服真正的人类"，并导致"人类的灭亡"。[10] 但在 1938 年的英国，这种恐惧从何而来，也许不难理解。"如何制造一个人"从来不是一个单纯的科学问题，而是一个深刻且无法回避的社会政治问题。

"试管婴儿"这种形象的说法并不局限于《惊奇故事》杂志，也很适合出现在"阳春白雪"的《自然》杂志上。这个词语的起源表明，当媒体和大众文化携手用耸人听闻的口号和影像诋毁科学时，认为（许多科学家就是这样认为的）科学只需要两耳不闻窗外事地埋头苦干是极为错误的。事实是，科学创新中"专业化"和"大众化"的两面是共同发展的。霍娜·费尔曾致力于推广和传播史澄威斯实验室的研究（这种热情很大程度上是希望为这些研究赢得支持和经费），但在看到关于这些研究耸人听闻的新闻头条和科幻故事后，这种热情最终烟消云散了。1935 年，有传言说史澄威斯实验室计划制造试管婴儿，费尔立刻警醒过来，坚持认为科学家在介绍组织培养时只应该将其描述为"一种有价值的技术，有其独特的优势，也有其局限性"[11]。但这并没有阻止《每日快报》（*Daily Express*）在第二年撰文称，在史澄威斯实验室，"鲜活的组织在体外生长和发育，与在完整的活体动物身体里一模一样"[12]。文章中引用了一位身份可疑的匿名科学家的话（这位科学家"来自剑桥大学的另一个实验室"），声称这项研究"通过在试管中培养婴儿，迈出了通向阿道司·赫胥黎《美丽新世界》中的社会的第一步"。正如历史学家邓肯·威尔逊指出的那样，虽然费尔本人乐于传播史澄威斯实验室的研究成果，但被描述为创造没有灵魂的化学婴儿"显然不是她想要的宣传效果"[13]。

有人可能会认为，事实被扭曲和夸张是源于费尔。但她给科学家们的建议——他们应该谈谈自己所做的研究，并努力引起听众的共鸣——并没有错。问题的关键是，科学家们必须认识到，他们的描述和比喻一旦说出来，其影响力就不再是他们能掌控的了，因此最好谨言慎行。这种冲突如今在遗传学和基因组学的讨论中尤为明显。科学家们对公众把这类学科简单地理解为基因决定论感到愤慨，但公众很容易用"当初是你们这么说的"来反驳。

2018 年，我在路易丝·布朗（Louise Brown）40 岁生日那天见到了她，她是第一位试管婴儿。这让我意识到，我们不久前才发现了这种制造人类的新方式。路易丝出生时我正准备读大学，因此和我相比，她算得上是年轻人。她的大儿子在她 40 岁生日时才 11 岁。[1]

说路易丝是一种"制造人类的新方式"的产物听起来可能有些

[1] 路易丝是自然受孕怀上她的大儿子的，这表明很多人持有的"人工"受孕生出来的人无法生育的观念是错误的。事实上，这种观念是一种由来已久并且近乎疯狂的偏见。

贬损的意味，就好像她是从阿道司·赫胥黎的书中走出来的一样。但我们和路易丝一样，都是被制造出来的。只是在 1977 年之前，受精过程从未在体外进行过。我用这样的表述是为了提醒读者，我们每个人都是在精妙绝伦的机体增殖过程中，从受精卵开始一点一点形成的。今天的我们对胚胎的发育过程已经有了更清晰、更形象的理解，这很大程度上得益于路易丝的孕育和诞生。她的诞生还迫使我们去面对蕴含在传统、神话、婉辞和教条中，以前可以回避的问题。科学能够帮助我们应对这些问题。

很少有人会记得，在体外受精技术出现之前，人类投入了多少成本到这一不确定领域的研究中，结果发现，这仅仅是一个寻找适宜生化条件的问题。那时的人们普遍认为，传统的性行为——当然是婚内性行为！——不仅孕育了孩子，而且还使孩子圣洁化了。在 1969 年有关"科学与性"的那一期中，《生活》杂志的科学编辑阿尔伯特·罗森菲尔德写道："传统上，人们把孩子看作婚床上的产物。因此从某种意义上说，孩子是圣洁的。"[14]"婚姻之爱"（married love）这个含蓄的短语就像一个围绕雌雄配子的光环，确保孩子正常而得体。但罗森菲尔德警告说：

> 从今以后，爱的力量可能与生儿育女再无联系。人类的生殖细胞可能只会被按需从冷藏库中取出……传统意义上的爱将不再是生育过程的一部分。[15]

上述观点与 20 世纪 40 年代教皇庇护十二世（Pope Pius XII）谴责人工授精的观点非常相似。庇护十二世的理由是，人工授精会"让源于婚姻之爱的性行为……转变为别无他意的精子传递行为"，把"家庭的避难所变成生物实验室"。[16]罗森菲尔德所谓的"爱的力量"

在这里的确几乎成了一种活性生物制剂，像精神上的转录因子一样引导着精卵走向结合。在《生活》杂志 1969 年做的一个调查中，对于用自己的配子通过体外受精怀上的孩子，只有不到 50% 的美国人认为他们能够感受到自己"对这个孩子的爱"；只有少数人认为这样怀上的孩子会爱自己的父母。在试管里，爱似乎蒸发了。

正因为这些原因，当路易丝 1978 年出生时，大众产生了一种认知上的窘境——婴儿的降生是一件无比熟悉和普通的事情，这使记者们不知道如何把它和科幻般的情节结合起来。《新闻周刊》（Newsweek）是这样报道路易丝在英格兰北部的奥尔德姆总医院（Oldham General Hospital）通过剖宫产降生的过程的："她是在晚上 11 点 47 分左右出生的，伴随着一声饱满的啼哭，这是一次回旋在这美丽新世界的呐喊。"[17]《每日快报》的报道是："她很漂亮——那个试管婴儿真的很漂亮。"在体外受精孕育出的新生儿中，路易丝是独一无二的，她仍然是"那个试管婴儿"（the test-tube baby）。她似乎很有风度地接受了这一点。如果当面见见路易丝，你就会立刻发现所有那些先入为主的看法是多么荒谬。在英国的布里斯托尔，她的家庭生活平淡无奇，这与当时"在试管里"孕育的独特方式给她带来的名人地位形成了鲜明对比。对于这种平淡的生活，我相信路易丝是感到快乐的，这甚至可能正是她渴望的生活。

涉及体外受精的词汇需要进一步推敲。一些报刊坚持认为路易丝·布朗还有其他身份：她是一个"奇迹婴儿"（miracle baby）。但奇迹指的不是超自然事件吗？

奇迹确实指的是超自然事件，而且我们知道最早的奇迹婴儿是谁：两千年前伯利恒的一个处女所生的那个孩子。[1]

---

[1]　这个孩子指耶稣，其母为圣母马利亚。——译者注

路易丝的母亲莱斯利·布朗（Lesley Brown）患有输卵管堵塞，因此无法自然受孕。对于像她这样对生育已经不抱希望的女性来说，能够生个孩子无疑是一件很美妙的事。但时至今日，试管婴儿仍然被很多人坚持称为"奇迹婴儿"，这表明还有其他因素在起作用。这也许意味着在很多人看来，体外受精技术不仅仅是对生物过程的医学干预，也是上天能力的一种例证：一项既惊人又傲慢的成就。你甚至可能会说，这是一项浮士德式的成就。[1]

人类学家莎拉·富兰克林（Sarah Franklin）认为，将体外受精描述为"充满希望的技术"（technology of hope）具有一种准宗教的内涵。对生儿育女的渴望曾经只能依靠上帝的恩典才能实现，只有上帝才能决定婴儿能否呱呱坠地。如果没有上帝给予希望和恩典，你面临的将只有痛苦：在有关辅助生殖技术的媒体报道中，那些"绝望"的夫妇是必不可少的内容。这种绝望，以及对神圣意志的依赖，在《圣经》中可以看到：

> 拉结见自己不给雅各生子，就嫉妒她姐姐，对雅各说："你给我孩子，不然我就死了。"雅各向拉结生气，说："叫你不生育的是神，我岂能代替他作主呢？"[2], 18

不孕曾被认为是神意不悦的标志，并且仍会带来道德上的耻辱感——在世俗文化中，这种耻辱感往往会转化为一种观念，这种观念认为怀不上孩子的女人太焦躁，不想怀孩子的女人太自私。正如生物学家克拉拉·平托-科雷亚（Clara Pinto-Correia）所说，"地球上

---

[1] 在歌德的《浮士德》中，为了追求知识和权力，浮士德与魔鬼做交易，出卖了自己的灵魂。——译者注

[2] 本段译文引自简体中文版和合本《圣经》。——译者注

仍然没有一个社会群体、没有一种文化不对不孕不育充满厌恶"[19]。

不过，在笃信基督教的西方国家，性交和生育一直是一个复杂的话题。对基督奇迹般的诞生至关重要和不可思议的是，其中没有罪孽：耶稣的降生不是性行为的结果。[1] 同样，与体外受精相关的怀疑情绪、色情问题以及宗教谴责都基于一个事实：通过体外受精，无须性行为就能生育孩子。这就产生了一种自相矛盾的反应：体外受精究竟是无比纯洁的，还是非自然的？这种不确定性阐释了中世纪神学对何蒙库鲁兹（homunculus）的不安：他们不是亚当的后代，因此可能是没有原罪的。在路易丝·布朗诞生前，未经性行为而诞生的最著名的例子是弗兰肯斯坦的怪物，怪物对弗兰肯斯坦说："记住，我是你创造出来的。我本应该是你创造的亚当，但我更像堕落的天使。"[20]

对生育的深层焦虑总是导致我们把性"束之高阁"并加以限制，但同时又会引诱我们去试探和逾越这些界限。我怀疑，这是一种大脑能力远超进化所需的生物面对自然选择时注定会遇到的问题。相对于其他动物，性对人类而言永远会是一个更大的问题。但体外受精技术又带来了新的问题，使人们的观念和良知面临新的考验。这一技术引发了许多令人不安的想法，其中之一是性行为现在对于生育来说是可有可无的。这会不会不好？难道性行为不好是因为它（除了婚内性行为外）本来就是不好的？甚至婚内性行为也是不好的？一切都让人困惑不解。

体外受精技术的发明是一个关键节点，它改变了我们对人类细

---

[1]　然而耶稣并不是无原罪之胎（Immaculate Conception）——圣母马利亚才是，她是由其父母的性行为造就的，但这次孕育被预先免除了原罪。

胞性质和用途的看法。体外受精产生的受精卵通常只有一部分会被移植入子宫，这就有了"多余的胚胎"。在征得同意和许可后，这些胚胎可以被用于科学研究。因此，体外受精技术使人类可以研究自己的胚胎。通过从这些人类胚胎中获取胚胎干细胞，科学家们开辟出了生物医学研究的新疆域。与此同时，体外受精技术还使人类可以在胚胎发育的最初阶段对胚胎进行干预。这使我们有可能战胜病魔，但也引发了人们对生物医学技术可能被用于改变人类本性的担忧。

一方面，迄今为止，已经诞生了 600 万 ~ 800 万名试管婴儿，[1] 这使体外受精技术看起来变得稀松平常，人们对这种技术一度持有的耻辱感和违背自然法则的感觉也消失了。天主教会仍然禁止体外受精技术，但许多天主教徒对此不以为意（教会也肯定知道这一点）。在一些国家，试管婴儿现在占每年出生婴儿的 6% 左右。

另一方面，虽然在人的诞生这个问题上，我们已经完成了体外受精技术引起的观念上的转变，但我认为在文化上，我们还没有接受这些转变。在体外受精成为惯常的生育手段之前，我们一直都在努力把这种技术妖魔化。与此类似，我们今天仍在试图建立一些规范，但对于人类是如何形成的（以及应该如何形成）这个问题，这些规范并没有消除我们持有的偏见和成见。这些论断无非是在不停地寻找新的对象罢了。每当一种将生育概念推向新的边界的技术出现时，这些技术就会成为被评判的对象。今天，作为评判的对象，"试管婴儿"被许多衍生的概念取代了，比如"设计婴儿"（designer baby）[2]、"三亲

---

[1] 全球的数字很难确定。如果我们把试管婴儿的后代也包括在内（假如没有体外受精技术，试管婴儿都不会存在，他们的后代就更无从谈起了），这个数字还会更大。路易丝·布朗的妹妹娜塔莉也是借助体外受精技术诞生的，她在 1999 年成为第一个成功生育后代的试管婴儿。

[2] "设计婴儿"指的是在出生前对其胚胎的基因进行选择或修改，使其具有特殊特征的婴儿。——译者注

婴儿"(three-parent baby) [1] 和 "救命手足"(saviour sibling) [2] 等等。

　　很多人常常会错误地认为，只要某个问题表述起来很简单，那么新技术就很容易解决这个问题。我们不能简单地断言汽车的发明是源自人们想跑得更快的渴望，或者计算机的发明是源自人们想要快速进行复杂运算的渴望，毕竟事后看来，这种想法是不充分的。技术不仅有自己的生命，可能向意想不到的方向发展，而且它们——尤其是其中最具变革性的技术——所代表的不仅仅是它们本身，这些方面都有可能远远超出技术发明者的想象。技术创造了新的可能性，但这些可能性在伦理、道德、社会或政治上从来都不是不偏不倚的，而是被希望、梦想、恐惧、文化抉择以及文化评判塑造和选择的。科技也融入了语言中（比如"换挡""踩油门""我在线""私信我"等短语），它们提供了诱人的新隐喻（基因组和大脑并不像计算机，但在大众话语中将其比作计算机是可以理解的），同时以充满象征但通俗易懂的形式进行自我展示。

　　上述内容同样适用于体外受精技术。这一点也不奇怪，毕竟，这种技术涉及生儿育女和不孕不育等在文化上很容易引起共鸣的问题。回过头来看，尽管攻克不孕不育的难题是罗伯特·爱德华兹和帕特里克·斯特普托发明体外受精技术的初衷，但体外受精技术绝不会仅仅成为一种解决不孕不育问题的医学手段。尤其重要的是，一旦体外受精成为一个有利可图的私营行业，除了减少婚内不孕不育这个高

---

[1]　"三亲婴儿"指的是含有一名男性和两名女性遗传物质的婴儿。产生三亲婴儿胚胎的操作流程大致如下：把妻子的卵细胞核与健康的女性捐赠者的去核卵细胞融合成新的卵细胞，然后让这个卵细胞与丈夫的精子进行体外受精。通过这种方法，患线粒体遗传病的妻子就能生下不携带致病基因的孩子，因为线粒体遗传病的致病基因位于细胞质中的线粒体的 DNA 上。——译者注

[2]　"救命手足"指的是生下来就是为了给患有严重疾病的同胞哥哥或姐姐提供器官或细胞移植的婴儿。——译者注

尚的目标外，还会出现其他影响这种技术发展的力量。

在开发新技术时，我们是否应该把这种变革的潜力纳入考虑呢？但这似乎又难于下手。即使是最聪明的发明家和发现者，也难以预见他们的创新将引领何种精神和文化潮流。在手机出现前，没有人知道我们有多么渴望能在公共空间中拥有一个私人的精神茧房，我们也无法想象自己能多么彻底地置身其中。我们断然想不到，我们竟如此渴望逃离周围的环境，进入一个可以主宰我们自己的生活的地方。

但我们可以以史为鉴。技术远不只是解决问题的办法，如果有更多的人认识到这一点，那肯定不是坏事。在认识到这一点的人中，有这么一小群人，他们在"科技研究"的学术旗帜的指引下，把审视这些问题视为己任。

在体外受精这个问题上，我们本应保持充分的警醒：对不孕不育的"治疗"将会激起强烈的社会反响。这是因为有史以来，我们一直都在幻想"创造生命"（特别是创造人）的可能。在我们的愿景中，从堕胎到基因工程，从女权主义到超人类主义（transhumanism）[1]，这些有争议的问题都能通过精子和卵子的体外结合来解决。通过这样或那样的方式，有关我们自己"本质"（essence）的观念会对上述这一切产生影响。

哲学家罗姆·哈瑞（Rom Harré）抓住了问题的关键，他提出，"我们的社会身份，即我们认为自己和他人是什么样的人，与我们认为自己拥有什么样的身体紧密相连"[21]。在哈瑞看来，体外受精改变了我们对我们身体的认识，因此也就改变了我们的身份观念。

"体外受精现在已经是惯常生活的一部分，"莎拉·富兰克林写道，"然而，穿过体外受精这面镜子来到镜后的世界时，生殖生物学

---

[1]　超人类主义是一种意图通过科学技术使人类改进自身条件、超越自身限制的思潮。——译者注

以及人类的繁衍看起来都与从前不太一样。"[22] 富兰克林认为：

> 体外受精证实了一种新的技术基态或者说规范的可行性，这种技术事关人类的繁衍生息……体外受精技术出现后，生命的意义……被不断修改、重写和定义，始终摇摆不定。[23]

富兰克林认为，体外受精和受孕的"人工性"让人不安，这实际上促进了社会整齐划一地描述和实践体外受精。她坚称，体外受精"是为了精确复制为人父母过程中的每一个步骤"[24]。尽管这种论断对那些真正经历过这一过程的人来说似乎有些难以接受，但试管婴儿诊所的典型形象绝对具有一种渲染异性之爱的童话般的风格。这绝不仅仅是社会和市场对一种"中立"科学的扭曲。这一点从帕特里克·斯特普托所持的态度就能看出来：他反对帮助单身女性和女同性恋完成体外受精，因为他认为这违背了自然规律和道德规范。斯特普托的反对显然反映了其所属时代的道德观念（科学家们从来不能免俗），这提醒我们，新技术的缔造者并不是在社会政治的真空中做研究的。

正如富兰克林所指出的那样，试管婴儿诊所热衷于向客户保证，这项技术只是给了大自然"一个帮手"。按照这些诊所的说法，完成体外受精确实需要一些实验室操作，但受精产生的胚胎很快就会回到妈妈的子宫里，后续的一切和正常妊娠无异。然而，这种表述显然掩盖了其中更激进的含义。在关于辅助受孕技术的媒体报道中，几乎都会有显微镜下的卵细胞或者早期胚胎的照片。这些照片很有可能展示的是一种从最基本的体外受精技术衍生而来，被称为"卵胞浆内单精子注射"（intracytoplasmic sperm injection）的技术。这种技术利用一根显微注射针将精子直接注射到卵子中，以解决精子活力不足这一导致不孕不育的常见问题。这个过程中蕴含着复杂而隐秘的信息。卵胞浆内单精子注射技术所具有的耀眼光环以及使用的技术设备——包括注射针和吸附卵细胞的固定针等——使我们毫不怀疑这是一项技术程序。但注射针刺穿"吹弹可破"的卵子的过程在细胞尺度上重演了性交过程，仿佛在我们耳边低语，向我们保证这只是一次平平无奇的性行为，玻璃器皿的存在只是为了给大自然"一个帮手"。其中传递的信息是：诚然，这是一项技术，但它看起来很像真实的性行为，不是吗？这样，一个完全由技术支撑的造人流程就被"自然化"了，成为人类文化认同的繁衍方法。"爱的力量"最终大获全胜。

对传统性别角色的论断是这种叙事的另一个潜台词。广告中的每个人都比普通的消费者颜值更高（可能也更年轻），这一点也不奇怪。我认为，试管婴儿诊所拿一些光彩照人的宝宝来做广告无可厚非，毕竟，这些宝宝是他们的产品。但广告中老套的说辞本身就暴露了实情：这些企业毫无疑问会强调自己相对于竞争对手的"优势"（这个领域用受孕的成功率来衡量），所有辅助生殖领域的公司无一例外。然而这个市场的奇怪之处在于，没有人可以向你保证，一旦付款，你就一定能成功怀孕并生下一个宝宝。

常有人指出，对体外受精的描述并未充分提及那些未能成功受孕的患者，也淡化了体外受精过程的艰巨性。事实上，体外受精的过程仍然难度大、舒适度低，并且有不确定性。随着女性年龄的增长，其成功率会飞速下降。采集用于受精的卵子的过程是一项给患者带来痛苦的侵入性操作，并且无法保证卵子的质量。

不仅在媒体上，而且在许多学术讨论中，就算是正式的描述也很少或根本没有提及男性在其中的作用（无论他是否会参与养育孩子）。这强化了一种观念：这是女性的分内之事，尽管体外受精技术

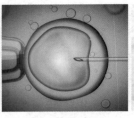

爱、性和宝宝

试管婴儿诊所对辅助生殖过程的视觉描述，看起来令人安心且"正常"

（图片来源：图库 Shutterstock）

最初主要是由男性发明的，[1] 而且往往由男医生和技术人员为女患者实施。人们心照不宣，一种观念也逐渐浮现出来：不仅生育，而且不孕不育也完全是女性的责任。

女性是否应该欢迎辅助生殖技术？唐娜·哈拉维（Donna Haraway）、舒拉米斯·费尔斯通（Shulamith Firestone）等有影响力的女权主义作家都认为应该欢迎。费尔斯通在 1970 年出版了开创性的女权主义著作《性的辩证法》（*The Dialectic of Sex*），她同意 J. B. S. 霍尔丹的观点，认为这些技术可以成为一种解放女性的力量，但前提是需要彻底重新定义性、性别、父母和家庭。辅助生殖技术有望消除刻板印象，女权主义作家何塞·范戴克（José van Dyck）曾对这一点进行过准确的分析。在谈及辅助生殖技术遭到反对的原因之一时，她说：

> 这些技术不是在挑战自然，而是在对抗文化。我们对社会抱有先入之见，认为社会似乎"自然"是按性别、种族、阶级、年龄以及生理或心理状态的坐标轴划分的。辅助生殖技术对这种先入之见发起了深刻的挑战。这些技术还挑战了传统的社会

---

[1] 琼·珀迪的作用很少受到关注，尤其是在早期与爱德华兹和斯特普托的合作中的作用，虽然她是研究团队的核心成员。

结构，如核心家庭、人种以及族群。[25]

关于辅助生殖技术，正如富兰克林所说的那样，"通过工具、机械、仪器和生物学技术，以及它们的组合，可以实现一个革命性的目标"[26]。当然，这正是社会和宗教保守派对辅助生殖技术忧心忡忡的原因。

尽管现在有人提出可以通过冷藏卵子或胚胎来推迟生育，使青年女性能够先取得事业的成功，但有人也许会质疑，女性是否应该接受这种现状，被逼做出如此艰难的选择。一些女权组织对辅助生殖技术持怀疑、失望甚至敌视的态度。这些技术被描绘成男人的阴谋诡计，由一些"技术宅"策划，目的是压迫女性，甚至将女性排除在生殖行为之外。[1]20 世纪 80 年代，德国武装女权组织"红发左拉"（Rote Zora）炸毁了一些试管婴儿诊所。虽然我不认同这种极端主义，但我认为女权主义者的一些担忧是合理的：辅助生殖技术可以挑战刻板印象，但也可能强化刻板印象。

辅助生殖技术以及由此衍生出的其他科学技术——干细胞、基因组编辑和高级组织培养——挑战了根深蒂固的成见，不仅包括对生殖、性和性别的成见，还包括对身份、自我、生命和死亡的成见。我们感到不安是合理的，但这并不意味着我们需要害怕这些技术。我们首先可以把这些对成见的挑战公之于众，坦诚地对其进行讨论。展望这些技术的未来，其价值不在于预测并提前阻止其发展，而是审视它们当下对我们的思想、价值观和道德观的影响。用富兰克林的话来说，对人类学家而言（我认为对整个社会而言也是如此），体外受精是一件"值得思考"的事情。[27]

---

[1]　对于构想中的辅助生殖技术，20 世纪 20 年代的保守派批评者似乎更担心这些技术会让男性变得可有可无。在新的造人方式面前，男女都会感到不安。

在路易丝·布朗 40 岁生日之际，媒体把讨论集中在了在她之后诞生的那 600 多万试管婴儿上。但正如富兰克林所说的那样：

> 在过去 35 年间，体外受精技术在全球范围内的应用规模以惊人的速度增加，但与这种技术未来的重要性相比，这种惊人的增长可能也会显得苍白无力。体外受精技术的重要性不仅体现在这一技术将会扩展至遗传病预防领域，也体现在"生物学的"这一形容词的含义迎来了分水岭，因为生物学越来越成为技术的同义词。[28]

说是同义词也许有点过了，富兰克林的意思是，生物学不再与技术泾渭分明。我在前文中介绍过，体外受精的胚胎第一次使研究者可以获取批量的人胚胎干细胞，这反过来又使我们发现了人类细胞出乎意料的可塑性。

这些对人类胚胎及其细胞的研究不仅可能有助于改善体外受精技术本身，还可能帮我们获得对"自然"受孕及发育过程的新认识，例如，阐明早期流产和生长缺陷的原因。"对人类胚胎的研究改变了我们对细胞遗传学的基本认识，"纽卡斯尔大学的生殖医学教授艾莉森·默多克（Alison Murdoch）说，"这些研究不仅有助于理解人类的生育能力为何如此之差，而且把人类胚胎学的应用范围扩展到了治疗不孕不育症之外，使之能够被用于预防其他疾病。"[29]

然而，众所周知，对人类胚胎的研究是有争议的。对一些人来说，用有潜力发育成人（虽然许多胚胎并不能）的"多余胚胎"做实验在道德上是难于接受的。而另一些人则承认，如果体外受精的成功率高，那么有胚胎剩余是不可避免的。这些人认为最好让这些多余的胚胎物尽其用，助力科学和医学研究，而不是丢弃它们。

你在这些争议中持何种立场很大程度上取决于你认为人类胚胎应该具有什么样的伦理地位。这无疑是一个影响范围很广的问题，对堕胎的监管而言尤其如此。胚胎是否应该享有与人同等的权利，受到同等的保护？它们会不会只是一团细胞，更像组织而不是人（至少在中枢神经系统开始发育之前是如此）？从科学的角度来说，人从受精卵到新生儿的发育过程是连续的，没有一个划分人与非人的明确分界点。甚至受精本身也不是一个定义明确的事件——精子入卵几个小时后，精子与卵子的染色体才能组合成受精卵的基因组。即便如此，受精卵仍然可能分裂成同卵双胞胎。科学可以为伦理争论提供信息，但无法提供明确的解决方案。

体外受精技术诞生后，英国政府认识到，有必要通过监管来引导和规范这些模糊不清的界限。1982 年，英国政府组建了一个由道德哲学家玛丽·沃诺克（Mary Warnock）担任主席的委员会，负责起草相关建议。这个委员会对胚胎的伦理地位含糊其词，将其称为"潜在的人"。基于这种"潜在性"，与成功降生的人相比，胚胎是与之同等的道德客体（moral object）还是低人一等？为什么？对于这些问题，委员会都没有给出解释。委员会的报告认为，人类胚胎应该受到"特殊的尊重"，而不应仅仅被当作实验材料。但"特殊的尊重"是什么意思？是指做实验的时候实验者应该适当地敛容屏息吗？委员会的报告没有解决这些问题，甚至都没有试图解决这些问题。报告中说，任何答案都将是"事实和道德判断的复杂混合体"[30]，因此应该把答案先放在一边，为"如何正确对待胚胎？"这一问题寻求一个更实际的解决方案。

避免做出明确的论断听起来是一种失败，但这是一种巧妙的策略，并且委员会也别无选择。报告建议，只能研究 14 日龄以内的人类胚胎。其理由是，受精 14 天后，人类胚胎会发育出一种被称为"原条"的结构，也就是说胚胎中将首次出现脊髓的雏形（见第 78 页）。在原条出现后，胚胎就不能再分裂成同卵双胞胎。所以粗略地看，14 天可以被认为是独特人格（unique personhood）形成的时间节点。

但事实并非如此。首先，原条在人类胚胎中出现的时间并不总是在受精后的第 14 天。第二，原条的形成只是从胚胎到婴儿的发育过程中一系列里程碑中的一个。此外，原条的出现也并不意味着胚胎自此之后就能感受到疼痛等感觉。为什么一个"潜在的人"在受精第 14 天之前可以被用作实验材料，但在第 14 天后就不行？这个问题仍未解决。

1990 年，这一"14 天原则"被写入了英国的法律。这在法律层面上确立了一个明确而实用的界限，有利于执行对胚胎研究的监管。沃诺克也明白，这一规则定得比较随意。不过问题的关键是，这一规则为相关的研究设置了一个框架，让研究者知道他们不能过界。除此之外，当时（事实上，直到不久前仍然如此）也不存在违反 14 天原则的风险，因为没有人能在体外培养人类胚胎超过 5 ~ 6 天。

但随着胚胎学的发展，胚胎在体外可以存活的时间已经逼近 14 天。这让很多人开始提出一个问题：14 天是否仍然是一个恰当的分界点？2016 年，剑桥大学的发育生物学家马格达莱娜·泽尼卡-戈茨（Magdalena Zernicka-Goetz）和她的同事报道称，他们找到了一种方法，可以让人类胚胎在体外一直发育到第 13 天。在这个时间节点上，这些研究人员不得不终止实验以避免违法，否则，谁知道胚胎会存活多久呢？

这里的诀窍是找到一种模拟胚胎着床的方法。人类胚胎在受精后 7 天左右会在母体子宫上着床。回想一下本书前面介绍的内容，这个阶段的胚胎处于囊胚期。囊胚是一个含有内细胞团的中空球体，内细胞团由干细胞聚集而成，未来会形成胎儿。囊胚的外层是滋养外胚层，将形成胎盘。内细胞团则由上胚层细胞（这些细胞将发育为胎儿组织）组成，其上覆盖着一层将会形成卵黄囊的"原始内胚层"。大约在受精后的第 9 天，上胚层内部形成了一个被称为"羊膜腔"（amniotic cavity）的空腔。受精后第 14 天左右，在原肠胚形成的过程中，也就是原条形成的时候，身体的轮廓开始出现了。

　　为了让胚胎在着床后存活下来，泽尼卡-戈茨的团队除了为胚胎提供合适的培养环境外，不需要其他花哨的东西。他们发现，在对生长有促进作用的培养液中（研究人员使用的是奶牛的羊水），只要让胚胎黏附在塑料玻片表面，就足以使其不断生长。使用这种方法培养出的胚胎与在子宫着床的胚胎并不完全一样，比如，前者更加扁平。但这种培养出的胚胎形成了一个卵黄囊状的空腔，周围有滋养外胚层细胞，还有一个看起来像上胚层的结构，其内有羊膜腔。因此，正常胚胎有的结构这种培养出来的胚胎都有。

　　这些附着在塑料玻片上的胚胎为研究着床后的早期发育过程提供了一个实验模型。但许多重要的发育事件也发生在原肠胚期（受精后第 14~28 天）之后。由于无法研究处于这一关键期的人类胚胎的生长，因此原肠胚期的胚胎对我们而言仍然是一个黑匣子，其中可能有对理解人类健康、疾病和畸形有价值的信息。目前我们对胚胎这一阶段的了解多来自对小鼠的研究，但小鼠和人存在重大的区别。

　　因此，泽尼卡-戈茨及其合作者的研究结果让许多人对研究受精 14 天后的胚胎兴致勃勃。但要开展这些研究，必须要先修改现有的法律。[1] 沃诺克建议不要急于修改 14 天原则，但另一些人认为，鉴

---

[1]　加拿大、澳大利亚、瑞典等其他几个国家在法律上也通过了 14 天原则。美国、中国等另一些国家则将 14 天原则作为指导方针。国际干细胞研究学会（International Society for Stem Cell Research）也建议研究者遵守这一原则。

于科学上可能带来的益处，值得考虑是否修改这一原则。此外，我们在后文中会看到，沃诺克委员会务实的 14 天原则可能无法适用于一些最新的造人手段。在这些新手段的帮助下，原本的胚胎发育路径，以及这一路径上事关生物伦理的重要节点，可能会被完全绕过。至于如何是好，目前尚无共识。细胞何时变成人的问题不会凭空消失，相反，随着生物科学的进步，这一问题变得越来越紧迫。

女性不孕的常见原因之一是卵子的质量会随着年龄的增长下降。今天，一位希望较晚怀孕的女性可以选择在年轻的时候采集自己的卵子并冷冻，以备日后使用。目前还没有迹象表明这种方式会给生下的孩子带来健康风险，但事实上，要知道这些孩子在成年后是否会出现健康问题还为时过早。

但如果你没有提前冻卵，并且现在已经快 40 岁了，因此很难自然受孕，你该怎么办呢？如果你体内根本没有卵子（比如说因为卵巢癌手术切除掉了卵巢），又该怎么办呢？你可以使用捐赠者的卵子，但这些卵子现在供不应求，毕竟，采集卵子是一个很痛苦的过程，因此没有太多女性愿意捐卵。此外，不管情况如何，你可能都想要一个和自己有血缘关系的孩子。

也许还有一线希望——现在不行，但十多二十年后说不定有戏。我们或许可以制造"人工"卵子，方法是使用来源于一小片皮肤的诱导多能干细胞，就像用我的诱导多能干细胞制造迷你大脑那样。在胚胎中，一些多能干细胞将形成生殖细胞，最终变为配子，也就是卵子和精子。如前文所述，配子的形成过程有些特殊，不同于体细胞的形成过程，因为配子只有一套染色体，并且是通过一种被称为"减数分裂"的特殊的细胞分裂方式产生的。尽管如此，没有明显的迹象表明诱导多能干细胞不能形成配子。

事实上，"人造"的卵子和精子都可以通过这种方式在培养皿中被制造出来，对两者的需求也很迫切。至少有一半的不孕不育问题是由男性精子质量差导致的，而且这种情况正变得越来越严重：男性的精子数量在 1973 年至 2011 年间下降了惊人的 50%~60%。这并不意味着出生率会相应下降——即使丈夫的精子质量较差，在经过更长时间的努力后，妻子仍然可能怀孕，此外，还可以选择使用捐赠的精子。但精子质量差并不仅仅与受孕难度高相关。精子数量低通常还提示男性存在其他刚出现不久或者既存的健康问题，包括睾丸癌、心脏病和肥胖等。令人担忧的是，没有人知道精子数量下降的原因，不过这可能是一些环境因素共同造成的，包括吸烟、不健康的饮食、摄入干扰男性生殖系统发育的污染物和化学品等。总之，精子数量下降可能也是其他健康问题的信号。

人造精子并不能解决精子数量低下背后的上述问题，但可以治疗精子数量或者质量低导致的不育。体外受精技术已经可以为少精男性提供帮助，因为我们可以采集并浓缩他们的精子，并让这些精子与卵子结合。这一技术甚至可以被用于不能"游动"的精子（这是精子质量低下的常见原因），方法是使用卵胞浆内单精子注射技术直接将精子注射到卵子中。但有些男性根本不能产生精子。在这种情况下，假以时日，我们也许可以通过重编程干细胞来制造人造精子，让这些男性和他们的妻子生一个有血缘关系的孩子。

"每当想到这种应用前景时，我都会感到惊叹，"人工卵子和精子制造领域的领衔研究者之一，剑桥大学的发育生物学家阿奇姆·苏拉尼（Azim Surani）说，"你体内的每一个细胞都能形成配子，这大大地改变了我们看待细胞的方式。"[31]

对一些人来说，用手臂的一部分"制造"孩子听起来可能有些不可思议、令人反感，甚至是在亵渎神明。当然，《圣经》中也有类似的表述，这赋予了上述想法一种上帝般的力量：

> 耶和华神使他沉睡，他就睡了；于是取下他的一根肋骨，又在原处把肉合起来。
>
> 耶和华神就用那人身上所取的肋骨造了一个女人，带她到那人跟前。[1], 32

但是用干细胞制造配子并不像制造神经元那么容易，前者需要对胚胎干细胞发育成配子的自然过程进行一种重演。在受精几周后，一部分胚胎干细胞的命运会被确定，将发育成生殖细胞。这些细胞首先会形成所谓的原始生殖细胞并在胚胎中迁移，到达将发育成性腺（也就是睾丸或者卵巢）的区域。[2] 直到这时，性腺才开始表现出男性或女性的特征。如果胚胎的性别是男的，那么一部分原始生殖细胞会表达 Y 染色体上的 SRY 基因（见第 80 页），从而产生一种转录因子，使未分化的性腺发育成睾丸，否则性腺会默认发育为卵巢。

一旦进入性腺，原始生殖细胞就会从周围的组织接收信号，这些信号会促使它们成熟为配子。在进入青春期后，男性体内的原始生殖细胞会通过减数分裂不断形成精子。在女性体内，被称为"卵母细胞"（oocyte）的二倍体细胞（具有两套染色体的细胞）会产生单倍

---

[1] 本段译文引自简体中文版和合本《圣经》。——译者注

[2] 我此处对原始生殖细胞确切的形成时间和位置描述得很模糊，因为科学家对人体中的情况了解得还很少。原始生殖细胞可能是在原肠胚形成之前产生的，也可能是在原肠胚形成之后产生的。此外，猪的原始生殖细胞出现在原条中，但猴的原始生殖细胞并非如此。

体的卵子。卵母细胞在胎儿期就会开始减数分裂，但会停滞在第一次减数分裂的过程中，直至女孩在十多年后进入青春期。在排卵过程中，卵母细胞在卵巢的卵泡内完成第一次减数分裂，然后从卵泡中排出，进入输卵管。在减数分裂过程中，原始生殖细胞染色体获得的表观遗传学修饰会被去除，使基因恢复为原始的多能状态。

因此在体外需要重演的步骤很多：首先需要把干细胞转变为原始生殖细胞，然后让它们发育成熟并通过减数分裂形成配子。但这是可以做到的，至少小鼠的细胞可以。2011 年，日本京都大学的生物学家斋藤通纪、九州大学的生物学家林克彦及其合作者将成年小鼠的皮肤细胞重编程为诱导多能干细胞，并用这些细胞创造出了"人造"精子。通过向诱导多能干细胞中注射一种名为"BMP4"的转录因子[1]，[2]他们将这些细胞转化成了原始生殖细胞。研究者随后把这些人工诱导的原始生殖细胞移植到了活小鼠的睾丸中。在睾丸中，这些细胞可以接收到成为精子所需的信号。研究人员用这些精子使小鼠的卵细胞受精，并将受精卵发育成的胚胎植入雌鼠的子宫中，雌鼠最终产下了活蹦乱跳的小鼠幼崽。2016 年，中国的一个研究团队宣称，他们完全在体外制造出了小鼠的精子并用这些精子使卵子受精。这个团队还说，在把受精卵移植到雌性小鼠体内后，小鼠成功受孕。但其他一些同领域的科学家仍然对此将信将疑，因为目前还没有其他实验室

---

[1]　"BMP4"是"骨形态发生蛋白 4"（bone morphogenetic protein 4）的缩写，之所以这样命名，是因为这种蛋白以及 BMP 家族的其他蛋白最初被发现在骨的形成中发挥作用。但现在我们知道，BMP 家族的蛋白在发育过程中作用广泛，其中一些作用——比如此处——与骨骼生长无关。这表明许多基因的功能很难用简短的文字界定清楚。在机体生长的过程中，同一个基因可能会产生不同的效应，这取决于基因表达的时间和位置。

[2]　作者此处表述有误，研究者在这项研究中并非向诱导多能干细胞中注射 BMP4，而是在培养液中添加了 BMP4。——译者注

重复并验证上述实验。

类似的流程略加修改就可以用于制造雌性的配子。使用同样的方法，斋藤通纪的研究团队曾经将诱导多能干细胞或者胚胎干细胞诱导分化成原始生殖细胞，并把这些细胞移植到小鼠的卵巢中。在卵巢中，这些原始生殖细胞成功形成了卵子。这些研究人员还开发了一种完全在体外制造卵子的方法：他们使用一种"人造卵巢"来为卵子提供所需的信号，使其完全成熟。这种人造卵巢由体外培养的小鼠卵巢细胞制成。

在一项颇具话题性的实验中，斋藤通纪的研究团队在没有成年小鼠参与的情况下，用小鼠的卵子完成了一个完整的世代循环。他们在体外用多能干细胞制备出小鼠的卵子，然后通过体外受精技术，用成年小鼠的精子使卵子受精。研究人员在培养皿中把这些受精卵培养至囊胚期，然后从囊胚中获取新的胚胎干细胞并用这些细胞制备配子，开始新一轮的循环。

虽然这项实验使用的都是先前已经发展起来的技术，但从某种意义上说，它颠覆了性和生殖的本质。这项实验意味着我们可以在几天内（小鼠的妊娠期通常是 20 天左右）连续培养出一代又一代的小鼠，而不需要制造出一只成年个体。事实上，上述过程中没有产生任何"小鼠"。如果精子充足（如果你愿意，精子也可以被人工制造出来），我们可以用干细胞得到卵子，再得到胚胎，又重新得到干细胞，如此无限循环下去。你可能会说，这些细胞正在通过性行为产生一个家族，完全不需要一个完整的生物体。

我们对这一过程的细节仍然知之甚少。当然，生物学对此毫不在乎。

如果希望治疗小鼠的不孕不育，这些进展都非常有用（不过我家可不希望帮助老鼠提高生育能力）。那么制造人类的配子呢？距离这个目标，我们还有一段距离。到目前为止，研究人员已经能将人多能干细胞分化成原始生殖细胞了，但要使它们进一步成熟困难重重，因为这些细胞同样需要性腺细胞提供的正确信号。不过，研究发现，这些信号并不是物种特异的。小鼠的性腺也可以为人类的生殖细胞提供信号，至少能起到一部分作用。2018 年，斋藤通纪及其合作者发表了一项研究成果。在这项研究中，这些科学家在体外将人的原始生殖细胞与小鼠的卵巢细胞一起培养，"哄骗"前者发育到了下一个阶段，形成了卵原细胞（oogonia）。斋藤通纪承认，在此之前，他曾经认为指望小鼠性腺能够诱导人类生殖细胞的发育有些异想天开，但他还是决定知其不可为而为之。小鼠确实不是人，但就二者的细胞而言，在这种情况下，小鼠和人还是足够接近了。研究人员现在还需要让卵原细胞转变为卵母细胞，然后再迎接减数分裂的挑战，使其成为能够受精的卵细胞。

使用类似的方法，人的原始生殖细胞也有可能在体外被转变为精子，具体的做法是把这些细胞与小鼠的睾丸细胞一起培养。科学家目前还不清楚通过这种方式能否产生完全成熟的精子，但精子也许不需要完全成熟：即使是没有"尾巴"的不成熟的精子，如果将其直接注射到卵细胞内，也可能使卵细胞受精。

这些技术目前都还处于初级阶段。与人的胚胎中或者成人体内的原始生殖细胞以及卵原细胞相比，人造的这些细胞究竟有多相似？我们目前尚不清楚。我们也不知道人造生殖细胞的表观遗传学修饰重置得有多彻底。如果这些细胞还"记得"有关它们最初来源的信息（比如源自皮肤细胞），那么它们在受精时就可能无法正常发育。（斋藤通纪团队制造出的类似人卵原细胞的细胞似乎的确移除掉了大部分表观遗传学标记。）然而，一些用人造的原始生殖细胞产生的小鼠卵子看起来有些古怪和畸形，这些卵子的受精成功率也不如"天然"卵子高。不管是何种情况，在仔细审视这类安全问题之前，任何负责任的研究者都不会赞成将这类细胞用于人类的繁衍。

然而，利用人造的小鼠配子，研究人员已经可以制造出非常健康的小鼠。斯坦福大学的生物伦理学家汉克·格里利（Hank Greely）说，他没有看到明显的"搅局发现"，因此在小鼠身上可行的方法应该最终也能应用于人类。哈佛大学的干细胞生物学家维尔纳·诺伊豪瑟（Werner Neuhausser）说："在实验室里用体细胞制造人的配子，这不是一个能不能做到的问题，可能只是一个需要投入多少时间和努力的问题。"[33] 他还补充说，对这种技术的临床需求是不可估量的。

不过，暂时也不要抱太大希望。苏拉尼说："我收到过很多人的电子邮件，邮件中说，'我丈夫有生育能力，他做梦都想要孩子'。嗯，没有什么是不可能的，但如果这些技术要应用于临床的话，那么情况是非常复杂的。"[34] 他还表示，为了确认这种技术在用于人类辅助生殖时的可行性和安全性，首先需要用非人灵长类动物开展实验。这些实验不仅耗资巨大、进展缓慢，而且在一些监管严格的国家，实验几乎是完全无法开展的。

"即使有了各种保障措施，我们仍然需要接受一些剩余风险。"诺伊豪瑟警告说，"最终，如果这项技术进入临床试验，一些患者即使没信心也得有信心。"[35] 苏拉尼认为这项技术不太可能在 10 年内被用于临床，而斋藤通纪的合作者林克彦倾向于告诫那些联系他的人（这些人自愿担任人工配子体外受精的志愿者），人类借助这些方法受孕可能是 50 年后的事情。

有关精子数量下降的报道也对一些反乌托邦小说产生了影响。这些小说致力于探讨由此引发的恐惧，包括 P. D. 詹姆斯（P. D. James）的《人类之子》和玛格丽特·阿特伍德的《使女的故事》。在这些小说中，人类的繁衍能力消失殆尽。虽然没有理由认为这种情况会发生，但现代性的某些方面——无论是饮食和生活方式的改变，还是环境污染——似乎的确可能导致生育问题变得更加普遍。苏格兰爱丁堡大学的生殖健康专家理查德·夏普（Richard Sharpe）表示，如果男性的精子数量持续下降，而科学界仍然缺乏对其原因的深入理解，也没有有效的治疗办法，那么有朝一日，体外制造的精子可能比天然的精子更容易使卵子受精。我们可能希望这种选择永远派不上用场，但有备无患总是好的。正如生物伦理学家罗纳德·格林（Ronald Green）所言："如果全人类到了最危险的时刻，如果我们的生育能力已经无力回天，我们可能不得不制造人类。"[36]

　　然而，除了人工配子"终结不孕不育"和"民主化生育"的诱人前景外，还有如何考虑生育本身的问题。哲学家安娜·斯迈多（Anna Smajdor）曾激进地指出，这样的进步"可能会打破生育的天然障碍"[37]，例如，使绝经后（甚至年龄更大）的女性和青春期前的儿童也能生育。的确，正如我们在前文中看到的那样，连胚胎也能"生育"。格里利承认，尽管自己已经研究这个领域多年，但在面对其他人提出的这种技术的应用前景时，他不止一次无言以对。其中一种应用是"单亲"（uniparent）生殖，也就是一个人（无论是男性还是女性）用自己的体细胞制造出卵子和精子，并用这两种细胞创造一个孩子（一个"单亲婴儿"）。由于这个过程中发生了染色体重组，因此单亲婴儿并不是严格意义上的克隆人。[1] 另一种应用是"多重亲代"（multiplex parenting），也就是三个或更多的人混合他们的基因，以获得一个孩子。格里利表示，事实上，这可能意味着"两个人希望自己的孩子和第三个人生育，但不必费心先生下一个孩子并把他 / 她抚养到青春期"[38]。

如果有一天我们身上的任何一部分（比如你在啤酒瓶和酒杯上留下的细胞）都能被用于制造配子，那么你很容易联想到其他一些令人担忧的情境。不难想象，名人们要开始为亲子问题打官司了。

格里利总结说，这些想法"证明了新的生物技术对人类生殖行为的影响是多么广泛和不合直觉"[39]。面对众多的可能性，即使是专家也会头昏脑涨。

大多数人也许会觉得上述的一些情境非常怪异。但撇开安全问题不谈，伦理问题并不像你想象的那么简单。一个重要的原因是，对于让或者不让一个人存在（exist）的是非问题，还没有哲学家能够解决。（如果禁止一个人存在，又如何尊重其权利呢？）有一点似乎不言自明：试图对是非做出绝对的判断可能只会阻碍严肃的辩论，而且最新的科学进展总会使这种尝试失败。因此，新技术应用的指导原则不应该是"做什么？"，而应该是"为什么做？"，"为什么做？"则应当基于以这种方式出生的孩子的利益。斯迈多并不是认为我们应该立刻全盘接受新出现或者未来有可能出现的选择。相反，我们必须努力解决一些棘手的问题，包括理解生育、生殖和性的真正含义，理解我们如何审视这些事物之间的关系，以及它们在未来会是何种关系。

---

[1] 你可以把这种生殖方式视作乱伦的终极形式——"单亲"生殖会产生所有近亲繁殖可能出现的风险，这些风险也使近亲繁殖在几乎所有人类社会中都成为一种禁忌。

CHAPTER 7

HIDEOUS PROGENY?

The futures of growing humans

第 7 章

造人技术的未来：
可怕的后代？

　　在聊到如何制造一个人时，很多人往往会从 1816 年那个"潮湿而阴冷"的夏天谈起。在日内瓦湖畔的迪奥达蒂别墅（Villa Diodati），十八九岁的玛丽·戈德温（Mary Godwin）辗转反侧，难以入眠。几天前，拜伦勋爵，也就是住在别墅中的那一小拨浪漫主义者的迷人领袖，提议每人写一个鬼故事。那之后的每一天，玛丽的朋友们都殷切地问她："你想出你的故事了吗？"

　　在那个让玛丽产生灵感的傍晚，拜伦和玛丽的情人珀西·比希·雪莱讨论了"生命原理的本质，以及这种本质是否能被发现和传播"。他们觉得，也许"尸体可以被复活"[1]。

　　夜深了，玛丽上床睡觉，却无法入眠。突然间，灵感来了：

　　　　我看见——虽然眼睛闭着，但脑海中的场景很清晰——一个面色苍白的学生跪在他造出的怪物身旁。我看见一个像男人一样的可怕怪物伸展着四肢。在一种强大动力的驱动下，这怪物显示出了生命的迹象，并以一种令人不安、似人非人的方式运动。[2]

　　上述文字来源于玛丽为 1831 年修订版的《弗兰肯斯坦》写的前言（1831 年时她已经是寡居将近十年的雪莱夫人），这段文字和书中关于弗兰肯斯坦如何制造怪物的描述写得一样好。"学生原本已经睡着了，"她继续描述她的夜间所见，"但他被吵醒了，他睁开眼睛，看到那个可怕的怪物站在他的床边，拉开他的幔帐，用那黄澄澄、水汪汪，但疑神疑鬼的眼睛望着他。"[3]

这个故事的寓意不言自明："人类只要试图嘲弄造物者的鬼斧神工，就会导致极其可怕的后果。"[4]《弗兰肯斯坦》展示了当人类想要扮演上帝时会发生何种灾祸。

时至今日，人们仍然这样解读玛丽·雪莱的这部传世经典。虽然现在很少有人会认为"扮演上帝"的行为是在亵渎神明，但这种说法可以作为一个简明扼要的警告，警示企图通过科学来操纵甚至创造生命的狂妄做法。

但事实上，是社会，而不是玛丽·雪莱，把这种寓意强加给了《弗兰肯斯坦》。你可能会好奇，既然作者已经表示这确实是这本书想要传达的信息，那么我何出此言。然而，有充分的理由认为，玛丽·雪莱为 1831 年版《弗兰肯斯坦》写的前言是由社会大众的期待塑造的。1818 年，玛丽·雪莱以匿名的形式首次出版《弗兰肯斯坦》。在这本书的早期版本中，玛丽·雪莱很少提及维克多·弗兰肯斯坦试图通过他可怕的作品来试探或者挑战上帝，也没有一篇早期的书评提出这种观点。事实上，珀西·雪莱在 1817 年写的一篇对《弗兰肯斯坦》的解读似乎更准确（他协助塑造和编辑了这本书 [1]）。这篇文章在珀西·雪莱去世后才得以于 1832 年在《殿堂》(The Athenaeum) 杂志上发表。在文章中，珀西·雪莱写道："这本书的直接寓意包括：……如果恶意对待一个人，这个人就会变坏。"[5] 事实上，《弗兰肯斯坦》的寓意是无法用一句话来概括的。但如果我们必

---

[1] 在这本书首次出版时，人们普遍认为珀西是书的作者。有一些人认为他和玛丽共同创作了这本书，但事实并非如此。珀西只是做了一些锦上添花的编辑工作：他仅仅是对文字的风格稍稍做了修改而已。无论如何，玛丽粗放的文笔和情节最终才是《弗兰肯斯坦》的过人之处，给读者提供了引人遐想的空间。

须选择一个主题的话，那么这个主题应该是：我们必须对自己创造的事物负责，对我们创造的生命负责。

然而到 1831 年时，对《弗兰肯斯坦》浮士德式的解读已经在公众意识中根深蒂固。这不仅仅是因为许多人是通过改编的舞台剧了解到这个故事的（19 世纪 20 年代中期，一些删改、简化和极受欢迎的改编版本开始出现），还因为玛丽·雪莱当时已经需要经营自己的公众形象（她的生计有赖于此）。此外，或许是随着年龄的增长，她也越发保守，因此选择让她的文字去迎合大众的观点。她也有可能是想与丈夫的前医生威廉·劳伦斯划清界限。劳伦斯曾因为其唯物主义的生命观而受到英国皇家外科医师学会（The Royal College of Surgeons）的谴责：劳伦斯认为生命"纯粹是物质"，不需要神秘而有活力的灵魂。在 1818 年版的《弗兰肯斯坦》中，可以看到劳伦斯思想的影子。一年后，劳伦斯出版了《生理学、动物学和人类自然史讲义》（*Lectures on Physiology, Zoology and the Natural History of Man*）。这本书遭到了强烈的谴责，被批评者认为是反宗教和反道德的。在文学评论家玛丽莲·巴特勒（Marilyn Butler）看来，玛丽·雪莱在 1831 年版《弗兰肯斯坦》中所做的改变，包括使维克多·弗兰肯斯坦更加虔诚以及削弱他的科学背景等，都是"止损的行为"[6]。

因此，认为《弗兰肯斯坦》奠定了警告科学不要妄自尊大的文学传统，在很大程度上是 20 世纪的观点。这并不意味着我们"曲解"了《弗兰肯斯坦》，或者至少这不是事情的全貌。这其实表明，我们需要一个警示性的故事来应对我们对生命以及如何创造和改变生命的困惑和焦虑，而《弗兰肯斯坦》能以一种符合这一要求的方式被解读。

科学"手伸得太长"的浮士德式寓意有可能（实际上已经）被用来指责从核能到互联网的任何技术，但《弗兰肯斯坦》是非常"有血有肉"的，这也是此书令一部分最早期的读者如此反感的原因：书中的怪物是违背伦理用血肉创造出来的，肉体狰狞可怖，并且很多部分都不在它们应该在的位置。1818 年，《爱丁堡杂志》发表了一篇评论，恳请作者和"他的"[1] 同行们"最好研究物质世界和精神世界中已经确立的自然秩序，不要继续通过在这两个领域进行危险的创新来让我们感到厌恶"[7]。

雪莱的小说展示了被赋予崭新形态的人体组织，这些组织被组装成一个"体型巨大"的结构。这种令人忐忑的景象因为组织培养技术的诞生而重新出现在我们面前。随之而来的还有与组织培养技术相关的情境，比如生长失去控制的人体组织、保存在罐子里的大脑、靠泵和阀门调节血流以保持存活的器官，以及在大缸里培育的化学婴儿。

在我们拥有培养并转化细胞和组织的全新能力后，这些情境都有可能出现。这些情境有时听起来确实像"弗兰肯斯坦科学"（Frankenstein science）这个短语让人联想到的那些画面。但这些事例支持威廉·劳伦斯关于生命的唯物主义观点，说明有机体确实是一个多种生理结构的协作体，一个"伟大的结构化系统"，不需要虚无缥缈的灵魂或精神。我们还不清楚这种"结构"的极限能被试验和扩展到什么程度，也不太确定在可能达到的范围内，任何关于人性和自我的概念应该居于何处。但我们正在越来越接近答案。我们的这种做法不是在扮演上帝。从神学和逻辑的角度推敲一下就会发现，"扮演上帝"这种说法已经消解成了一种模糊的表达，反映的是一种不安和厌恶情绪。但我们绝不能忘记我们有责任小心谨慎，这是对我们自己、我们所创造的事物，以及对社会的责任，维克多·弗兰肯斯坦可

---

[1] 《弗兰肯斯坦》在 1818 年是以匿名的形式出版的，因此大众并不知道作者的性别。——译者注

悲地忽视了这一点。

　　将组织和器官缝合或连接到一起似乎是一种奇怪、愚蠢和不可思议的造人方法。威廉·劳伦斯的观点是，动物的生命和躯体是密不可分的。但到了 20 世纪初，认为身体的部件各自有其生命力的观点似乎不再显得那么荒谬。细胞学说在这种观念变革中发挥了中心的作用：到 19 世纪末 20 世纪初时，许多生理学家和解剖学家都将细胞视为一个独立存活的自主实体。组织培养技术证实了这一观点，同时也表明，作为一个抽象的实体，血肉可以在脱离整个身体的影响后继续存活。

　　卡雷尔·恰佩克的剧作《罗素姆万能机器人》展示了这些科学观念的影响何其深远。这部作品不仅是一则有关现代工业经济导致人性沦丧的寓言，还融入了大量不断演化的关于生命本质的思想。既然当时的人都已经知道上帝并不存在，那么恰佩克就可以斗胆以一种富有讽刺色彩的方式提及上帝了。我不太清楚"扮演上帝"这个短语最早出现在什么时候，但很可能是在《罗素姆万能机器人》这部作品中。以下是剧中公司的总经理哈里·多明与富有理想主义的女主角在讨论公司创始人早期工作时的一段对话，当时女主角正在参观工厂，以表达机器人应该被赋予道德权利的诉求：[1]

　　　　海伦娜：他们确实说人是上帝创造的。
　　　　多明：那对他们来说就更糟了。上帝对现代科技根本就一无所

---

[1]　是的，这部剧作在很多方面都不乏先见之明，机器人伦理学现在是一个非常活跃的领域。

知。你相不相信，小罗素姆[1]年轻时的工作就像是在玩弄上帝？[8]

　　如果看到身体的各部分被逐渐替换或更新，我们或许更容易想象一个人被逐步组装出来的过程（R.U.R. 公司的机器人就是这样被制造出来的）。这似乎正是亚历克西斯·卡雷尔对他的灌注器官所寄予的期望。通过不断更新，这些器官将赋予机体一种长生不老的能力：每当一个器官"油尽灯枯"时，用一个新的器官替换掉它就行了。因此，为了维持某一个体的延续性，只需要保留"原装"的大脑和神经系统即可。当卡雷尔和林德伯格在 1935 年撰文提及"全器官培养"时，一家报纸的头条坚称这些研究者使人类"向长生不老又迈进了一步"。

　　通过不断更新身体器官，一个人可能会像传说中的忒修斯之船一样，一点一点地被替换更新，直至原本的组成部分都不复存在。那这还是同一个人吗？埃德加·爱伦·坡的小说《被用光的人》（"The Man Who Was Used Up"）中就有这样的情节，不过换上去的身体部件是机械的，而不是肉质的。这些身体部件被安装到了一位老将军的身上，用于替换战斗中受伤的部位。但随着老将军变得越发机械化，他的思想和言语也是如此。这个情节主要是为了营造喜剧效果，但也暴露出人们长期以来的一种猜测，这种猜测后来被证明是有一些科学道理的：身体不仅会受大脑的影响，也会影响大脑的运作。

　　当然，大脑也会"磨损"。事实上，大脑可能是限制寿命长度的器官。在 20 世纪，随着平均寿命的延长，我们越来越容易患上使人机能衰退并且最终致命的神经退行性疾病，例如阿尔茨海默病和帕金森病。那么大脑能被替换吗？

---

[1] 《罗素姆万能机器人》中有老罗素姆和他的侄子小罗素姆两个角色。——译者注

有传言说卡雷尔和林德伯格曾计划这么做。1937 年，两人在法国布列塔尼海岸外卡雷尔私人所有的圣吉尔达斯岛会面。因为无法登岛而无比沮丧的记者们有了最异想天开的想法。《星期日快报》宣称，卡雷尔和林德伯格正在"用能使大脑保持存活的机器开展孤岛实验"⁹。

此时距离詹姆斯·惠尔（James Whale）执导的好莱坞电影《科学怪人》[1] 上映已经有 6 年，因此这样的想象变得稀松平常也就不足为奇。在电影中，亨利·弗兰肯斯坦[2] 把一个装在瓶中的大脑植入由波利斯·卡洛夫（Boris Karloff）饰演的他创造的怪物中。时至今日，媒体也同样容易见风就是雨。2017 年，很多媒体都报道了一则吸引眼球的头条新闻。根据这些报道，备受争议的意大利神经外科医生塞尔吉奥·卡纳维罗（Sergio Canavero）成功完成了人类的"头部移植"手术。但其实从未有人实现过任何意义上的"头部移植"，而且这种手术是否真的可行都还远远不够明朗。卡纳维罗此前曾声称为一只猴子进行了头部移植，但这只猴子在术后没有恢复意识。不仅如此，卡纳维罗也没有把头部和脊髓重新连接起来（没人知道该怎么连），因此这只猴子无论如何都会瘫痪。卡纳维罗声称的人类头部移植手术是在尸体上进行的，并且只是连接血管和神经的外科操作而已，没有任何迹象（怎么会有呢？）表明大脑在手术后恢复了功能。

不仅如此，即使是在原则上，把这个手术称为"头部移植"也是不正确的。想象一下（尽管这极不可能发生），假设通过灌流就可

---

[1]　虽然电影的英文名和玛丽·雪莱的小说书名相同，但中文电影界普遍使用的电影名是《科学怪人》，后续衍生出的一系列电影也是如此（如《新科学怪人》）。——译者注

[2]　与玛丽·雪莱的小说不同，电影主角的姓名为亨利·弗兰肯斯坦，而非维克多·弗兰肯斯坦。——译者注

以使与身体分离的头部保持"存活"并保留记忆，而且这些记忆真的可以在头部被连接到一个新的身体时被唤醒。那么或许有理由断言，是大脑而不是身体在定义用这种方式组装出的个体。如此一来，把这种手术称为"身体移植"（body transplant）会更恰当。

但即使人脑的思想和记忆能够在肉体死亡后得以保存（我将很快回到这个问题上来），我们也可以斩钉截铁地说，与心脏、肾脏或胰腺不同，目前没有证据表明整个人脑在任何意义上是可替换的器官。

从《弗兰肯斯坦》到恰佩克和卡雷尔，用身体部件组装出一个成人身体的想象仍然停留在笛卡儿的机械观上：身体被视作一种机械装置。当然，身体的部件是柔软和肉质的。但在这些想象中，身体部件看起来更像是启蒙运动时期精巧的自动机械装置中的齿轮和杠杆，只不过覆盖着一层皮肤罢了，就像《终结者》系列电影中的智能机器人和亚历克斯·加兰 2014 年的电影《机械姬》中的艾娃一样。在卡雷尔的时代，对细胞及组织的研究与对人宏观解剖结构的理解之间仍然存在科学和概念上的巨大鸿沟。那时，对细胞和组织的研究已经开始揭示这两者神秘的独立自组装能力，但我们不知道细胞和组织是如何形成器官和身体的。

现在的情况就不一样了，对类器官的研究清楚地说明了这一点。随着研究者对细胞自组织过程的理解越来越深入，构想并开展实验，把一个个组装过程缩小到微观尺度变得可行。也就是说，可以用人为方式制备一团细胞（你可以将其看作一种合成的"手工"胚胎），用这团细胞来制造一个人。

仅仅用一个细胞是否也能实现这一点？在体外受精技术出现并开始改变人们对受孕和胚胎形成的看法时，就有人认识到了这种可能性。1969 年，阿尔伯特·罗森菲尔德在《生活》杂志中写道，"很可能完全不使用精子或者卵子就能制造出一个人"[10]：

> 比如说，可以通过组织培养来制造人吗？在一个发育成熟的生物体中，每个正常细胞中都有原先受精卵中含有的所有遗传信息。因此从理论上看，完全有可能设计出一种方法来获取细胞内的所有遗传信息。当我们能做到这一点时，不就可以用人体任意部位的任意细胞制造出一个人了吗？

罗森菲尔德在此处所描述的，或多或少与将体细胞转化为诱导多能干细胞的过程相同，也就是让细胞的全部遗传潜能再次变得"可获取"。

事实上，这正是诱导多能干细胞现在所能做到的。2009 年，美国加州拉荷亚市斯克里普斯研究所（Scripps Research Institute）的克里斯汀·鲍德温（Kristin Baldwin）和同事用小鼠的皮肤细胞（成纤维细胞）制造出了发育完全的小鼠。根据山中伸弥发现的 4 种转录因子的组合，他们制备出了这些转录因子的标准混合物，并用这种混合物来重编程细胞，然后将得到的诱导多能干细胞注射到小鼠囊胚期的胚胎中。这些囊胚期的胚胎是用特殊的方法制备的：让一个正常的 2 细胞期胚胎中的两个细胞融合到一起。这使胚胎中的每个细胞都是四倍体，而不是正常情况下的二倍体。由于这些细胞的染色体数目过剩，因此这种胚胎通常无法发育到囊胚期以后。但注射到这种胚胎中的诱导多能干细胞没有这样的缺陷：这些细胞都是正常的二倍体细胞。因此，从这种囊胚期胚胎发育而来的小鼠胚胎和胎鼠都源于后来加入的诱导多能干细胞。[1] 这些胎鼠生长到足月后通过剖宫产娩出，其中大约一半存活了下来，并成长为没有明显异常的成年小鼠。

但这些研究人员发现，并不是所有诱导多能干细胞都能做到这一点：似乎并非所有这些细胞都具有真正的多能性，能够发育成一个完整的生物体。有些诱导多能干细胞可以发育成完整的小鼠，有些则不能。研究人员目前还不完全清楚是什么造成了这种差异，也无法区分出这两类细胞。但这项实验表明，至少有一些诱导多能干细胞能够发育成完整的新有机体。虽然这项研究是在小鼠上进行的，但没有明显的迹象显示这些结论不适用于人类细胞。

你明白这意味着什么吗？也许你身体里的每一个细胞都可以长成另一个人。如果培养出我的迷你大脑的那些诱导多能干细胞被植入人的囊胚内，那么它们很可能会整合到胎儿中，甚至可能完全发育成一个胎儿。

目前，考虑到所有与之相伴的未解之谜以及健康风险，这样的实验[2] 是严重违背伦理的，在一些国家甚至是违法的。我不是在推荐这么做，我只是说这是可以想象的。

不过你可能会说，在这个思想实验中，诱导多能干细胞并不是从一无所有开始发育成一个人的。你说得没错。你还需要用囊胚作为诱导多能干细胞的载体，为这些细胞提供在子宫内发育所必需的非胚胎组织：胎盘和卵黄囊。那么我们能把这两者也直接提供给诱导多能干细胞吗？我们能把细胞团块和原始组织组装到一起，制造出一个酷

---

[1]　事实上，斯克里普斯研究所的这些研究人员使用了几种不同的诱导多能干细胞系来制备每一个胚胎，每个细胞系的基因组都不相同，因此产生的小鼠是嵌合体小鼠。

[2]　我指的是以生育为目的的实验。制造出一个含有人诱导多能干细胞的囊胚（这将是一个嵌合体胚胎），并在 14 天的限制内用于科学研究是另一回事。

似人类胚胎的（有些人会说是可怕的）"弗兰肯斯坦的胚胎"吗？

目前没有研究人员认为用这种方法能够制造出人类，也没有研究人员认为这种方法值得一试。构建这样的"人工胚胎"——或者至少构建一个大致类似胚胎的结构——的目的是进行基础研究。如果可行，这将为科学家提供一种研究人类早期发育的手段，而使用真正的胚胎是无法开展（也不允许开展）这些研究的。通过研究人工胚胎，我们可以加深对人类胚胎在子宫中发育异常的理解（比如为什么有这么多胚胎会出现自发流产），并厘清胚胎的正常发育过程。

虽然现在已经有办法能把胚胎培养至接近一些国家法律规定的14 天期限（见第 270 页），但我们对引导胚胎第二周和第三周发育的因素还知之甚少，而且这种反差正在变得越来越明显。"合成胚胎"（synthetic embryo）或者说胚状体（embryoid）为理解这一关键的生长阶段提供了另一种方法，并且这种方法不会违背伦理和法律的约束。作为一种基础研究工具，胚状体的另一个吸引力在于可以根据研究的问题来进行定制。比如，可以培养出一种特别的胚状体，为研究生殖细胞或肠道的形成提供一个真实的模型。你不需要面面俱到地控制这个模型的每一个细节，只需要设置好你感兴趣的细节就可以了。

迄今为止，胚状体通常是用胚胎干细胞而非诱导多能干细胞培养而来的。研究人员在十多年前就已经知道，胚胎干细胞可以不依赖其他细胞而发育成胚胎样结构：在合适的培养液中，胚胎干细胞团块会自发分化，在原肠胚期前形成三个胚层：外胚层（未来将发育成皮肤、大脑和神经）、中胚层（未来将发育成血液、心脏、肾脏、肌肉和多种其他组织）和内胚层（未来将发育成肠道）。但用胚胎干细胞培养出的胚状体的发育通常会停滞于此，只形成一个简单的细胞球。不同类型的细胞以同心球层的形式分布在这个细胞球上，内胚层位于最外层。在正常发育的人类胚胎中，这种三胚层结构会发育出原条，并形成原肠胚，这是一个真正的躯体发育计划首次出现的迹象。要做到这一点，胚胎需要着床在子宫壁上。

2012 年，奥地利的一个研究团队发现，可以通过一种粗糙的方式来模拟着床，方法是让用小鼠胚胎干细胞培养出的胚状体附着到一个覆盖有胶原蛋白的表面上，由这个表面来扮演子宫壁的角色。一旦附着到这个表面上，胚状体的同心球层状结构就会变成一个两侧对称的形状，并且有正面和背面之分。此外，其中一些细胞会开始发育成心肌。在这项实验中，胚状体看起来更像子宫内真正的胚胎了。

但细胞不会上当太久。除非这些细胞能从周围环境中接收到所有正确的信号，否则它们不会继续进行自我组织。这些细胞很快就会"发现"，这个表面根本就不是子宫壁，也没有胎盘。最终，附着在表面的胚状体看起来就像一个粗制滥造的原肠胚——就像小宝宝捏泥人时做出的失败作品一样，其特征几乎无法辨识。

至此，要想胚状体继续发育，我们需要做一些人工组装的工作：为胚状体添加进一步发育所需的组织。

最简单的配方只涉及两类细胞：多能胚胎干细胞以及产生胎盘的滋养层细胞。正是滋养层细胞这种前胎盘细胞（pre-placental cell）向子宫内的胚胎干细胞提供了关键的信号，诱导它们形成前原肠胚（pre-gastrulated embryo）的形状。2017 年，剑桥大学的马格达莱娜·泽尼卡-戈茨及其同事利用这种双组分配方制造出了一个小鼠的胚状体。在子宫内的正常胚胎中，还有第三种细胞：原始内胚层细胞。这种细胞不仅会形成卵黄囊，还会为胚胎提供中枢神经系统形成所需的信号分子。不过在早期的研究中，泽尼卡-戈茨及其同事认为，用作培养介质的凝胶在注入了营养物质后，可以作为原始内胚层的简略替代品：一种能在滋养层细胞发挥作用时将胚状体固定在适当位置的支架。这些研究者发现，在这种情况下，一个由胚胎干细胞和滋养层细胞组成的细胞团会将自身组织成花生一样的形状，其中一个"叶"（lobe）由胎盘状的团块组成，另一个"叶"则是胚胎本身。几天后，这些细胞会形成一个中空的结构，其中心的空隙类似于正常胚胎中形成的羊膜腔。

泽尼卡-戈茨和同事发现，决定这些胚状体形态的基因正是那些决定真实胚胎形态的基因。例如，形态发生素 Nodal 会诱导形成一根体轴，胚状体的假性羊膜腔[1]就是围绕这根体轴形成的；而形态发生素 BMP 则会诱导胚状体中出现类似原始生殖细胞的细胞。这一切和真实的胚胎发育过程很相似：这是一个渐进的展开过程，胚状体形态形成的每一步都建立在前一步的基础上。正确完成其中一步，就为启动另一组形态发生基因创造了条件，也就可以为下一个过程提供所需的化学梯度。

这些研究人员还发现，胚状体中的一些胚胎干细胞此时已经开始向特定的组织分化——不只是分化成将会形成许多内脏器官的中胚层，还会分化成一些看起来很像（将会形成精子或卵子的）原始生殖细胞的细胞。[2]这特别令人振奋，因为也许不必千辛万苦对分离出的干细胞进行重编程，只需要把它们置入一个人造的胚胎样结构中，我们就能制造出人工配子（见第 272 页）。通过这种方式制造人工配子可能更容易，也更接近正常胚胎中的相关过程。然而，用这种方法

---

[1]　此处的"假性羊膜腔"指的就是上一段中提到的类似羊膜腔的空隙。——译者注

[2]　我此处的言语显得很轻松：这种细胞会形成中胚层，那种细胞会分化成原始生殖细胞，等等。但这个阶段的大多数细胞在显微镜下都大同小异，我们又是如何知道某种细胞将会分化成哪种细胞，形成哪种结构的呢？这些研究人员使用的方法和克里斯·拉夫乔伊和塞利娜·雷研究迷你大脑中的细胞类型时所用的方法一样。他们使用了一些"分子标签"，这些标签可以与特定的蛋白结合。其中某些蛋白只会被特定的细胞合成，因此可以作为细胞类型的"指纹"。当用某个波长的光照射时，这些标签会发出荧光。如此一来，在显微镜下，这些细胞结构就变成了五彩缤纷的斑点图案，精确地显示出哪个地方有哪种类型的细胞。

制造功能正常的生殖细胞目前仍然停留在猜想阶段。

但这么做是必然会遭遇障碍的。胚状体迟早会"发现"自己不是在真正的子宫中，而只是在一团凝胶里。在这个时候，打个比方，胚状体会气得跺脚，说："我不会再继续发育了。"

没人知道你能把胚状体的"抗议"推迟多久。不过，通过向胚状体提供缺失的原始内胚层细胞，而不仅仅是用凝胶基质去粗略地替代这些细胞，我们可以推迟胚状体停止发育的时间。当泽尼卡-戈茨和同事用胚胎干细胞、滋养层细胞和原始内胚层细胞这三种组分制造出一些胚状体，并将其在培养液中悬浮培养时，他们发现这些胚状体酷似即将进入原肠胚期的胚胎。原肠胚形成的关键标志之一是羊膜腔周围的细胞会转变为所谓的间充质干细胞。在正常胚胎中，间充质干细胞会向其他区域迁移并形成中胚层，在未来形成内脏。泽尼卡-戈茨和同事培养出的这种三组分胚状体就表现出了原肠胚形成的这些关键特征。

在具有所有必需的细胞和信号的前提下，这种"拼凑"而成的胚状体没有理由不继续生长并形成它们应该形成的形态。假如我们能在更长的时间里让胚状体"以为"自己在子宫中，胚状体能发育到胎儿阶段吗？或者，我们是否可以从零开始，用细胞组装出一个足够类似囊胚的胚状体，然后把它移植到子宫内，让它着床并发育，从而不通过性行为，甚至不通过精子和卵子制造出一个人？

不过，别忘了，我到目前为止介绍的胚状体研究大多是在小鼠细胞上进行的。小鼠胚胎发育早期的许多基本过程都与人类胚胎相同，但到原肠胚期时，二者已经有了很大的差异：小鼠的原肠胚与人的原肠胚已经截然不同。然而，至少在制造这种复杂程度的人类胚状体时，未必会有什么根本性的障碍。人滋养层细胞——胎盘样信号的重要来源——并不容易制造，不过研究人员还是在 2018 年成功制造出了这种细胞。更重要的是，科学家还用人滋养层细胞培养出了接近真实胎盘的类器官。这种胎盘类器官有望作为母体环境的替代品，用于在体外培育胚状体。此外，密歇根大学傅剑平领导的一个研究团队只用人胚胎干细胞就培养出了一种胚状体，这种胚状体可以重现羊膜囊形成过程中的某些阶段。

我在前文中介绍过，在具备适当的条件和生化信号的情况下，一团人胚胎干细胞也能形成类似于原肠胚期之前的胚胎的层状结构。如果多提供一点帮助，这些细胞还能进一步发育。洛克菲勒大学的阿里·布里凡罗（Ali Brivanlou）及其合作者发现，如果这些相当原始的人类胚状体暴露在一种叫作"Wnt"的形态发生蛋白下（这种蛋白最早是在果蝇的胚胎研究中发现的。"W"是英语单词"wingless"的首字母，意思是"没有翅膀"。这种蛋白突变会导致果蝇缺失翅膀[1]），它们就可以长出一种类似原条的结构，这标志着原肠胚开始形成。

这太惊人了。我们知道，出于监管目的，子宫内人类胚胎中原条的出现被视为"人格"形成的大致标志，这是 14 天原则的基础。那么，"人造"的胚状体中出现原条能说明胚状体的人格形成了吗？问题还不止于此。布里凡罗和同事发现，如果把 Wnt 和另一种叫作"Activin"的蛋白一起提供给胚状体，情况会变得更加复杂：这种组合能诱导胚状体中出现一些"组织者"细胞，这些细胞将决定对身体形成至关重要的轴线。为了证明这些细胞是真正的"组织者"，研究人员把这种人类胚状体移植到了鸡胚上。他们发现移植的胚状体会对鸡胚的生长产生影响：一方面，鸡胚中将产生一个新的发育轴；另一

---

[1] 作者此处的表述不够清楚。Wnt 事实上是一个蛋白质家族，包括很多种蛋白。最早被发现并且突变会导致果蝇缺失翅膀的是 wingless 基因编码的蛋白，这个蛋白也是 Wnt 家族的成员。——译者注

方面，胚状体会诱导鸡胚中出现神经元的前体细胞，这些细胞就像是负责协调中枢神经系统形成的组织者一样。[1] 对人类胚胎干细胞的这些操作似乎确实在重现形体构造（body plan）开始出现时的一些关键早期阶段。这些结果似乎支持美国缅因州杰克逊实验室的干细胞生物学家马丁·佩拉（Martin Pera）的看法："对于在体外制造类似人类着床后胚胎的实体这个问题，没有理由相信存在什么不可逾越的障碍。"11

然而，也许障碍并不是技术性的，而是概念性的。我们需要问的一个问题是，培养出的这些东西究竟是什么？

胚状体并不完全是正常胚胎发育过程中相应结构的人造版本：胚状体所处的环境与胚胎不同，因此两者在一些细节上并不一样。就像我的迷你大脑一样，这些胚状体与真实的结构相比可谓"似是而非"。到目前为止，研究人员培养出的胚状体还无法在体外继续发育成一个生物体，因此它们完全是另一种活物。哈佛大学的合成生物学家乔治·丘奇（George Church）预计，目前由人类细胞制造的原始胚状体结构将朝着更高级的形态发展（就像用小鼠细胞制造的胚状体那样），他进而提出，我们应当将它们以及未来出现的那些有生命的物体称为"具有胚胎特征的合成人类实体"（synthetic human entities with embryo-like features，简称 SHEEF）。

这个概念能否风行尚不确定，但这一佶屈聱牙的术语概括了其中

---

[1] 换句话说，在这种情况下，是来自人类细胞的信号在掌控着鸡胚的发育。有必要提醒一下，在细胞水平和胚胎发育的早期阶段，物种间的区别并不是那么大，因为相关的关键基因和蛋白在人类和鸡中是相同的。

的要点。这本书的叙事轨迹正是朝着后三个词（"合成人类实体"）发展的。SHEEF 是合成的，因为单靠自然是不会产生出它们的。它们来源于人类，因为所有的细胞都含有人类的 DNA。它们是实体，因为……好吧，因为很难在细胞和发育成熟的有机体这两个尺度之间找到另一个词，在赋予它们个体特征的同时又不触及"自我"这个概念。

事实确实如此，尽管 SHEEF 听起来像是出自《惊奇故事》杂志一样。然而，从我们将细胞视作一种自主的生命那一刻起，SHEEF 出现的可能性就一直摆在我们面前。SHEEF 的发育可以采取人类的发育方式。当然，这是一种非常特殊的发育方式，是进化赋予人类的全能细胞在正常的分裂和生长环境中的发育方式，但没有理由认为 SHEEF 只能采取这种发育方式。因此，作为一种有用的研究工具，胚状体不必完全重现正常的发育过程，也不必发育成与正常胚胎相同的形状。

这个领域的大多数研究者都认为，应该禁止将用干细胞培养出的胚胎样实体用于生殖目的。然而，虽然对普通人类胚胎的研究并不意味着"制造一个人"，这些研究还是受到了更严格的限制，在那些实行 14 天原则的国家尤其如此。目前还不清楚 14 天原则应该如何应用于或者是否适用于胚状体，因为胚状体不一定需要遵循自然的发育途径。14 天原则制定的依据是原条的出现，因为原条最终将发育成中枢神经系统。但从理论上说，研究人员可以对胚状体的发育过程加以改造，使它先完成正常情况下在胚胎发育后期才会完成的过程，而不必先形成原条。在这种情况下，胚状体甚至可能永远不会形成原条。如果是这样的话，我们应该把限制研究的红线设在哪里呢？

这些实体改变了我们对整个发育过程的看法。以前，发育过程被视为一条没有分岔的高速公路，所有的"旅行者"都必须经过一些"检查点"。但正如丘奇及其同事所说的那样，SHEEF 把这条高速公路变成了一张由许多道路组成的网络。我们可以取道新的路线，这样或许可以完全避开传统的路标，又或许可以到达新的目的地。没有人敢说什么是不可能的。

出于这些以及其他一些原因，对于如何立法限制胚状体及SHEEF的相关研究，目前学界还没有达成共识。这不仅是因为它们的地位模糊不清，还因为胚状体不像飞机或者电视机，没有标准的形态。胚状体是根据我们的意愿组装而成的，其中的细胞会与我们提供给它们的事物相互作用。"目前尚不清楚在哪一个节点上，一个原本只呈现［胚胎的］一部分的模型会包含足够多的物质，可以在伦理上代表整个胚胎。"[12] 该领域的一群专家在 2018 年底如是说。

把基因编辑这一选项——我很快就会介绍这种技术——纳入考虑范围后，各种可能性会变得令人眼花缭乱，甚至让有些人觉得毛骨悚然。如果我们能制造一个人类胚状体，这个胚状体缺少发育出正常大脑所需的基因，但能发育成一个胎儿的身体，身体中包含可用于移植的新生器官，那么将会怎么样呢？或者，如果有效维持身体的生命活动需要一些低级的脑功能，我们是否可以制造一个拥有"最小化"大脑的胚状体，使其缺乏感受疼痛或产生知觉所需的脑区和功能？这些都是幻想，但并不太离奇。说得更确切些，这些想象说明，在涉及胚状体和 SHEEF 的问题上，进行清晰的道德和伦理论断是多么困难。我们可能会同意，那些能够感受痛苦或产生知觉的 SHEEF 跨越了某种道德边界。但那些用人类细胞制成并具有粗略的人形，却不具备这些能力的 SHEEF 呢？它们应该具有道德上的地位吗？我无法用逻辑来解释为什么创造这样的实体在道德上是错误的，但这种想法至少让我惴恐不安。如果 SHEEF 被设计得不像令人糟心的人形，那么情况会更好吗？我们现在急需开始这样的讨论，因为科学的发展速度可能超出了我们的预料。

体外受精技术的出现还催生了其他一些更容易操作，从某些角度来看完全无害的生殖技术。但甚至这些技术也在挑战涉及制造人类的传统观念。以线粒体置换为例。我在前文中介绍过，线粒体是我们细胞中的一种细胞器，能产生富含能量的分子，供大多数酶促反应利用——你可以称其为新陈代谢的熔炉。在细胞的各类细胞器中，线粒体独一无二的特点是，它有与 23 条染色体上的基因不同，自身专属的基因。科学界之所以认为线粒体在进化上的起源是独立的单细胞生物，这是原因之一（见第 110 页）。线粒体基因的某些突变形式可以引起所谓的线粒体疾病，这类疾病会使人极度衰弱甚至危及生命。[1] 由于线粒体只能通过母亲遗传给后代，因此线粒体基因缺陷导致的疾病可以通过母系传递下去。

　　线粒体置换疗法旨在避免线粒体疾病的遗传，操作起来可以有多种方法，但都涉及将携带致病突变的女性的卵子内的染色体——也许是在正常受精后——移植到一个有着正常线粒体的女性所捐献的卵子中。在移植前，这个捐赠的卵子中的染色体会先被移除。如果这个受精卵发育成胚胎，那么除了线粒体中的基因来自卵子捐赠者外，其余基因都来自生父和生母。从将染色体移植到"去染色体"的卵子中这一点来看，这项技术使用的操作与通过核移植进行克隆是一样的（见 174 页）。

　　线粒体置换疗法的出现得益于体外受精技术：包括受精在内的多种操作过程都发生在培养皿中。纽卡斯尔大学的艾莉森·默多克的团队是这项技术的开创者，默多克说："如果没有［体外］人类胚胎

---

[1]　然而，并非所有遗传性线粒体疾病都是线粒体基因本身异常导致的：大约 85% 的线粒体疾病是由细胞核 DNA 突变引起的。

学方面的经验……我们可能永远无法做到这一点。"[13]

这种治疗方法一直备受争议，部分原因是长期安全性的问题。对于这一问题，这样一种新的医疗技术几乎不可能给出确切的答案。置换线粒体也可能意味着改变了整个"种系"（germ line）的基因：如果胚胎的性别是女的，那么这种遗传改变将被传递给未来的所有女性后代。尽管让后代摆脱一种有百害而无一利的疾病看起来没什么值得反对的，但科学家们理应小心翼翼地进行任何影响种系的基因改变。不过英国人类受精和胚胎学管理局（Human Fertilisation and Embryology Authority）还是于 2016 年底批准了在英国使用该方法，并于 2018 年初向纽卡斯尔的一家医院颁发了许可证，允许其为两名携带线粒体疾病突变的女性在试管受精过程中进行线粒体置换。在纽约一个生育诊所的医生的指导下，通过线粒体置换技术，一个健康的孩子甚至已经在墨西哥的一家诊所里降生了。

对线粒体置换的一些反对意见并非出于对安全性或种系改变的担忧，而是因为这种技术"违背了自然规律"。因为以这种方式孕育的婴儿体内的遗传物质有一小部分——线粒体中的 37 个基因——来自卵子捐赠者，而非亲生父母，因此这些婴儿被称为"三亲婴儿"。关于新的生殖技术，所有令人不安的顾虑都凝聚在了这个术语中：这项技术已经远远超出了我们传统的道德边界和范畴，其能力将会失控，使一些我们本能上认为不应该发生的生物学组合（biological permutation）成为现实。批评家们认为，如果允许这种生育方式，那么我们就不仅是在扮演上帝，而且是在试图超越自然的界限，而我们修改自然秩序，仅仅是"因为我们有这个能力"。

这是一个完美的例子，说明在用不同的表述方式来"描绘"——可以是正面的描绘，也可以是负面的描绘——这门学科时，可以产生多么不同的效果。和"性""人""生命"等词汇一样，"父母"这个词虽然有着鲜明的文化内涵，但从任何科学的角度来看，其含义都模糊不清。在这里，"亲子关系"中蕴含的所有情感力量都被维系到一小部分基因上，以便将一个生物学过程用特定的故事和方式包装起来。

事实上，当亲子关系及其与血缘、责任和养育的所有联系被降格为细胞器内调控某些生化反应的一小段 DNA 时，任何养育过孩子 [1] 的人都有理由感到被冒犯了。那些实际上已经有三个或以上父母的家庭（无论是由于存在继父母、同性关系、收养还是其他原因）也同样如此。和"试管婴儿"一样，"三亲婴儿"不是一个中性的描述，而是一个旨在传递特定道德信息并引起特定反应的标签。是否接受这种描述取决于我们自己。

这会让我们联想到体外受精时代最著名的"异类"，一种赫胥黎式的解忧娃娃（worry-doll）：设计婴儿。20 世纪 60 年代后期，体外受精技术飞速发展。基于生殖生物学家 E. S. E. 哈菲兹（E. S. E. Hafez）的看法，《时代周刊》的医学作家大卫·罗尔维克（David Rorvik）对未来做了这样的描述：

　　［他］预见有一天，也许仅仅是 10 年或 15 年后，一名妻子可以漫步于一种特殊的市场，从琳琅满目的一日龄冷冻胚胎中挑选自己的孩子。这些胚胎不会有任何遗传缺陷，标签上详细地描述了胚胎的性别、眼睛的颜色、可能的智商等等。他说，包装袋的外面还可能附有一张彩色图片，展示胚胎长大成人后

---

[1]　自不必说，也包括与养育者没有血缘关系的孩子。

可能是什么样子。[14]

历史告诉我们，回顾过去能让我们正确地看待今天的恐惧。值得注意的是，在过去的四十年里，无论是大众对设计婴儿的印象，还是商业活动中反映出的设计婴儿的形象几乎都没有改变，这个领域也几乎没有真正的进展。

20 世纪 70 年代，设计婴儿具备了可操作的前提条件：研究人员已经有能力对基因组进行编辑（即随意删除或插入基因，有时甚至是来自不同物种的基因）。那么，有什么能阻止我们创造一个体外受精的胚胎并修改其基因，进而改变和提高所生孩子的性状呢？我们是否可以为她（之所以用"她"字，是因为我们肯定可以对性别进行选择）量身打造一头火红的秀发和一双绿色的眼睛，并让她变得既聪明伶俐又擅长运动，既雍容华贵又精通音律呢？（在讨论设计婴儿时，这些是人们很常规的期望。）

让我们先来看看哪些改变是可能的。

基因组编辑[1]在生物技术中已经变得相当常规。通过这种方式改造的生物体，尤其是细菌，在工业上被用于生产化学品和药物。一个特别引人注目（不过在商业上并不十分重要）的例子是，研究人员已经把蜘蛛制造蛛丝的基因导入到了山羊中，使山羊奶中含有蛛丝蛋白。

对于细菌而言，没有必要对其基因组进行修改：只需将含有相

---

[1] "基因编辑"和"基因组编辑"这两个术语通常可以混用，也没有简单而明晰的定义。原则上，既可以通过改变几个碱基对来编辑单个基因，从而将致病的基因版本转变为正常的版本，也可以将整个基因或一组基因进行替换，以达到同一目的。以上二者都能实现。对于旨在改变细胞或生物体表型——实际上，是旨在改变一种性状——的基因改变，最恰当的表述是"基因组编辑"，因为这些表型几乎都不是由单个基因决定的。

关基因的 DNA 导入细菌，细菌的转录机器（transcription machinery）就能正常处理这些基因，从而合成出所需的蛋白质产物。但如果希望编辑人类等多细胞生物的基因组，以改变或恢复一个基因的功能，那么需要做的通常是"剪切"和"粘贴"的工作：剪切掉一个基因或者一个基因的一部分，然后插入另一个基因。这就需要一些工具，以便在正确的地方剪断 DNA，移除原有基因片段，然后拼接上新的 DNA 片段。

分子"剪刀"和"拼接器"已经存在了数十年——有一些天然的酶就能完成这种工作。不过，2012 年由生物化学家埃马纽埃尔·卡彭蒂耶（Emmanuelle Charpentier）、詹妮弗·杜德纳（Jennifer Doudna）和张锋共同开发的 CRISPR[1] 基因编辑技术 [2] 改变了这一领域，因为这种技术可以精确地定位和编辑基因组。基因编辑技术利用细菌中一类天然存在，被称为"Cas 蛋白"的 DNA 剪切酶家族来定位和编辑基因（通常使用的是 Cas9 蛋白，但研究人员也发现了其他 Cas 蛋白的用途）。细菌进化出这些酶来抵御致病性的病毒：这些酶可以识别并去除病毒插入细菌基因组中的外源 DNA。Cas9 之所以能识别目标 DNA 片段，是因为这些蛋白携带了"向导 RNA"（guide RNA）分子，并且这些向导 RNA 的碱基序列与目标 DNA 上的碱基序列互补。换言之，向导 RNA 能指导 DNA 剪切酶 Cas9 剪断一个特定的序列——你选择什么样的向导 RNA 序列，Cas9 就能剪断什么序列。

---

[1] 没有必要介绍 CRISPR 的全称，CRISPR 是细菌中的一些 DNA 序列，参与天然的基因编辑过程。

[2] 作者在本书中提到的基因编辑指的几乎都是利用 CRISPR 的基因编辑技术，为了避免文字冗长影响阅读体验，除了容易引起混淆的地方外，下文中都统一简称为"基因编辑"——译者注

与以往的基因编辑技术相比，CRISPR 基因编辑技术更精准，花费也更少。如果这种技术被证明对人类是安全的，那么此前耗费了数十年但徒劳无功的基因治疗——移除并替换掉导致罕见严重疾病的突变基因——就可能成为现实。基因治疗有望治愈由一个或几个基因突变所引起的疾病，如肌营养不良和地中海贫血。相关临床试验正在进行中。

改造胚胎和婴儿的基因则是另一回事。基因疗法的目的是改变体细胞中的基因，而对早期胚胎基因的任何改造也会被写入生殖细胞并被传递给后代。如前所述，在改造生殖细胞这个问题上，科学家犹豫不决不是没有道理的。此外，在胚胎发育早期，如果编辑过程无意间对基因组进行了什么其他修改，那么这些变化将会随着胚胎的生长而扩散到整个机体。

目前，研究人员已经开始使用基因编辑技术来对人类胚胎进行基因改造，但其目的纯粹是看看这在理论上是否可行。2015 年，中国的一个团队完成了首次尝试，结果好坏参半：基因编辑人类胚胎确实可行，但并不完全可靠和准确。2016 年，英国伦敦弗朗西斯·克里克研究所（Francis Crick Institute）的凯西·尼亚坎（Kathy Niakan）成为第一个（也是迄今为止唯一一个）获得英国人类受精和胚胎学管理局许可，可以对人类胚胎使用基因编辑技术的人。她的团队无意出于生育目的对胚胎进行基因编辑，而且这在英国也是违法的。相反，凯西的团队对几天大的胚胎进行了研究，试图找出在胚胎发育早期可能导致流产和其他生殖相关疾病的基因异常。

紧接着，2017 年，由俄勒冈健康与科学大学（Oregon Health and Science University）的生殖生物学家舒克拉特·米塔利波夫（Shoukhrat Mitalipov）领导的一个国际研究团队报告称，利用 CRISPR-Cas9 系统，他们在人的受精卵中剪切掉了 MYBPC3 基因的一种能导致疾病的突变形式，并将其替换成了正常的 MYBPC3 基因。在这项研究中，研究人员首先用携带突变基因的精子使卵子受精，然后将 CRISPR 系统注射入受精卵中，试图用功能正常的 MYBPC3 基因来替换突变的基因。他们在 4 细胞期或 8 细胞期对胚胎进行了分析，以确认基因编辑是否成功。研究发现，在大多数情况下，这些胚胎中都只含"健康"的基因版本 [1]。与中国团队的实验不同，这项研究中的胚胎理论上可以在子宫着床并继续生长，但这些研究者并无此打算。

事实上，在所有制定了相关法律的国家，以人类生殖为目的应用基因编辑技术都是被禁止的，也几乎完全受到医学界的抵制。在美国，即使是那些出于其他目的对人类胚胎进行基因编辑的研究也无法获得联邦的资助，不过法律没有禁止私人资助的研究（例如米塔利波夫的工作）。2015 年，一群科学家在《自然》杂志上发表了一篇文章，警告说即使最初的着眼点是改善健康，用基因编辑技术这样的方法对生殖细胞进行遗传操作"也可能使我们走上一条非治疗性基因增强（genetic enhancement）的道路"15。

直到 2018 年底，这一领域的大多数研究者都认为，不可能在近期出现基因组编辑的婴儿，因为基因组编辑技术用于人类生殖过程具有风险和不确定性，而且研究人员几乎一致认为，即使希望尝试这种方法，也应该先弄懂更多其中的原理。2018 年 11 月，深圳南方科技大学的中国生物学家贺建奎在香港的记者招待会上宣布，他用这种方法对体外受精的胚胎进行了基因编辑，并把这些胚胎植入了一些女性的子宫中，其中一名女性已经产下了一对双胞胎。这令相关领域的研

---

[1]　奇怪的是，在这项实验中，虽然也是引导 RNA 把 Cas9 酶引导到父源 DNA 的 MYBPC3 突变基因上，但发挥作用的引导 RNA 并不是研究人员提供的那些引导 RNA，而是由母体 DNA 上的正常基因产生的。因此，这些科学家认为，通过 CRISPR 进行的基因编辑过程在胚胎与体细胞中的作用方式截然不同。

究者瞠目结舌。

这个故事离奇而诡谲，令人不安。贺建奎表示，他用基因编辑技术编辑了一个叫作"CCR5"的基因。这个基因与艾滋病病毒感染细胞的过程有关，因此让这个基因失活可能会阻碍艾滋病病毒进入细胞。贺建奎说，他的目标是让母亲生出对艾滋病病毒免疫的婴儿，如此一来，携带艾滋病病毒的夫妇就也可以生育孩子，而不必担心会把病毒传给宝宝。

贺建奎提供的细节不多，他似乎把 CRISPR-Cas9 系统的分子注射入了受精后的胚胎，并在几天后从胚胎中取了一些细胞进行基因检测，看 CCR5 基因有没有被成功编辑。如果编辑成功，那么夫妇可以选择向妻子的子宫中植入编辑过的或未编辑过的胚胎。贺建奎表示，在一名女性成功怀上孩子（一对非同卵双胞胎）之前，他一共进行了6 次胚胎移植手术，植入了 11 个胚胎。在记者招待会上，贺建奎只是说，"社会将决定下一步该做什么"[16]。

贺建奎没有提供书面证据来证明他的说法，也没有说明这项工作的完成地点及资金来源。虽然干细胞和胚胎学领域一直充斥着各种虚假之词，但贺建奎可能所言非虚。他是一名背景显赫的学者，曾在美国顶尖大学学习。而且尽管这项工作是在中国完成的，但贺建奎在休斯敦莱斯大学的导师、美国生物工程学家迈克尔·蒂姆（Michael Deem）承认，他和贺建奎在这项工作上进行了合作。

这项工作遭到了全世界几乎所有专家的谴责，他们认为这样的研究是极不道德和极不明智的。一百多名中国科学家发表了一份声明，对这种做法进行了谴责，并说这将损害中国在这一领域的研究声誉，让人误认为中国是不负责任的。"这项实验太草率了，"美国加州斯克里普斯研究所的心脏病学家埃里克·托普（Eric Topol）写道，"这项实验没有科学依据，并且考虑到已知和未知的风险，必须被认为是不道德的。"[17] 基因编辑技术的发明者之一詹妮弗·杜德纳发表声明说："负责这项工作的科学家必须充分为其行为做出解释。国际上的共识是，CRISPR-Cas9 基因编辑技术在现阶段不应被用于人类生殖细胞的基因编辑，而参与这项研究的科学家打破了这一共识。"[18] 贺建奎所在的大学表示对这项工作不知情，并且已经解雇了他，莱斯大学的有关部门也开始对蒂姆在这项研究中的参与情况展开调查。贺建奎的工作目前正在接受中国有关部门的调查，如果确实违反了道德规范或损害了相关婴儿的健康，那么他最终可能面临刑事指控。[1] 该领域的几位顶尖科学家同时呼吁"在全球范围内暂停人类生殖细胞基因编辑的所有临床应用"[19]。

在她的声明中，杜德纳补充说，我们"迫切需要将基因编辑在人类胚胎中的应用限制在那些存在明显的医疗需求，却没有其他有效医学方法的领域"[20]。贺建奎的研究显然不符合这样的条件：他进行基因编辑的胚胎并没有已知的遗传缺陷，基因编辑的目的只是试图避免可能的艾滋病病毒感染。目前还不清楚这种策略是否有效，而且这对双胞胎中有一个孩子只有一个拷贝的 CCR5 基因被成功编辑，因此这个孩子无论如何都不可能对艾滋病病毒完全免疫。此外，还有其他治疗艾滋病病毒感染的方法。敲除 CCR5 基因本身也会带来危险：缺乏有功能的 CCR5 基因会增加对其他一些病毒的易感性。总而言之，即使抛开未知的风险不谈，在把基因编辑技术首次应用到人类生殖领域时，用 CCR5 基因作为靶基因是一个很难解释的选择。更糟糕的是，这项工作在具体实施上也出现了很大的问题：随着更多细节浮出

---

[1]　2019 年 12 月，贺建奎因非法实施以生殖为目的的人类遗传基因编辑和生殖医疗活动，构成非法行医罪，被判处有期徒刑 3 年，并处罚金人民币 300 万元。——译者注

水面，越来越清楚的一点是，这项实验中出现了一些脱靶 [1]，后果如何目前不得而知。

全世界的目光都将聚集在这两个孩子（都是女孩）身上。由于特立独行的研究人员鲁莽行事，两个孩子成了实验的"小白鼠"，面临着不确定的未来。

正如杜德纳和其他人所意识到的那样，这种"博出位"和不负责任的行为只会损害基因编辑技术的应用前景，因为没有明显的理由可以永远将以生殖为目的的基因组编辑束之高阁。虽然比较罕见，但某些疾病的确是由单个基因突变引起的，并且用正常基因替代原有突变基因的后果是能够被可靠地预测的。在这种情况下，基因编辑技术最终就可能在生殖医学领域占有一席之地。不过目前还很不清楚，在解决这些医学问题时，基因编辑技术是否优于其他手段。

毕竟，与治疗线粒体疾病一样，从生殖细胞中移除掉导致单基因遗传病的突变基因是再好不过的事情了。通过对胚胎进行基因编辑，不仅让从这个胚胎发育而来的人，而且让其所有后代都摆脱一种疾病，何乐而不为呢？一些顾虑来自基因改变的不可逆转性——如果结果发现，被移除的突变基因除了有致病风险外，也有一些益处，那如何是好呢？导致镰状细胞贫血的突变基因就是一个这样的例子：当两条染色体都携带突变的基因时，人就会患镰状细胞贫血，但如果只有一条染色体携带这种突变基因，人就会对疟疾有更强的抵抗力。不过即使真的遇到了这种少见的情况，基因组编辑也并不是不可逆转的：突变基因不仅可以被移除，也可以被恢复。2019 年 2 月，世界卫生组织成立了一个委员会，负责起草人类基因组编辑指南。毫无疑问，这个委员会将致力于解决这些问题。

---

[1] 脱靶是指基因编辑没有按预期发生在 CCR5 基因上，而是发生在了其他的 DNA 序列上。——译者注

　　新的细胞重编程（进而把一种细胞挪作他用）的技术扩展了基因组编辑的可能性。"利用基因编辑技术，几乎可以对体细胞来源的诱导多能干细胞系进行任何形式的基因改造。"干细胞科学家维尔纳·诺伊豪瑟如是说。"人工配子"甚至体细胞来源的胚胎的出现将打开生殖技术的大门，因为这将降低孕妇产下患病婴儿的风险。如果这些方法能为体外受精提供可供使用的人类卵子，那么人们就可以同时对许多卵子或胚胎进行基因编辑，挑选并使用那些编辑效果良好的卵子或胚胎（体系内会有容错的空间，即使有少量编辑效率不高或者脱靶的情况，也不会对卵子或胚胎产生不良影响）。生物伦理学家罗纳德·格林相信，人类基因组编辑无论如何都"将成为本世纪晚些时候和下个世纪我们的社会的焦点辩论话题之一"[21]。无论好坏，贺建奎博眼球的出格行为很可能已经让我们踏上了这条道路，而踏上这条道路的时间早于所有人的预期。

　　为了预防疾病而对胚胎进行基因组编辑属于"设计婴儿"的范畴吗？这似乎是对负面标签的不当使用。这可能会传达一种感觉，认为婴儿是一种奢侈品，一种满足我们虚荣心的附属物。但预防疾病并不是在消费奢侈品。

　　在多数时候，只有在讨论对所谓正面的非医学性状的选择时，才会使用"设计婴儿"这个词：不是去除那些造成健康风险的不良基因，而是筛选那些能让人更聪明、更漂亮、更优秀的基因。

　　但通过基因来预测这些性状远比人们通常认为的复杂。关于"智商基因""同性恋基因""音乐基因"的讨论已经使很多人认为，我们的基因和性状之间存在一种明显的一一对应关系。但一般来说，情况并非如此。我在前文中介绍过，我们的大多数性状（包括有关个性和健康的性状）是许多基因相互作用的结果。这些相互作用非常复杂，甚至复杂到了几乎难以理解的程度。但如果单单看每个基因对性状的影响，这些影响又微乎其微。目前用智商等标准（我们可以在其他地方讨论这些标准的优点）来衡量的智力明显是可以遗传的，这意味着智力有基因上的根源。通常，一个人"智力"的50%～70%被认为是遗传因素决定的，但不存在任何意义上的"智力基因"，许多影响智力的基因无疑还有其他作用（通常与大脑的发育有关）。

在根据基因组序列预测智力方面，科学家近年来取得了很大的进步，这主要得益于从成千上万人中获得了更多的数据。如果有足够的数据，就可能发现基因和智力之间甚至很小的相关性。但这些预测现在是概率性的，将来也仍然如此。预测的说辞类似于"你的基因组表明，你的智商／在学校的表现／考试成绩很可能居于前10%之列"。但环境因素也会影响智力：如果一个"基因图谱良好"的人遭受过极端的忽视或虐待，或者头部曾严重受伤，那么其智商可能会远低于预测值。即使不考虑环境因素的影响，拥有相同智力基因图谱的人的智力也可能大不相同，因为基因图谱只会影响而不是完全决定大脑内神经元的连接方式：在发育的"程序"中，还有一些会影响大脑发育的随机"噪声"。

其他行为上的性状也是如此，比如创造力、毅力、暴力倾向。这种概率性同样适用于许多更常见的疾病，以及基因导致的对疾病的易感性。虽然有数千种遗传病（大多数是严重的罕见遗传病）可以被精确地归因于一个特定的基因突变，但大多数常见病（如糖尿病、心脏病或某些癌症）与几个甚至很多个基因相关，因此无法对其进行准确的预测，而且这些疾病还会受饮食等环境因素的影响。

因此，影响智力和音乐能力等特征的基因星罗棋布地分散在整个基因组中，这使我们难以通过基因组编辑设计出具备优异能力的婴儿。你需要修改成百上千的基因。除了成本和可行性的因素，如此大规模地改写基因组还可能会引入许多错误。不仅如此，由于这些基因都有其他作用，所以你无法确定你设计出来的小天才最终会不会有其他不良性状：他可能惹人嫌、反社会并且好吃懒做。"限制创造设计婴儿的不是技术，而是生物学，"美国埃默里大学的流行病学家塞西尔·扬森斯（Cecile Janssens）说，"常见性状和疾病的原因非常复杂，而且相互交织，以至于我们无法在不引入不利影响的情况下修改相关的 DNA。"[22] 而且这一切都是为了得到一个仍可能令人失望的概率性结果：对于那些拥有"智商位居前 10%"基因的人来说，他们智商分布的钟形曲线的末端已经进入了智商平庸的区域。

很遗憾，对于"多基因"疾病而言也是如此。基因组编辑可能有助于让所有人不再患上严重的单基因遗传病（比如囊性纤维化），但对降低心脏病的遗传倾向也许助益不大。

那么设计婴儿完全不可取了吗？也不完全是。

基因组编辑将是一种困难、昂贵和不确定的方法，其能实现的目标大多也已经能通过其他方式完成。事实上，我们已经在对婴儿的生殖细胞进行某种基因修改：不是通过改变婴儿的基因组，而是通过筛选具有特定基因的胚胎。

目前，这么做的目的是避免出生的婴儿患上严重的疾病。在多数人看来，这种筛选是合乎情理的。如果夫妻双方都是致病基因的携带者，也就是说他们各携带一个拷贝的致病基因[1]，那么他们可以选择通过体外受精来生一个孩子，并且在胚胎植入前进行植入前遗传学诊断（pre-implantation genetic diagnosis，简称为PGD）。通过植入前遗传学诊断，可以确定胚胎是否同时从父母双方遗传了"不好的基因"，从而确定生下的孩子会不会患病。（有四分之一的概率会发生上述情况：来自父母双方的两种基因版本一共可以产生4种组合，只有其中1种组合同时包含两个致病的基因版本。）在进行植入前遗传学诊断时，体外受精产生的胚胎要接受基因筛查，方法是从4细胞期或8细胞期的胚胎中取一个细胞，对其进行基因组测序。直到最近，科学界才能经济而快速地完成基因组测序，从而使植入前遗传学诊断成为可能。经过筛选后，医生就可以知道哪些胚胎可以被安全地植入子宫中。

在美国，大约5%体外受精的胚胎接受了植入前遗传学诊断。在英国，这项技术是在人类受精和胚胎学管理局的许可下使用的，被用于筛查大约250种遗传病，这些遗传病都是单基因突变导致的，或者患病风险会因为单个基因突变增大，包括地中海贫血、早发型阿尔茨海默病和囊性纤维化。

科学界一般不把植入前遗传学诊断视为"生殖细胞基因组编辑"，但其实只是因为没人愿意这么说罢了。如果你想要1袋没有绿

---

[1] 导致单基因遗传病的基因突变通常是"隐性"的，这意味着只有两条染色体（分别遗传自你的父亲和母亲）同时携带致病的基因版本时你才会患病。如果你携带了一个致病的版本和一个正常的版本，那么这个正常的版本会是"显性"的，因此你不会患病。事实上，你可能永远都不知道自己是某个致病基因的携带者，据称，每个人都携带有一些隐性的致病基因。但致病基因的携带者有时会知道自己的情况，因为家族成员中的患病率会比较高。不过也有一些与疾病相关的基因突变是显性的，你只要携带一个致病版本就会患病。前文中介绍的用基因编辑技术从胚胎中移除的MYBPC3突变基因就是显性的。

色但有其他颜色的糖果，那么你可以拿 1 袋糖果，然后把绿色的糖果都替换掉，也可以拿 100 袋糖果，然后找出没有绿色糖果的那一袋。最终的结果是一样的。

换一种说法，我们似乎已经接受了这样一个事实：在原则上，对生殖细胞的某些遗传特征加以限定是完全合理的。需要讨论的是我们可以限定哪些遗传特征，不能限定哪些遗传特征。

首先，哪些情况可以算作一种疾病？对于那些因为遗传病而残障的人来说，如果对这些基因异常进行筛选，会对他们产生什么样的影响？"他们担心的事情会很多，"汉克·格里利说，"不仅会怀疑'社会认为我不应该出生'，还会担忧医学研究界对他们所患的疾病不重视，医务工作者对这些疾病的了解不够，以及社会不会给予他们支持。"[23]

在英国和其他一些国家，除了被用于避免人类受精和胚胎学管理局列出的特定疾病外，植入前遗传学诊断被严格禁止用于其他任何目的。比如说，不允许使用这种技术来选择孩子的性别或者头发的颜色。但在美国等 16 个国家，法律允许使用这种技术来选择孩子的性别。在这些国家，似乎没有人对所生孩子的性别有偏好。尽管如此，这种做法还是很有争议，尤其是因为有充分的理由认为在某些文化中，社会表现出了对男孩的强烈偏好。在印度等国家，出于对性别的传统态度，尽管政府努力促进两性平等，但遗弃、虐待甚至杀害女婴的现象已经严重扭曲了男女比例。在这些国家受影响最严重的地区，大量年轻男子没有结婚的机会这一现象甚至可能会引发社会动荡。

然而，在对孩子的性别不存在明显偏见的地方，出于"家庭平衡"（family balancing）的目的选择孩子的性别也许无可厚非。有人可能会说性别与孩子的重要性无关，但如果一对夫妇已经生了三个男孩了，因此希望生一个女孩，这难道不合情理吗？支持在这种情况下选择孩子性别的人指出，根据一些民间的迷信说法，如果在日常的性生活中采用某些特别的方法，妻子就更容易怀上男孩或者女孩，假如这些方法确实有效，那么在这种情况下，就不会有人认为政府有权力禁止夫妻在性生活中采用这些方法。另一方面，人们可能会担忧，一个通过性别选择生下的孩子承受的刻板期望是否会比我们平时（尽管出于好意）已经强加给他们的还要大。情况很复杂，新的医疗技术带来的可能性往往很复杂。

无论如何，一旦胚胎筛选不再只限于避免孩子患上遗传病，而是可用于其他目的，就像已经在一些国家发生的那样（在美国，这种操作不受联邦政府的监管），那么伦理和法律方面将会变得问题重重。政府在什么时候应该强制或者禁止人们对胚胎进行特定的筛选，比如禁止筛选会导致某种残疾的胚胎？[1]我们应该如何平衡个人的自由和由此引发的社会后果？

如果真有什么东西和人们想象中的设计婴儿有一点类似，那么这也首先会通过胚胎筛选而不是基因改造实现。"几乎所有通过基因编辑可以完成的事情，胚胎筛选都能做到。"[24]格里利说。

但在现阶段，通过植入前遗传学诊断来"设计"你的婴儿看起来并没什么吸引力，而且不太有效。采卵过程是有创的而且非常痛苦：首先需要用激素来刺激排卵，然后是非常令人不适的采卵手术。

---

[1]　根据 2008 年的一项估计，美国试管婴儿诊所大约每 20 例植入前遗传学诊断中就有 1 例涉及对胚胎进行筛选，以避免孩子患上丈夫或者妻子的残疾（例如侏儒症和耳聋）。

能够采集到的卵子数量也不多：一个典型的体外受精周期一般会采集6~15 个卵子，其中大约一半会在体外受精并产生质量足够好，可供植入子宫的胚胎（通常只会移植一两个胚胎到子宫中）。因此，可供筛选的胚胎并不太多。此外，胚胎着床的成功率最多也只有 30% 左右。这项手术在生理上和情感上都很难熬，而且费用也很昂贵：在2018 年的英国，每个周期的费用通常为 3 000~5 000 英镑。

这也是为什么除非别无选择，目前没有人愿意选择体外受精这个问题的原因。无论怎么说，这都不是一个生育的好方式。但有一些人认为这种情况将会发生改变。如果体外受精变得可靠、实惠，整个过程也不再那么痛苦，那会怎么样呢？如果体外受精能让你决定要哪个孩子呢？

如果有更多的选择，那么这种选择看起来就会更有意义。比如，即使结果有一些不确定性，并且有概率的成分，当有 100 个胚胎可供选择时，人们是否会被这样的前景吸引，而不是单纯接受命运的安排？随着遗传学筛查的费用变得越来越便宜，这种规模的植入前遗传学诊断的可操作性正在变得越来越大。自人类基因组计划完成以来，人类全基因组测序的成本出现了大幅下降。2009 年，其成本约为 5万美元，到 2017 年时，只需花费 1 500 美元就能完成全基因组测序。正因为如此，现在已经有几家私营企业可以提供这种服务。再过几十年，完成一次基因组测序可能只需要几美元，届时也许就可以对胚胎进行大规模、批量的植入前遗传学诊断了。

"大规模""批量"听起来可能会让人不舒服，但如果有方法可以同时获得许多卵子并使其受精的话，那么这样的描述就很贴切。"你能得到的卵子越多，植入前遗传学诊断就越具有吸引力。"[25] 格里利说。一种可能的方法是，通过一次性的医疗操作，取出并冻存一名女性的一小片卵巢组织，供未来采集成熟的卵子。这听起来很极端，但实际上和目前的采卵和胚胎植入方法相差无几。利用这种方法，可以采集数千个卵子供后续使用。

但我在前文中提到过，有朝一日，我们可能还会有另一种选择，根本不需要进行明显的手术：在体外直接把体细胞重编程为卵子。格里利认为，这两种新技术的珠联璧合——使用夫妻的诱导多能干细胞制造人工配子，以及借助快速、廉价的植入前遗传学诊断找出"最好"的胚胎——可以让他所谓的"轻松 PGD"（Easy PGD）在不久的将来成为生育的更好方式。格里利预言，未来会出现"性的终结"，不过这里的"性"不是出于欢愉的性，而是作为生育手段的性。"安全有效的轻松 PGD 技术有望在未来 20 ~ 40 年内兴起。"[26] 格里利说。他还认为，以生殖为目的的性行为到那时也"将基本消失，或者至少会明显减少"。

女士，这里是用您的细胞在体外制造的成百上千个胚胎，每一个都附有一张通过植入前遗传学诊断获得的基因图谱。您想要什么样的孩子？

问题是对这些基因图谱进行评估和解释的难度非常大。在根据胚胎的基因组序列做出的预测中，有一些是很肯定的，有一些只是有一定的可能性，还有一些也许只是模糊的统计数字。对胚胎的介绍可能看起来是这样的：

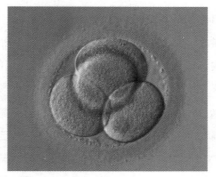

78 号胚胎

- 男性

- 无严重早发性疾病，但携带苯丙酮尿症［这是一种可能导致行为和精神障碍的代谢异常］的致病基因

- 患 2 型糖尿病和结肠癌的风险高于平均水平

- 患哮喘和自闭症的风险低于平均水平

- 黑眼睛、浅棕色头发、男性型脱发

- 在 SAT[1] 中，有 40% 的概率位居前 50%

（图片来源：图库 Shutterstock）

———————————

[1]　"SAT" 是 "Scholastic Assessment Test" 的缩写。这是美国针对高中生进行的学术能力评估测试，大致类似于中国的高考。—— 译者注

　　让我们假设你可以在 200 个这样的胚胎中进行选择。在避开了严重的疾病后，接下来你该如何抉择呢？在纷繁复杂的各种预测结果中，你该如何平衡正面的预测结果和负面的预测结果，进而评估一个胚胎，并与另外 10 个或者 100 个胚胎进行比较呢？

你做不到。这是又一个例子，可以说明在谈到人的选择时，鼓吹自由市场的言论是多么空洞。

基于这些原因，即使这种技术将会变得非常"轻松"，一些专家仍然对格里利关于植入前遗传学诊断将得到广泛应用的预测持怀疑态度。生物伦理学家阿尔塔·沙罗（Alta Charo）说："如果有严重的健康问题（比如致命的疾病）或者困难（比如不孕不育），那么当看到人们使用胚胎筛选等技术时，我不会大惊小怪。但已经有证据表明，当人们可以自然受孕时，他们不会对各种技术趋之若鹜。"[27]沙罗表示，提供"优质"精子的精子库门可罗雀就印证了这一点。对大多数女性来说，"生育的情感意涵超越了任何'优化'的概念"。她认为，"我们有能力去爱不完美的彼此，这比任何通过遗传学方法'改善'我们孩子的想法更有价值"[28]。

并不是每个人都这么信心满满。罗纳德·格林表示，在未来的40~50年里，"我们将开始目睹人们利用基因编辑和生殖技术来进行遗传增强，比如让孩子变得金发碧眼、体格健壮、一目十行、工于运算，等等"[29]。可以说，贺建奎造就的所谓对艾滋病病毒免疫的"CRISPR婴儿"就已经属于这种例子了。

有一个因素可能有助于"轻松PGD"这样的技术被广泛使用，那就是同辈压力（peer pressure）。受到当前扭曲的教育政策的刺激，我们被鼓励把养育孩子视作一场竞赛，就像赛马一样。在这场竞赛中，如果不利用好每一个优势，我们就会感到自己不够负责任。如果你需要用积蓄在一所好学校的学区购买一栋房子，或者给私立学校支付高昂的学费，那么为什么不在一开始就花上一千多块钱做点基因筛选呢（即使这样做的好处可能并不大）？

基因分析公司鼓吹基因检测的言论已经开始浮现了。美国基因组测序公司23andMe的首席执行官安妮·沃西基（Anne Wojcicki）曾宣称，"如果你有孩子，那么进行基因检测是一种责任"[30]。格里利预计，利用这种压力，基因分析公司未来会使用类似"既然你想让你的孩子得到最好的，那么为什么不尽你所能拥有最好的孩子呢？"的宣传语。

尽管植入前遗传学诊断分析中存在各种不确定、模糊甚至相互矛盾的信息，但这项技术的诱惑还是很明显。想象一下，如果你有两个经过植入前遗传学诊断筛选的胚胎，然后被告知基因图谱提示，其中一个孩子将来的智力会位居人群中的前 10%，而另一个则位居最末的 10%。在其他条件基本等同的情况下，你会选择哪一个胚胎？

这并不是一种假设，而是正在发生的事实。2018 年末，一家名为"基因组预测"（Genomic Prediction）的美国公司宣布，他们将对体外受精胚胎进行筛查，并根据基因图谱找出那些如果发育成胎儿，孩子未来的智商将低到足以被归类为精神残疾的胚胎。这本身似乎并不比筛查唐氏综合征（这种病会降低患儿的智商）或其他疾病更令人反感。但由于这么做涉及测量智力的"多基因"评分（许多基因的综合效应），所以这项测试也能很容易地被用于筛选出潜在的高智商胚胎。尽管这家公司表示不会把相关技术用于这种筛选，但就连该公司的联合创始人、物理学家徐道辉也认为，这种需求将持续存在，而且由于美国没有对这些技术进行监管，其他一些公司可能会去迎合这一需求。不过一些专家反对说，这项技术目前还没有能力满足这种需求。但你觉得这会减少顾客的热情吗？

除了智力等性状外，筛选出各方面都健康的胚胎有可能也是可行的。格里利认为，借助植入前遗传学诊断，将健康状况改善 10% ~ 20% 是完全行得通的。如果真是这样，那么为你的孩子做这样的事情难道不合情理吗？政府难道应该阻止这种筛选吗？

但除了安全方面的顾虑外，还有很多理由对这种筛选持谨慎态度。通过"轻松 PGD"使孩子变得完美的诱惑力可以将期望推向病态的极端。如果父母通过基因筛选挑选了可能具有运动或艺术天赋的孩子，但孩子没有表现出这些能力——鉴于预测只是概率性的，这种情况难免会发生——那该怎么办？你也许会听到父母对孩子怒吼："你知道筛选你花了多少钱吗？！"

有人也许会说，不同社会经济阶层拥有的选择权实际上并不平等，这种不平等可能会严重扰乱社会的稳定，导致 1997 年的电影《千钧一发》中所描述的那种"基因分野"（genetic divide）。格里利警告说，原本用于促进健康的植入前遗传学诊断技术，再加上财富已经带来的巨大优势，可能会拉大一个社会内部穷人和富人以及贫穷国家和富裕国家之间在健康方面的差距。

但另一些人也许会说，禁止植入前遗传学诊断（尤其是"轻松PGD"）提供的生育选择是对权利的侵犯。如果我们有办法向所有人提供这种选择，以普遍提高人群的智力水平，那么放弃这种机会岂不是疯了甚至不道德吗？

是的，这个问题一言难尽。每个人都有自己的观点，但可以肯定的一点是，这些问题的答案并非简单明了。这些问题需要我们在个人选择、自由、道德与政府的角色（国家如何禁止、监管或者推广相关的技术）之间找到平衡。当然，这仍然是一个由来已久的民主政治问题，只不过现在我们讨论的是相关的因素将会如何影响我们塑造人性本身的能力。"无论好坏，人类都不会放弃把自身的进化掌握在自己手中的机会，"罗纳德·格林说，"这会让我们的生活更幸福、更和谐吗？我不敢肯定。"[31]

如果你想怀上一个聪明或者貌美的孩子，为什么还要寄希望于随机的两性基因组重组来得到满意的基因呢？为什么不直接复制一个你知道的聪明或者有魅力的人呢？毕竟，这些人就有相关的基因。

我在前文中已经介绍过克隆的过程：首先把一个细胞——在体细胞核移植技术中，这个细胞可以是成体细胞——的细胞核转移到一个去核的卵细胞中，然后以某种方式——化学信号或者电信号——刺激卵细胞，使其在新染色体的指导下发育成胚胎。

对动物的克隆并不是从克隆羊"多莉"开始的。早在 20 世纪 20 年代，汉斯·斯佩曼就做到了这一点：通过用一根绳套将蝾螈的胚胎一分为二，斯佩曼实现了对蝾螈的克隆。后来，他又用核移植技术实现了克隆。1952 年，罗伯特·布里格斯和托马斯·金使用核移植技术克隆了青蛙。1984 年，科学家首次用这种方法克隆了绵羊。"多莉"的重要之处在于，移植的细胞核来自一只成年绵羊的体细胞。2005 年，韩国科学家黄禹锡和他的团队率先克隆了一只狗，他们将它称为"斯纳皮"（Snuppy）。[1] 但黄禹锡不久后就跌下了神坛，因为他声称自己成功克隆了人类胚胎，并从这些胚胎中采集到了干细胞，而这一成果被证实是伪造的（见第 175 页）。

我们不知道用克隆技术来进行人类生殖是否可行。唯一能确定

---

[1] 许多富有的宠物主人都进行过动物克隆，其中最有名的是美国演艺明星芭芭拉·史翠珊。然而有些人逐渐明白，克隆的动物并不能保证和原来的动物一模一样。企业家约翰·斯伯林和卢·霍桑曾对美国得克萨斯州的一个项目进行过投资，希望能开拓一个有利可图的市场。但他们沮丧地发现，该项目克隆出的第一只猫看起来不像原来的猫。这只克隆猫不可避免地被称为"山寨猫"（CopyCat），它有黑白相间的毛，但缺少原来的猫所拥有的龟壳状橙色斑纹。这是因为猫的毛色不是简单地由基因序列控制的，而是由基因的表观遗传学修饰控制的。这个生动的例子说明，无论是针对我们自己还是其他生物，认为我们珍视的那些特征都是由基因决定的，是多么具有误导性。

答案的办法就是尝试一下，但这在大多数国家是被禁止的。[1] 在 2005 年发布的一项宣言中，联合国呼吁所有国家禁止这种行为，因为其"与人的尊严和对人生命的保护相矛盾"。然而早在 1993 年，美国乔治·华盛顿大学医学中心的科学家就已经进行了人类克隆。通过人工手段，这些研究者把每个体外受精的人类胚胎分割成了两团甚至多团细胞，这种方法可以被用来产生同卵双胞胎。[2] 这些细胞长成了早期胚胎，但未能达到可以在子宫着床的阶段。这项工作引起了很多争议，因为不清楚研究是否获得了相应的伦理许可。

用体细胞核移植技术克隆人则是另一回事。迄今为止，我们之所以认为这有可能可行，最重要的一个原因是 2017 年的一项研究表明，这种技术在其他灵长类动物上是有效的。借助体细胞核移植技术，上海中国科学院神经科学研究所的蒲慕明和同事得到了两只克隆猕猴，他们将其命名为"中中"和"华华"。虽然提供细胞核的细胞来自胎儿期而不是成年期的猴子，但研究人员相信最终用成年猴的细胞也能实现克隆。由于某些目前尚不清楚的原因，灵长类动物一直是特别难克隆的哺乳动物，因此这一结果是迈向克隆人的重要一步。这项研究的目的并不是其本身，而是为了创造出遗传背景完全相同的猴子。有了这样的猴子，研究人员就能开展有关阿尔茨海默病遗传学基础的研究。

抛开更广泛的伦理问题不谈，即使出于安全考虑，现在尝试克隆人也是非常不明智的。中中和华华是 6 次妊娠中硕果仅存的活产小猴，研究人员将 79 个克隆胚胎植入 21 只代孕母猴体内才得到了它们

---

[1] 在英国和澳大利亚等国家，法律允许使用不以生殖为目的的治疗性克隆技术制造供研究用的人类囊胚期胚胎（就像黄禹锡声称他做到的那样）。

[2] 事实上，在这项研究使用的胚胎中，细胞比正常情况下多了一套染色体，这意味着不能保证分割出的细胞是基因完全相同的克隆体。

俩。事实上，还有另外两只小猴也出生了，克隆它们使用的是成体细胞的细胞核，但两只小猴都不幸夭折了，一只死于身体发育障碍，另一只死于呼吸衰竭。

要构想出一个值得用克隆来产生后代的情境很需要一些想象力。也许有人会想象这样的一幕：一对异性夫妇想生一个孩子，但夫妇中的一个人患有某种复杂的遗传病。这种疾病不仅无法通过基因编辑消除也无法筛查，并且肯定会遗传给孩子，因此这对夫妇选择克隆两人中"健康"的一方。但在这样一个假设的选择中，暗含的并不仅仅是一种自恋情结。

当然，不难想出克隆人的一些糟糕理由。最容易想到的一个是，想要以某种方式创造一个自己的"复制品"，借此延长自己的生命。这种想法不仅可能令人反感，而且是在自欺欺人。认为克隆出来的人是 DNA 提供者的"完美"复制品也是不正确的。正如我在前文中介绍的那样，受精卵的"遗传程序"是由发育过程中的偶然事件进行筛选和解读的，没有人能完全预测其结果。1997 年出生的克隆羊"多莉"与原来那头母羊并不是一模一样。此外，苏格兰罗斯林研究所克隆"多莉"的研究团队曾在 1995 年用胚胎细胞作为细胞核的供体，克隆了 4 只母羊。根据研究人员的说法，这些母羊"在体形和性情上都迥然不同"[32]。一个克隆自爱因斯坦的人绝不会是同等水平的天才。

不过在与克隆相关的话题上，要摆脱"简单粗暴"的基因决定论仍需一些努力。这并不仅仅是因为基因决定论会引发一些荒谬的幻想，例如艾拉·莱文（Ira Levin）1976 年的小说《巴西来的男孩》中克隆希特勒的情节。科学家们必须注意遣词造句，不要再把基因组称为"决定我们的蓝图"，也不要像美国国立卫生研究院院长弗朗西斯·柯林斯（Francis Collins）近期在谈及使用基因编辑技术编辑人类胚胎时那样，把基因组称为"人类的本质"[33]。这类言论如今是一种危险的误导。

虽然有一些惊世骇俗者和极端狂热分子声称已经克隆出了人，但其实目前还没有人被克隆。但我觉得克隆人终究会发生。我不希望发生这一幕，因为和人工授精不同，似乎没有任何合理的理由去克隆人。我这么说是出于两方面的考虑，一个是克隆人的福利，另一个是减轻人们可能遭受的痛苦。尽管如此，如果克隆人真的出现了，那么可以预见，将会出现另一个"路易丝·布朗时刻"。在这样一个时刻，当看到一种陌生的流程制造出了和我们一样的人类时，我们很难缓解对这种流程的不安。

罗纳德·格林曾在 2001 年指出，在 10 ~ 20 年内，"世界上每年将有少量的儿童（几百至几千人）通过体细胞核移植技术降生"[34]。尽管预测的时间不一定对，但这在理论上或许是正确的。正如格林所说的那样，很可能在几十年内，"克隆就将成为众多辅助生殖技术中的一种"[35]。如果真是这样，那么我希望人类克隆在适当的安全保障下以一种公开的方式进行，并且受到相关部门的监管，而不是任由科学怪人和唯利是图的公司在荒郊野岭开展，因为他们不会关心客户克隆的初衷甚至福利。我们可能会对人类克隆持谨慎态度，但这并不意味着我们有丝毫理由拒斥通过克隆技术制造出来的人。

操控细胞的新技术使制造和塑造人类成为可能，这听起来似乎颇具戏剧性，甚至可能令人忧心。但与这个领域早期的一些科学家的预测相比，这些可能性显得相当保守。

约翰·戴斯蒙德·贝尔纳（John Desmond Bernal）是两次世界大战之间成就斐然的一代生物学家和生物化学家中的一员——这

一代科学家还包括 J. B. S. 霍尔丹、李约瑟、朱利安·赫胥黎和康拉德·哈尔·沃丁顿——他们不仅奠定了发育生物学和分子生物学的基础，同时还将这些科学进展融入关于科学会扮演何种社会角色的想象中。贝尔纳 1929 年的著作《世界、肉体和恶魔》（*The World, the Flesh and the Devil*）回应了霍尔丹对生物技术所带来的可能性的推测，而这些推测则源自剑桥大学的史澄威斯实验室关于组织培养的研究。

在他 1924 年出版的著作《代达罗斯，或科学与未来》中，霍尔丹对未来的生育做了预测。这些预测非常大胆，如果是在今天，很多科学家都不会冒这么大的风险做出类似的推断。不过与贝尔纳关于生物技术将把我们带向何方的想法相比，霍尔丹的这些预测就显得稀松平常了。贝尔纳认为，我们可能最终会用一些机械装置替换掉"身体上那些没用的部分"[36]，比如性能好得多的假肢和感觉装置。最终，人会从这种"半机器人"的形式逐渐变为"缸中之脑"（brain in a vat，我将在下一个插曲部分讨论这个话题），并被连接到一个由工程设备组成的离散式系统上，而不是位于人的身体中：

> 我们应该用一些坚硬材料制成的全套框架来替代现在的身体结构，这种材料可能不是金属，而是一种新的纤维性物质。这个框架的形状是一个相当短的圆柱体。在这个圆柱体中，脑及其神经连接受到很稳妥的支持，以避免震动冲击造成损伤。脑被浸泡在一种具有脑脊液性质的液体中，这种液体以恒定温度在脑的表面循环。脑和神经元通过血管获得新鲜的含氧血液，这些血管与圆柱体外的人工心肺及消化系统相连——这是一个精巧的自动化装置。[37]

贝尔纳的思想明显受到了当时科幻小说的启发。在贝尔纳这本书出版的两年前，《惊奇故事》杂志刊登了一位笔名为弗朗西斯·弗拉格（Francis Flagg）的作者所创作的故事，故事题目叫《阿尔达西亚的机器人》（"The Machine Man of Ardathia"）。在这则故事中，一个现代美国人遇到了一位来自未来的访客：一个胎儿期的类人生物。这个生物被装在一个玻璃容器里，并且连接在机器上。在贝尔纳出版《世界、肉体和恶魔》的同一年，奥拉夫·斯特普尔顿（Olaf Stapledon）出版了经典科幻作品《最初和最后的人》（*Last and First Men*）。[1] 在这部小说中，斯特普尔顿描述了未来的人类如何用霍尔丹式的人工受孕技术和阿道司·赫胥黎式的生物操作技术来制造一种实体。这种实体借助灌注氧合血液的泵维持生命，有巨大的脑和所剩无几的微小身体，后者像附属物一样缠绕在脑的下表面。这些机器和人的拼合体——斯特普尔顿精心构思出来的后进化人类谱系中的第四个人类物种——最终进化成了存放在 40 英尺宽的塔楼里的巨型大脑。这种超脱于身体的智能生物奴役着具有人形身体的人类（第三个人类物种），统治着从最深的海床到天空的整个地球。[2] 这些想象显然也受到了亚历克西斯·卡雷尔作品的影响，卡雷尔本人设想了一种离散式的身体，这种身体的器官被保存在不同的容器中，但通过脉管

---

[1] 作者此处有误，《世界、肉体和恶魔》出版于 1929 年，《最初和最后的人》出版于 1930 年。——译者注

[2] 斯特普尔顿的这本书充满了天马行空的想象。我不太愿意称其为小说，因为这是一部厚重而无情节的编年史，描述了人类遥远的未来。有些人可能会认为，这本书中对未来技术的预期是一种令人胆寒的先见之明。斯特普尔顿解释说，第四个人类物种的超级大脑是通过"操纵（在实验室里培养的）生殖细胞中的遗传因子、（也是在实验室中培养的）受精卵，以及生长中的身体"[38] 制造出来的。但斯特普尔顿认为，第四个人类物种最终会意识到，欠缺身体使他们这种只存在思维活动的生活受到了限制，也降低了生活的价值。出于这一原因，他们会在残存的第三个人类物种的基础上设计出他们的继承者："他们将是一个正常的人类有机体，具有自然人体的所有功能，但需要加以彻底的完善。"[39]

系统被连接起来。

贝尔纳的推测现在被认为是超人类主义运动精神遗产的一部分，这一运动寻求以激进的方式用技术扩展人体的可能性。1990年，美国人体冷冻公司阿尔科生命延续基金会（Alcor Life Extension Foundation）的首席执行官马克斯·莫尔（Max More）为超人类主义下了一个定义。时至今日，仍然没有其他描述可以超越莫尔的定义。莫尔认为，超人类主义是指：

> 通过科学和技术手段，由提升生命质量的原则和价值观引领，寻求延续和加速智能生命的进化过程，使其超越现有人类形态及局限性的生命哲学。[40]

虽然有时一些人坚称超人类主义是在"打造完美的人体"，但事实并非如此。超人类主义的支持者一般认为，不可能理想化地使人体完美化，但相信对人体的改进可以无穷无尽地进行下去（这与进化论的观点是一致的）。迄今为止，大部分超人类主义项目的重点是利用药物、医疗和信息技术，以及人机接口来扩展认知和感官能力。在超人类主义者实现其乌托邦式理想的"武器库"中，人体本身的可塑性是一个很大程度上难以预料的武器。

当然，许多相关问题都取决于莫尔提及的"提升生命质量的原则和价值观"，因为人们在这些原则和价值观的内容上并未达成共识，也没有任何确定的哲学或伦理方法可以解决此类问题。超人类主义者通常崇尚自由，并且往往会陷入彻底的自由意志主义（libertarianism）信仰。他们可能会发现自己面临着一个严峻的挑战：当谈及超人类主义者的努力时，人们几乎总是会把话题转向其反乌托邦的一面。

人们有时会诟病超人类主义者，因为批评者认为，超人类主义者觉得人体令人厌恶。超人类主义者则否认这一点，我认为我们应该相信他们。但在超人类主义者的眼中，人体是有缺陷的，甚至可能是一种不必要的累赘。就连大脑本身也通常被超人类主义者视为一个单纯的信息处理器，大脑的工作同样可以由计算机完成。这一观点在神经科学界仍然存在争议，我将在下文中提及。

对人体的轻视在另一本书中体现得淋漓尽致。1972 年，美国人体冷冻法的倡导者罗伯特·埃廷格（Robert Ettinger）出版了著作《从人到超人》（*Man into Superman*），这本书被认为预示着超人类主义项目即将出现。如果说贝尔纳的原始超人类主义与《惊奇故事》杂志中的意象实现了完美融合，那么埃廷格的书也反映了其所处时代的精神，因为这本书是一次惊人的迷幻之旅，散发出最极端、最癫狂的科学幻想中才有的那种自信。埃廷格对未来的生物工程人体两性特点的激进推测可能源于 J. P. 唐利维（J. P. Donleavy）[1] 的小说：

> 女性超人身上可能布满各种精心设计的孔洞，有点像会动的瑞士奶酪，但外形更美观，气味也更芬芳。她的男性超人伴侣身上可能会长出各种突起，这样他们就能以无数种性行为的组合缠绵在一起，像液压泵一样不知疲倦……其间所有孔洞都是开放的，这种无休止的缠绵可以产生接连不断的多重高潮状态。41

虽然今天的超人类主义者在措辞上要低调得多，但有的情况下也会流露出一种类似的沮丧之情。比如，有人会认为我们"过于人类"的身体抑制了我们在性方面的潜能。生物技术领域的企业家玛蒂

---

[1] J. P. 唐利维（1926—2017），美国小说家，后来加入爱尔兰籍，代表作有《姜饼人》等。——译者注

娜·罗斯布拉特（Martine Rothblatt）期待着"数码人"的诞生，她认为这些人造人（*personae creatus*）将从身体强加给人类的性和性别传统中被解放出来。罗斯布拉特写道："一旦大功告成，性别身份不仅会从生殖器官中解放出来，而且会从人体中解放出来。意识将突破人体的限制自由流动，性别也将突破生殖器官的限制自由变化。"[42] 性别二元论的传统将就此终结。

这是一个非常直白的例子，说明超人类主义充当了一种实现愿望的手段，不过这种愿望错位了。对于罗斯布拉特来说，上述愿景似乎象征着一种希翼：希望社会不要那么一成不变和非黑即白地看待性和性别。这是一个合理的愿望，但目前已经有充分的生物学和文化缘由表明，这种观念同样适用于我们的身体，并不需要创造一群有多种性别种类的数码人。在这里，就像在其他一些情境下一样，超人类主义似乎更像一个想象的平台，被用来构建我们（有充分理由）希望在当今世界实现的乌托邦。

超人类主义对长生不老的痴迷也差不多是这种情况。埃廷格认为，"人性本身就是一种疾病，我们必须现在就尝试治愈我们自己"[43]。至少在有关死亡的问题上，这种观点是现今许多超人类主义者所拥护的。在有的超人类主义者看来，死亡是一种懦弱而神秘的虚无主义，埃廷格的思想无疑也在指引着这种观点：

> 那些坦然接受死亡和人性的人完全没有意识到他们面临的困境和机遇，他们不明白自己现在有多卑微，也不明白自己可能会变得多么崇高。[44]

一些超人类主义者试图通过生物医学手段来避免或逆转衰老过程，以追求长生不老，具体方式包括合理饮食、服用药物、采取健康的生活方式以及手术干预。另一些超人类主义者希望可以把他们的意识从大脑下载到硬盘上。还有一些超人类主义者则让马克斯·莫尔的公司这样的机构在他们死后冻存其遗体，希望一旦技术允许，自己就能重获生命。（埃廷格的遗体就被冻存了，他的第一任和第二任妻子也是如此。）但我们现在知道，自古有之的永生的诱惑一直在使我们与自己身体的深度接触和对抗变得复杂。衰老、淘汰和病变是人类细胞的固有特点，但细胞功能的多样性似乎也提供了"返老还童"的希望。这可以通过多种方式实现，例如逆转细胞分化的过程从而使其回到胚胎期时的状态，或者重新唤醒细胞的增殖过程，又或者借助克隆技术将我们的 DNA（很多人说这是我们的本质和灵魂）转移到全新的载体上。

当考虑到生命过程已经延续了大约 40 亿年时，似乎很奇怪的一点是，在跨人类主义的视角下，身体居然被视为渺小、脆弱和短暂的，并且自我居然被认为更适合安置在无机材料中：在贝尔纳所说的玻璃和钢铁器材中、在斯特普尔顿所说的"钢筋混凝土"中，以及在现在的硅电路中。[1] 当然，对于那些希望自己的个体生命能够长存的超人类主义者来说，进化意义上的长寿算不上带来慰藉。但正如我将在本书最后一章中解释的那样，目前尚不清楚在生物学意义上是否存在任何具体、静态以及有边界的个体性。超人类主义者希望保存的东西，不是一件可以简化为某个瞬间的字节排列的事物，而是一个内生、动态、短暂、偶然，以及与环境紧密关联的过程。这就是活着的意义。做一个类比，你不妨想象一下如何储存一条流淌的河。

因此，超人类主义者似乎经常一会儿表现得对人体（以及我们

---

[1] 我凝视着我抽屉底部的一些旧软盘。这些软盘中塞满了毫无用处、无法访问，无疑也正在消失的数据。我感到好奇，如果通过数码方式存储的话，那么设想中的"虚拟自我"到底会有多长的寿命？

这些对身体知足的人）不耐烦，一会儿又会略带傲慢地相信，虽然大自然造物崇高且值得称道，但我们可以做得更好。在《写给大自然母亲的信》一文中，马克斯·莫尔委婉地责怪她："在您的创造下，我们显得光彩夺目，但也有着巨大的缺陷。您似乎在 10 万年前就对让我们进一步进化失去了兴趣……我们已经决定，是时候修改人类的构造了。"[45] 在一些人看来，这纯粹是一种弗兰肯斯坦式的傲慢，而且很可能不会有什么好结果。但在过去的很多个世纪中，我们一直都在影响着人类的进化。今天，我们已经有能力用设计活动来影响这个原本带有偶然性的过程。超人类主义的危险并不在于它会提出傲慢的问题和挑战，当今的生物技术已经在这样做了。超人类主义的危险之一在于，它很容易被冒牌先知和沉溺于技术幻想的人利用，以追求他们自己痴心妄想的事情或者逃避他们的恐惧。

当然，要驳斥超人类主义是很容易的，尤其是因为其倡导者所描绘的未来看起来常常充满了不近人情、唯我独尊的享乐主义。此时，在智力卓越的外表下，所有乐趣和幽默都荡然无存。但超人类主义至少勾勒出了一个值得认真进行伦理反思的思想实验。我们已经付出了很大努力去追寻心目中的"美好生活"：延长身心健康的时间、培养有意义的关系、减轻他人的痛苦、尊重个人的自主性和权利，以及深化与世界的思想和情感联系。如果医学技术和信息技术能够为实现这些目标提供新的可能性，那么难道使用这些技术是不合伦理和不负责任的吗？

更重要的是，很难反对"形态自由"（morphological freedom）的超人类主义原则。正如 1998 年几位形态自由的倡导者在一份超人类主义宣言中所说的那样，形态自由是"一个人增强自己身体、认知和情绪的权利"[46]。和以生殖为目的的基因组编辑一样，这种自由会引发有关社会平等和能力获取的难题，而超人类主义者中的一些自由意志主义者似乎不愿意追求这种平等。但几个世纪以来，我们一直都在通过重新设计身体来增强其能力，至少从研发出视觉和听觉的假体和辅助设备以来是如此。虽然出于治疗目的开发的此类医疗技术（例如，能对神经冲动做出反应的假肢，或者能追踪眼动的屏幕）效果显著，但迄今为止，大多数旨在增强人体能力的技术（例如，可以激活外部安全电路的植入式射频设备）都有些无足轻重或者是在哗众取宠。但正如我在前文中介绍的那样，细胞转化技术可能很快会使我们的身体发生一些显著的形态变化，而超人类主义或许会激发一些有用甚至至关重要的辩论，让我们讨论哪些变化是可行的和可取的。

在我看来，实现大多数超人类主义愿景的主要障碍不是这些目标的性质，而是达成这些目标的手段在技术上和生物学上不现实。与20世纪30年代的《惊奇故事》杂志中那些狂放而美妙的幻想相比，当今的超人类主义者所构想的许多未来场景并没有太大的不同。这些超人类主义者过分依赖于简单和乐观的推断，或者一些纯粹幻想出来的技术。在神经科学、认知科学、信息技术、生物医学工程和纳米技术等领域的成就（以及已知的局限）与超人类主义者的想象之间，通常存在着巨大的鸿沟，更不用说社会经济因素也会塑造这些领域的发展方式。因此，即使是一些相对较新的超人类主义著作，在十年后也会看起来比较滑稽并具有误导性。

这并不是说超人类主义的目标和预测毫无价值，但其价值往往与超人类主义者的意图迥然不同：其价值是作为一面镜子，照见我们的希望、梦想和恐惧。在这个意义上，超人类主义显然与任何尝试预测未来技术前景的做法没什么不同，两者也并无优劣之分。

THIRD INTERLUDE

PHILOSOPHY
OF THE LONELY MIND

Can a brain exist in a dish?

插曲 III

孤独心灵的哲学：
大脑能在培养皿中存活吗？

　　当我的迷你大脑在培养皿中逐渐成形的时候，我回想起了那本略显幼稚的小说。很多年前，我十分明智地把它尘封在了一个抽屉的底层，并且已经把它遗忘掉了。这本小说中有一幕讽刺《惊奇故事》杂志中恐怖故事情节的场景。在这个场景中，一个疯狂的医生在医院的地下室里把他从不幸的病人身上取下的器官合并在一起，制造出了一个巨大的大脑，并通过灌注血液维持其活力。最终，他计划把这个大脑安置在一个巨大且设计怪异的人造头颅里，这个头有很多双眼睛，没有鼻子，总之显得无比荒诞。

　　不要害怕，这个可怕的东西不会从我的抽屉底层冒出来。虽然塞利娜·雷并不完全符合小说中疯狂的佐巴克博士这一形象，但她和克里斯·拉夫乔伊（哦，对，雷还有一个狂热的追随者……）在伦敦大学学院的培养箱里创造出来的东西，在某种程度上比青少年时期的我所能想象的更奇怪，当然也更美妙。在我年少的时候，我一直在思考一个老掉牙的想法。之所以说它老掉牙，是因为在 1926 年的某一期《惊奇故事》杂志上，这种想法就出现在了一则故事中。故事的作者是 M. M. 哈斯塔，标题是《会说话的大脑》（"The Talking Brain"）。这则故事的灵感直接来自亚历克西斯·卡雷尔的研究工作。"如果一个心脏能在瓶子里持续搏动好几年，"哈斯塔笔下痴迷于这一领域的科学家默萨教授问道，"那么为什么大脑不能在瓶子里永远保持存活并持续思考呢？"[1]

当然，读者可以立刻想出几个充分的理由来表示反对。但这些反对理由并不能阻止默萨教授取出一名在车祸中严重受伤的学生的大脑，并将其置入一个由蜡制成的头中。默萨把持续灌流的大脑和电线连接起来，这样大脑就可以用莫尔斯电码与外界交流了。然后……你应该能猜到的，大脑说：

> 这个鬼地方比你想的要糟糕多了。给我自由。要么你杀了我，要么让他［默萨］杀了我。现在。现在。现在。现在。现在。现在。现在。[2]

我不知道罗尔德·达尔（Roald Dahl）[1] 是否读过哈斯塔的故事，不过达尔当然完全有能力独立想出这样的可怕情节。这个情节出现在达尔 1959 年发表的短篇故事《威廉和玛丽》中，后来被制作成电视连续剧《罗尔德·达尔的惊奇故事》中的一集。故事中的威廉是一名患上癌症的哲学家，知道自己将不久于人世。一个医生找到威廉，主动提出会在他死后保留他的大脑，并将其连接到一个人造心脏和一只人工眼睛上。这一切简直就像是卡雷尔实验的一个噩梦版本。威廉同意了这一提议，一切工作都在向前推进。威廉的妻子玛丽也同意照顾失去了实体，只由几个器官组成的丈夫。但玛丽有自己的小九九。她一生都受到丈夫粗鲁的控制，包括禁止她吸烟、不许她买电视机等等。现在她偏偏打算在这个无助的大脑的注视下做这些事情。连在大脑上的独眼死死地盯着她，流露出愤怒之情，而玛丽则平静地向这只眼睛吞云吐雾。"我的宝贝，从现在起，你要完全照玛丽说的做，"她惬意地说，"明白吗？"[3]

---

[1] 罗尔德·达尔（1916—1990），英国小说家、剧作家、诗人，代表作包括《查理和巧克力工厂》《了不起的狐狸爸爸》等。——译者注

　　但除了让人起鸡皮疙瘩外，"缸中之脑"的故事还有其他用途。长期以来，这一想象让哲学家们如痴如醉，他们将其编织入各种场景中，以此来检验信仰和怀疑。过去，他们认为这仅仅是一个（请原谅我这么说）思想实验。但思想实验向来容易转变成真实的实验。

　　大脑各个方面的特征似乎都与我们的直觉不符。想象下，一名外科医生手里拿着一个刚从颅骨中取出的人脑。它看起来像是屠夫砧板上的内脏，一块迷宫般的牛奶冻，上面是布满血迹的沟回。（直到福尔马林防腐剂起作用，标本罐中的脑组织才会达到类似橡胶的韧度。）仅仅用手指按一下，颤动的脑组织上就会产生凹陷。

　　然而在这块平平无奇的组织里，曾经蕴含着整个宇宙以及这个人一生的光景。这个人所知、所感以及经历过的一切——热带海滩上的海浪声、烤栗子的味道，以及母亲去世带来的悲痛——都被锁在脑组织的膜状结构内，以电的模式编码，在一种不同于我们心目中信息处理装置典型形象的物质中传播。你肯定能够感受到，大脑里有一些神秘的东西。

　　大脑用魔术大师般的技巧让我们产生对世界的印象。我可以告诉自己，我眼前的键盘和窗外的街道是客观存在的。但它们的颜色、清晰度、透视关系以及我所感知到的其他每个方面的特征，都是我的大脑构建出来的。我从来没有完全说服过自己，使自己坦然接受这些事实。在谈及相关内容时，我的逻辑甚至都会变得前后不一。在我的脑海中，浮现出了一些小人，就像《比诺》杂志里的小笨蛋们一样。这些小人生活在我的大脑中，从大脑灰质的核团获取感觉信息。大脑是我们面临的一个终极哲学难题，这里是人格的居所，但我们不清楚在大脑里能找到谁，也不清楚大脑里的人具体位居何处。

我们可能不禁会想象，在一个人大脑柔软的沟回中，"居住"着这个人本身，或者至少存储着他（她）成其为他（她）的线索。1955 年，阿尔伯特·爱因斯坦在普林斯顿大学去世后，病理学家托马斯·斯托尔茨·哈维（Thomas Stoltz Harvey）取出了他的大脑，并将其切片保存。哈维自己收藏了爱因斯坦大脑的部分切片，其他切片在历经辗转后现在被保存在一些博物馆中。在博物馆中，这些切片已经成为已逝天才的象征，就像圣徒的遗骸一样。至于爱因斯坦的大脑为什么在解剖学上是"特别"的，相关说法比比皆是，其中一些甚至源自科班出身的神经病理学家。但事实上，每个人的大脑都可能有某些地方偏离常规，而将某种能力归因于脑组织的形状、大小和细胞结构的差异可能是在牵强附会。我们不知道是什么让爱因斯坦的智力如此与众不同，但在被保存下来的大脑灰质中未必能找到答案。

虽然我们无法通过大脑的大体结构来推断一个人的性格或者天赋，"我们的大脑造就了我们"这样的观念也还是有一定道理的。随着发育过程的推进，我们大脑中的神经元之间会形成神经连接，这个过程是由我们的基因引导的（但不是完全由基因决定的）。根据一个人的基因图谱，你可以对其大致的性格特征做出有意义的预测。但正如前文所述，这些都是概率事件，而不是命运。大脑的发育取决于复杂的基因机制对生长过程中随机干扰事件的敏感性，而这是难以预测的。

大脑是一个模块化的器官：不同的行为可能与大脑不同区域的生理特征有关。正因为如此，大脑不同区域的损伤会对认知功能产生非常不一样的影响。男性和女性的大脑之间存在微小但明显的解剖学差异，不过这对两性的行为差异有何影响尚有争论。大脑特定区域的萎缩会导致高度特异性的症状。例如，痴呆并不只是会导致一般性的记忆丧失：痴呆分为许多类型，不同类型有其特征性的症状，这些症状与受到影响的脑区有关。原发性进行性失语（primary progressive aphasia）是由大脑额颞叶的退行性变化引起的，会影响语义处理的很多方面，比如我们如何对概念进行分类标记，以及我们提取这些语言标记的能力。对于一些患原发性进行性失语的病人来说，这表现为难以将词语联系到一起并发声。但如果相关的神经退行性病变发生在大脑偏后一点的位置（也就是颞叶），由于颞叶是语言加工的脑区，因此患者受损的将不是发声的能力，而是理解语义的能力。

后部皮层萎缩（posterior cortical atrophy）则与此不同。后部皮层萎缩是阿尔茨海默病的一种变异型，通常会影响人的空间感知能力，并可能导致定向障碍、视错觉和共济失调。这种体验可能类似于我们无法理解所看到的东西：那是一张脸，还是一块布料上的褶皱？那个物体是近还是远？在促成"培养皿中的大脑"实验的"凭空创造"项目中，一名后部皮层萎缩患者告诉我，有一次，当他在弹钢琴时，钢琴键盘看起来好像升高了几英尺。我们最好不要把这样的体验看作一种"现实的扭曲"，而应该将其看作一种提醒。它告诉我们，所有的感知很大程度上都是在心理上构建起来的。

大脑也一直在被经验塑造。与普通人相比，自幼接受训练的音乐家大脑的胼胝体（corpus callosum）更粗。胼胝体是连接两侧大脑半球的结构，使两者处理的信息能够被整合到一起。在音乐家的大脑中，负责处理音调高低的皮层区域也发育得更大。对伦敦出租车司机的脑部扫描研究发现，他们大脑的海马区后部发育得更大，而海马区是一个与记忆和导航有关的区域。由于这种体积增大与司机在学习城市街道的布局时所接受的培训量呈正相关，因此海马体积增大似乎确实是司机们认路技能提高的结果，而非原因。和我们的身体一样，从很多方面看，我们的大脑并不是一部我们赖以驾驭世界的人肉机器，而是一份保存着我们如何适应和应对个人经历的记录。

在詹姆斯·惠尔 1931 年根据玛丽·雪莱的小说改编而成的电影中，弗兰肯斯坦疯狂的助手弗里茨给了他一名罪犯的"异常"大脑，谁能忘得了这个情节？[1] 这个情节也许会让我们推测，这种异常可以解释这个怪物嗜好杀人的倾向，但这样就完全曲解了雪莱所传达的信息：雪莱想表达的是，怪物之所以变成凶神恶煞，是因为弗兰肯斯坦没能给怪物以关爱。

把大脑保存在罐子里的做法并不是好莱坞首创的。人们通常用这种方式保存大脑，以便将其用于医学研究，分析大脑与行为模式相关的可见特征。在现在看来，对于理解如此复杂的器官来说，解剖是一种相当原始的手段，但这曾经是找出身体结构和功能联系的唯一手段。

这种组织保存传统令人尊敬，但也有例外，有的甚至远比哥特式恐怖电影中的任何情节离奇和可怕。20 世纪 70 年代，相关人员在维也纳奥托-瓦格纳医院的地下室里发现了数个放满罐子的架子，这些罐子中装有数百名儿童的大脑。几十年来，那里的工作人员一直在

---

[1] 在 1974 年上映的电影《新科学怪人》中，马蒂·费德曼饰演的助手向吉恩·怀尔德饰演的弗兰肯斯坦博士承认，那个他偷来并被装在瓶子里的大脑原本属于一个叫"艾比·诺尔摩"（Abby Normal）的人。这个情节也同样令人难忘。（在英语中，"Abby Normal"与"abnormal"发音几乎相同，此处暗示这个大脑是"不正常的"。——译者注）

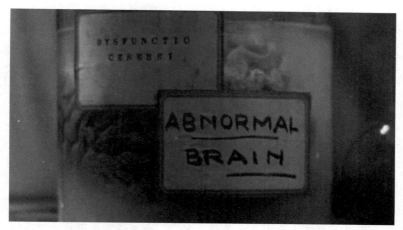

不，弗里茨，不要用这个大脑：1931 年版《科学怪人》电影的一张剧照

（图片来源：环球影业 1931 年版《科学怪人》电影剧照）

给这些大脑更换保存液，对大脑的来源没有产生丝毫疑惑。据知情人士透露，这些大脑来自一些特殊的儿童：在纳粹医生海因里希·格罗斯的指使下，纳粹杀害了一些被关押在特殊病房的"智力缺陷"儿童，这些大脑就取自这些儿童。格罗斯的意图显而易见，他打算研究这种"缺陷"的解剖学原因。2002 年，受害儿童残存的遗体在一个仪式上被安葬。

有些人选择在死后将自己的大脑保存在罐子里，不是为了帮助医学研究，而是因为如果有朝一日科技能让人复活的话，那么就需要大脑（如果罐子里的这个东西这时还能称作"大脑"的话）。大脑冻存是桩大生意：已经有成百上千的人为死后冻存自己的身体（或者仅仅冻存头部，这样更便宜）付款，希望有一天科学能使大脑甚至人复活。你未必需要或者想要用你原来的身体复活，在你死于某种致命事故或疾病的情况下尤其如此。美国亚利桑那州斯科茨维尔的阿尔科生命延续基金会是提供这项服务的公司之一。根据这家业界引领者的说法，"现有的证据和理论都表明，在条件适宜的情况下，冻存技术有相当的概率获得成功"[4]。（至于"现有的证据和理论"究竟是什么，这家公司没有明确陈述。）阿尔科生命延续基金会还补充说：

> 你的记忆和个性能否保存取决于某些大脑结构的存活程度，这些结构储存着记忆和其他重要的身份信息……以目前的科学认知，我们无法确切地知道，当在某种条件下保存的大脑被全面修复后，会有多少的记忆被恢复。不过，即使大脑已经受损到今天很多人看来毫无希望的程度，未来借助先进技术的高级复苏手段也可能使记忆得到恢复。[5]

好吧，这是你的选择：最低的"人头费"（这个词从未像现在这样直截了当）为 8 万美元。一些批评者指责人体冻存公司在向情感脆弱的人群兜售虚假希望，以从中获利。专家指出，如今的低温技术不可避免地会对组织造成损伤，而解冻造成的损伤更甚，因此冻存的大脑不可能被复苏。

由于脑冷冻不朽论的主张过于牵强，因此阿尔科这类声誉良好的冷冻技术公司一直试图与持这种论调的人保持距离。但人体冷冻技术仍然被一些人吹嘘成为战胜死亡提供了一线希望。2016 年，一名 14 岁的女孩死于癌症，英国高等法院宣判尊重她生前的愿望，让一家美国公司对其身体进行低温冻存，以便让她在未来有可能被"唤醒"。[1] 当时，死后冻存大脑的做法引起了特别大的争议。

---

[1] 这当然是一个悲伤的故事。当讨论一个人的生命以孤立保存的大脑的形式延续下去是否合法时，我们不得不提及下面这段据说报道于《马萨诸塞州律师协会律师杂志》（*Massachusetts Bar Association Lawyers' Journal*）的法庭对话：

2018年，耶鲁大学的研究人员进行了一项颇具争议的实验。尽管这项实验令人毛骨悚然，但追求永生的人可能会从中得到一些慰藉。这些研究人员把在屠宰场屠宰的猪的头取下来，通过灌流含氧液体，使猪头在某种意义上存活了36小时。这里的"存活"仅仅是指一些细胞在灌流过程中仍然表现出了存活的迹象，但这些猪头并没有恢复意识——谢天谢地，但合情合理。

从维持与身体断绝联系不久的头颅中的细胞活动，到唤醒深度冷冻头颅中的记忆，还有很长的路要走。但一些人体冻存技术的拥护者认为，有朝一日我们有可能会拥有实现这一点的技术手段。"如果你能填补冻存和复苏这两点之间的鸿沟（两者的距离只有几十年的时间），"计算机科学家拉尔夫·梅克尔（Ralph Merkle）写道，"那么你就大功告成了。你所要做的就是在系统崩溃时冻结你的系统状态，然后等待崩溃恢复技术被开发出来……你可以一直保持这种冻结状态，直到技术能够使你被上传为止。"[6]

等等，系统崩溃？上传？你可以从中看到人体冻存的发展方向：越来越认为大脑只是一种计算机，并且可以用与笔记本电脑相关的术

（接上页注）

律师：医生，你在解剖前检查过这个人的脉搏吗？

医生：没有。

律师：你测过他的血压吗？

医生：没有。

律师：你检查过他的呼吸吗？

医生：没有。

律师：也就是说，你开始解剖的时候，病人可能还活着？

医生：没有这种可能性。

律师：医生，你为什么这么肯定？

医生：因为他的大脑当时就在我桌子上的罐子里。

律师：但这位患者是否本来是可以活着的？

医生：是的，他本来是可以活着的，并且在某地当律师。

语来描述。

对梅克尔来说，这只是一个物理问题。你的大脑是由物质构成的，因此受物理定律的支配，这些定律可以在电脑上被模拟，因此你的大脑也可以。你甚至不需要柔软且脆弱的大脑灰质，因为这只是一个有关比特（bit）和字节（byte）的问题。虽然大脑中由神经连接构成的网络极其复杂，但我们仍然可以确定编码这个网络所需的比特数的上限。根据梅克尔的计算，上传一个大脑需要大约 10^{18} 比特的计算机内存，每秒执行大约 10^{16} 次逻辑运算。以目前的技术进步速度，这至少是可以期待的。根据这一超人类主义愿景，我们的生命很快就能在计算机硬件上得到延续：罐中的大脑变成了芯片上的大脑。

一个低温冻存的大脑能否保存所有与你生命中的经历和心理状态有关的数据，则是另一回事（即使不考虑低温导致的损伤也是如此）。发放信号的神经元如何相互合作以产生意识，是一个巨大的科学谜题。这种对比特数进行的大量运算有点像把全球经济简单描述为其货币价值的总和，或者描述为交易代理人的数量。有人认为人脑只是一种复杂的计算机，如果有足够的电路，那么人脑可以被映射到其他任何基质上。但一些认知科学家并不认同这种观点，他们认为意识可能是一种非常特殊的加工网络，不一定与硅或数字硬件兼容。美国西雅图艾伦脑科学研究所（Allen Institute for Brain Science）的神经科学家克里斯托弗·科赫（Christof Koch）认为，有意识的思维只是一种计算的想法是"统治我们这个时代的迷思"[7]。

"下载大脑"这种令人兴奋的愿景还忽视了另一点：大脑不是自我的硬件，而是身体的器官。人工智能和认知科学领域的几位专家现在都认为，具象化的脑才是体验以及脑功能的核心。在生理学层面上，大脑不仅控制着身体的其他部分，而且还通过多种渠道（例如借助血流中的激素）与它接收到的感觉体验进行"对话"。帝国理工学院的人工智能专家默里·沙纳汉（Murray Shanahan）认为，具象化是思想本身的核心。在沙纳汉看来，认知的本质很大程度上是弄清楚我们的行为的可能后果，这是在对意想中的未来场景进行"内心彩排"。在这个过程中，大脑不只是在抽象地进行想象：当我们想象做出某个动作时，我们可以看到实际执行这些动作所需的脑区（例如那些控制运动功能的区域）也会被激活。

这些现象与认知科学家阿尼尔·塞斯（Anil Seth）和曼诺斯·查基里斯（Manos Tsakiris）的想法相符。他们认为，大脑的功能不是在某种抽象意义上计算感觉信息，而是用这些信息来构建一个与我们身体经验相符的世界模型。换句话说，我们不是利用基本的感觉数据在头脑中"自下而上"地创造对世界的表征（representation），而是以一种"自上而下"的方式，从我们"作为一个身体"的感觉出发，去探寻怎样的世界是与这种感觉相符的。举一个例子，我们会（潜意识地）推测物体有我们看不见的另一面，不是因为我们知道"物体有隐藏的一面"这个事实，而是因为我们推断，如果我们绕到背面去，就会看到物体的另一面。

塞斯和查基里斯表示，正是因为这样的原因，我们不会把自己看成住在头部里面，通过眼睛这两个窗口瞭望身体机器外部的小人。事实是，我们理所当然地将身体视为我们心理世界地图的一个方面：它与我们的自我意识紧紧地交织在一起。因此，任何影响我们身体完整性和功能的生理因素——例如，我们的免疫系统，或者肠道中的微生物——都对自我意识的产生有贡献。简言之，没有身体就没有自我。

这样看来，"缸中之脑"不是整个人体的可行替代品。有人可能会争辩说，超人类主义的"芯片之脑"可以和一个能与周围环境进行物理交互的机器身体相结合，甚至可以仅仅和模拟的虚拟环境相结合。但基于身体的自我观念引出了一个问题：是否存在纯粹精神上的、可以被装在罐子里和被下载的"你的本质"，且其不受自身在环境中的具象化实体的影响？

更有趣和有意义的超人类主义式自我实现考虑的则是当身体被扩展和改变，并通过新的人机接口被赋予新的感官及能力时，人的精神会发生什么变化。唐娜·哈拉维发表于 1985 年的经典文章《赛博格宣言》（"The Cyborg Manifesto"）认为我们已经需要思考这个问题了。哈拉维说，在整个 20 世纪，人的身体与人造机器之间（以及人与动物之间）的界限正在变得越来越模糊。和许多超人类主义者一样，她对这种改变喜闻乐见，认为这是一种脱离社会构建的"对立二元论"（antagonistic dualism）的解放，例如性别和种族方面都存在这种二元论。对一些人来说，一想到人类将越来越多地嵌入机器中，就会感到不太自在。科幻作家布鲁斯·斯特林（Bruce Sterling）开创了赛博朋克这一流派，他想象了一个像《黑客帝国》中的"缸中之脑"那样被困住和束缚住的可怜生物："虚弱、年老、容易受伤、受制于人，而且还可能老糊涂了。"[8] 但哲学家安迪·克拉克（Andy Clark）表示，正因为我们是"高度具象化的主体"，而不是"身体中的思想"，所以通过使用一切可供使用的手段——计算机的、遗传的、化学的、机械的手段——来扩展我们的身体，我们一定可以达到扩展自我的目的。克拉克说："我们的边界和组成部分永远都是可以调整的。对我们来说，身体、思维和感觉都是由特定情境下有意图的动作灵活融合而成的。"[9] 细胞转化技术提供了一种新颖而强大的调整方式。正如前文中介绍的那样，细胞转化技术不认为大脑和身体有什么不同。大脑和身体都是可以根据情况发生变化的组织，只要条件具备就能发生改变。克拉克的观点提醒我们，当我们改造身体的时候，需要预料到精神也可能发生改变。

对于哲学家来说，"缸中之脑"是一个熟悉的形象，因为他们长期以来都将其作为一种工具，探索一个认识论的问题：我们如何才能形成对这个世界的可靠认知？哲学家们会问，你如何才能确定你不是一个放在缸中的大脑，感受到的世界仅仅是你接收到的刺激模拟出来的？你如何才能确定你对世界的所有信念不是虚幻的数据塑造的谎言？

　　这个问题可以追溯到勒内·笛卡儿在 17 世纪提出的疑问。笛卡儿认为，既然我们只能根据感官印象来形成客观世界的图景，那么就存在这样一种可能性：我们被一个恶魔有计划地欺骗了，我们对世界的认知都是这种欺骗产生的错觉。在 1641 年出版的《第一哲学沉思录》（*Meditations on First Philosophy*）中，笛卡儿想象了一种"具有最强能力和最狡猾个性，并且倾其所能欺骗我"[10]的存在。他说，在这种情况下：

　　　　我认为，天空、空气、大地、颜色、形状、声音和所有外在的事物，都只是这种存在设计好了用来扭曲我判断的梦境般的错觉。我应当认为我是没有双手、双眼、肉体、血液和各种感觉的，但我现在却误以为我拥有这一切。[11]

　　对笛卡儿来说，这与其说是在逃避一种令人不安的可能性，不如说是在为怀疑自己的信念提供一个理由。正是基于这种怀疑论，笛卡儿提炼出了他著名的简化版结论，以描述仅有的一件他确信无疑的事情：我思故我在。

　　从启蒙运动开始，各路"妖精"经常为思想家们构建出与事实相反的情况和难题。皮埃尔·西蒙·拉普拉斯就设想出了一只这样的妖精（由于充分了解宇宙现在的状态，这只妖精可以预测宇宙的未来）[1]，詹姆斯·克拉克·麦克斯韦也设想出了一只这样的妖精（这只妖精违背了热力学第二定律）[2]。进入 20 世纪后，科学场景被认为是比超自然场景更恰当的思考工具。因此，美国哲学家吉尔伯特·哈曼（Gilbert Harman）于 1973 年在医学情境下重新表述了笛卡儿的问题：

> 你可能根本就没有处在你以为你处在的环境中……有很多种假设都可以解释事物的外观和感觉。你可能正处在梦乡之中，或者一名贪玩的神经外科医生正以一种特别的方式刺激你的大脑皮层，从而给你带来现在的体验。你可能真的躺在这名医生实验室里的一张桌子上，与一台巨大电脑相连的电线插进了你的脑袋里。也许你一直都躺在那张桌子上。也许你和你看起来的样子完全不同。[12]

---

[1] 作者此处的"妖精"指的是拉普拉斯于 1814 年设想出的"拉普拉斯妖"（拉普拉斯将其称为"智者"，后人将其称为"拉普拉斯妖"）。拉普拉斯坚信决定论，因此认为如果能够确切知道某一时刻宇宙中所有物体的状态，那么就能反推或者预测出任何时刻宇宙中所有物体的状态。拉普拉斯构想出的"拉普拉斯妖"就拥有这样的能力。——译者注

[2] 作者此处的"妖精"指的是麦克斯韦为了说明违背热力学第二定律的可能性，于 1871 年设想出的"麦克斯韦妖"。在麦克斯韦的思想实验中，一个绝热容器被分成 A 和 B 两个完全相同的部分，容器中的空气分子做无规则的热运动。A 和 B 被一扇可以开关的"门"隔开，"麦克斯韦妖"可以控制"门"的开关。当 A 中速度较快的空气分子飞向"门"的时候，"麦克斯韦妖"会打开"门"，让分子进入 B，当 A 中速度较慢的空气分子飞向"门"的时候则关闭"门"，使分子留在 A；当 B 中速度较慢的空气分子飞向"门"的时候，"麦克斯韦妖"会打开"门"，让分子进入 A，当 B 中速度较快的空气分子飞向"门"的时候则关闭"门"，使分子留在 B。这将导致 A 和 B 的温差越来越大，而这违背了热力学第二定律。——译者注

在这里，明显可以看到"缸中之脑"的影子，这不就是电影《黑客帝国》的基本前提吗？当沃卓斯基兄弟（现在是沃卓斯基姐妹）[1]在电影中再次表述这一概念时，在对我们视为现实的事物的怀疑这个问题上，学界已经有了彻底的哲学论证。对于"缸中之脑"的想法，最著名的批评者是美国哲学家希拉里·普特南（Hilary Putnam）。他在 1981 年提出，"缸中之脑"的假设不成立，因为事实上，这一观点自相矛盾。普特南指出，"缸中之脑"使用的词语不能有意义地应用于大脑经验之外的真实物体。在普特南看来，即使缸所在的世界真的有树，并且"缸中之脑"也体验到了模拟的树，但从"缸中之脑"的角度看，"树"这个概念也不能被用于指代这些真实的树。哲学家兰斯·希基（Lance Hickey）用一种我觉得不经意间带了点荒诞幽默的说法概括了普特南的论证过程：

- 假设我们是"缸中之脑"。
- 如果我们是"缸中之脑"，那么我们认知中的"脑"实际上并不是真正的脑，我们认知中的"缸"也不是真正的缸。
- 如果"缸中之脑"指的并不是缸中之脑，那么"我们是缸中之脑"这一陈述就是错误的。
- 因此，根据我们的假设，如果我们是"缸中之脑"，那么"我们是缸中之脑"这句陈述就是错误的。

别急，慢慢想一想。或者想一想安东尼·布鲁克纳（Anthony

---

[1] 《黑客帝国》的两位导演拉里·沃卓斯基和安迪·沃卓斯基分别在 2008 年和 2016 年完成变性，并更名为拉娜·沃卓斯基和莉莉·沃卓斯基。——译者注

Brueckner）[1]1992 年的一篇论文的标题。这个标题简洁地概括了这一论证：《如果我是缸中之脑，那么我就不是缸中之脑》[13]。

普特南晦涩难懂的推理并不能说服所有人。在这个问题上，哲学家给很多人的印象是，他们似乎像魔术师一样，试图从密封自己心智的玻璃罐中逃脱。哲学家托马斯·内格尔（Thomas Nagel）的表述会让人加深这一印象，他用回转的逻辑来反驳普特南的观点：

> 如果我接受这个论证，那么我必然会得出如下结论：即使其他人可以这么认为，"缸中之脑"也不可能真正认为自己是"缸中之脑"。然后呢？我不能通过说"或许我是缸中之脑"来表达我的怀疑，而是必须说："也许我甚至无法思考我到底是谁，因为我缺乏必要的概念，而我的环境让我不可能获得这些概念！"如果这不算是怀疑论，那么我不知道什么算怀疑论。[14]

难怪尼奥[2]决定我行我素地解决这个问题。

你可以自己思考这些论点的说服力有多强，因为对于我们是否只需要按照我们的感知来接受这个世界，或者说我们是否能够确定我们并没有受到笛卡儿所说的恶魔的愚弄，我们仍然没有定论。如今，技术进步使相同的基本问题有了新的形式。我们有没有可能是由某些高级智能生物通过计算机模拟出来的虚拟的主体？也许我们的世界只是无数个模拟世界中的一个，而这些世界被创造出来是为了开展社会科学实验？根据一种观点，这种情况很可能是真的，因为如果这种模拟是可能的，那么模拟世界的数量将比唯一的"真实世界"多得多。

---

[1]   安东尼·布鲁克纳（1953—2014），美国哲学家，生前是加州大学圣巴巴拉分校哲学系教授，专于认识论领域的研究。——译者注

[2]   尼奥是电影《黑客帝国》的男主角。——译者注

（有一些持这种观点的人认为，在我们自己所处的虚拟世界中，我们距离能够给其中的虚拟人创造一种初级的认知能力并不遥远。）

　　一些哲学家和科学家甚至考虑过，在我们所认为的现实世界中，如何能够发现一些蛛丝马迹（就像电影《黑客帝国》中的那些细微线索一样），说明我们的世界其实是被模拟出来的。但我不禁好奇，对于一个模拟出的"人"而言，任何关于"外部世界"的概念意味着什么？这似乎又回到了我们此前谈到过的一种想象：在经验自我的内部有一些小人，这些小人可以从中爬出来。我也在好奇，我们是否准备好接受这些设想中的高级智能实际上仅仅是我们的新版本，一种更聪明的版本，就像宇宙冒险题材的电脑游戏中的宇宙元老。我们的想法与笛卡儿的唯我论如出一辙，或许人就是这样的。

　　"缸中之脑"听起来像是那些让哲学家们"声名狼藉"的归谬设想之一，但有一些人认为这已经成为现实。2013 年，在英国物理学家斯蒂芬·霍金 71 岁生日之际，人类学家埃莱娜·米亚莱（Hélène Mialet）正是用这个词来形容他的。众所周知，几十年来，霍金因患运动神经元病受困于轮椅上。在他生命中的最后几年里，霍金只能自主控制脸颊肌肉的抽动。计算机接口使霍金能够利用这些动作与外界交流和互动。在大众的意识中，霍金成了一个困在无功能的身体中的绝顶聪明的大脑。米亚莱认为，霍金实际上是一个与机器相连的大脑：和达斯·维德[1] 一样，霍金也变得"更像机器而不是人"。此外，霍金始终选择使用他标志性的复古"机械"声音，这增强了这种效果。

　　米亚莱的描述引来了英国运动神经元病协会等机构的强烈批评和谴责。但她的说法并不是在评判霍金，更不是在侮辱霍金。我们现

---

[1]　达斯·维德是《星球大战》系列电影中的头号反派角色。——译者注

在还没有完全变成半人半机器的存在，还没有与技术设备连接在一起，生活在现实和虚拟相互渗透的世界里。米亚莱鼓励我们在这个时候考虑一下相关的问题。霍金的意念拥有强大的控制能力：他抽动一下脸颊就能让他的大量看护者或者合作者动起来。与此同时，他的身体又无比虚弱。因此在米亚莱看来，霍金可以说是一种极端情况的象征，他与阿尔达西亚的机器人或者奥拉夫·斯特普尔顿笔下的第四个人类物种几乎没有区别：

> 他的整个身体，乃至他的整个身份都为一个协作的人机网络所有。他就是我所说的分布式中心性主体（distributed centered-subject）：一个在缸外世界生活的"缸中之脑"。[15]

在将霍金的情况与其他通过社会和技术网络表达和实现意愿的个人进行对比后，米亚莱得出的结论是"强大的人都是一个集合体，这个集合体越协同一致，这些人看起来就越非同凡响"[16]。在这种情况下，受指挥的机器成了身心的延伸。或者换句话说，"缸中之脑"有多像人类可能取决于其能力的大小。

也许如此吧。不过在我看来，还可以用另一种方式来解读霍金的处境，这种方式与米亚莱的方式并不冲突：霍金所处的社会从来没有完全理解过他。我们坚持认为他优秀的科学头脑里有一种几乎不可思议的天赋，我们对他那诙谐却又有些乏味的智慧大加赞赏，我们选择了以最大的程度神化这位坚毅无比但举止又有些传统甚至保守的人。最终，除了他身边的一小群人外，和斯蒂芬·霍金共存的机器让我们看不到他这个人，而只看到他那传奇的大脑。

CHAPTER 8

RETURN OF THE MEATWARE

Coming to terms with our fleshy selves

第 8 章

血肉的回归：
接受肉体的自我

　　当科学作家卡尔·齐默拿自己的基因组去测序时（也就是把他DNA 中的每一个分子"字母"都读取并记录下来），一名帮助他理解基因组测序意义的科学家立刻用基因组学研究人员钟爱的夸张风格来描述这件事情。这名科学家先指着齐默说："这，不是卡尔·齐默。"他接着又指了指存储齐默基因组数据的硬盘，说道："这，才是卡尔·齐默。"[1]

　　这句话不是（但愿如此）一条旨在引起深刻哲学反思的评论，但其漫不经心的特点使之解构起来更有意义。从人类基因组计划——一个从 1990 年持续至 21 世纪初，旨在解读整个人类基因组的国际项目——被宣传为一项理解"是什么造就了人类"的努力以来，我们就已经对这种观点做好了准备。这个项目被很多人称为是在解读"生命之书"，将揭示人类的基因蓝图，等等。

　　上述科学家对齐默说的话对这一概念进行了最鲜明的表述：一个人的躯干、四肢、大脑，甚至整个身体，都可能被剥夺个人身份，沦为真正个体的外壳和皮囊。根据这种说法，我们的人格本身存在于抽象的信息中，可以存储在计算机磁盘中的字里。这就像是勒内·马格里特（René Magritte）[1] 想要推翻其名画所传达的信息，坚称他手中的实物根本不是一支烟斗，因为烟斗的本质已经被这幅画夺

―――――――――

[1]　勒内·马格里特（1898—1967），比利时超现实主义画家，因其作品中带有些许诙谐以及许多引人思考的符号语言而闻名。——译者注

走了一样。[1]

当然，这不过是"下载大脑"的想法在遗传学领域的表述而已：这是我们对自身肉体本质的另一次怪异而疯狂的逃离。根据这种表述，身体失去了真实性，人格变成了一串计算机代码。你可以把这串代码写进书里。

我们是如何走到这一步的？这值得深思。我认为，其中一个原因是我们希望人变得简单易懂。人类是极其复杂的。在理解受精卵如何从胚胎、胎儿发育到人的征途上，我们才刚刚起步。理解身体形成正常形态的过程就已经是一个巨大的挑战了，更不用说去理解为什么有一些偏离正常形态的变异会致命，而另一些却不会。当我们思考在偶然的生长、感觉和环境输入信号以及遗传易感性的作用下，大脑（我们已知最复杂的物体）中的神经元是如何连接起来并协调我们的行为时，我们甚至要努力建立一个多维度的参照系来考虑这个问题。有一些人认为，所有这些信息可以被简化成一个"指令手册"。这个"指令手册"用 4 种符号[2]编码，可以存储在硬盘里，有望使问题变得易于处理。但这只是一种错觉。

还有其他因素在起作用。如果我们相信真实的自我可以被存入电脑的内存中，那么我们就不必再被身体的衰老所困扰了。当然，西方文化对肉体的耻辱感和厌恶有着悠久而深厚的历史。在西方文化中，"肉欲"带着一股道德败坏的气息。我们的肉体是动物性的，而大脑——我在这里指的不是物质意义上的大脑，不是颅骨内那团黏糊糊的灰质——把人提升到了一个更高的层次。对身体的厌恶感不

---

[1] 作者此处指的是马格里特的名画《形象的叛逆》（也被称为《这不是一支烟斗》）。在这幅画作中，一支烟斗的下方写着"这不是一支烟斗"，原意是指画中的图像并不是烟斗本身，而只是象征着烟斗。——译者注

[2] 此处的"4 种符号"指的是组成 DNA 的 4 种碱基。——译者注

仅教导起来很快（而且教导的过程往往热情洋溢），领悟起来也很快。即使我们尽最大努力通过被禁忌严格控制的社会化道德来将性行为神圣化，性也还是被认为是一种肮脏的必需品。死亡也是一样：对死亡的悲伤中夹杂着对身体腐化的厌恶和焦虑，我们的葬礼通过防腐处理和专业安葬来尽可能缓和这些情绪。最吓人（也是最令人欣慰）的场景之一是散发着停尸房气味的死者突然活了过来。

是的，当你思考身体的历史时，对于我们已经下定决心，要用现代生物学技术将自我去物质化为信息这一点，你完全不应该感到奇怪。信息化的自我是万古长存和可臻完善的，因为信息可以被复制、保存，甚至更新和编辑（更不用说可以受版权保护和出售）。肉体是一个终有一死的皮囊，但数据是一条永恒的溪流。

我不认为任何人，在面对一个温热并且有呼吸的人和一个冰冷的金属硬盘时，在决定哪一个是真正的卡尔·齐默时会有片刻犹豫。和所有人一样，卡尔·齐默不仅是由肉体构成的，而且是与肉体融为一体的。他是那个喜欢在美国纽黑文市的书商咖啡馆享受拿铁咖啡的家伙，而不是一串据说编码了他爱好和记忆的二进制代码。

有一种很有诱惑力的说法是，我们"居住"在我们的身体里，甚至"被困在了我们的身体里"。这种说法与另一种想象实际上是一回事。后者认为，自我是一个被安置在身体里的东西，也许需要被解放出来：只要我们能找到身体出口的钥匙，自我就能独立存在。但我们是由我们的肉体定义的，正如英格兰是由其山丘、谷地、河流、城市以及人民定义的一样。所有这些事物都会随着时间的推移而改变，我们无法两次踏上同一个英格兰。变化是定义的一部分。

但即使我们应该从基因组决定论者手中夺回自己的身份，我们也必须认识到，现代科学使坚持让人回归身体的做法变得错综复杂，因为身体拥有远比我们想象大得多的可塑性。我知道我的身体是这样，因为我见过我身上的一块组织在城市另一侧的培养箱里生长。这块组织表现得像"想要"成为另一个有思想的我一样，并用神经组织的分支寻找一个不存在的身体。研究人员没有给它提供这样的身体，而且现在也还不能给它提供这样的身体。但在原则上，这一点是完全可能实现的。

这种对人类肉体能力的新理解扰乱了以往的哲学问题。从笛卡儿到休谟，再到西德尼·舒梅克（Sydney Shoemaker），几乎所有关于自我的传统哲学都是基于个体的独特性和完整性。[1] 但我现在似乎必须接受这样一种可能性（即使距离成为现实还很遥远）：就算没有受孕的过程，我胳膊上的一块组织也可能变成一个胚胎；你我身体里的每一个细胞都是一个潜在的人，或者至少是一个人配子的前体细胞。这对有关自我的宗教伦理（更不用说自我的合法性了）来说意味着什么？（如果你能在易趣网上买到"猫王"埃尔维斯·普雷斯利的汗液，这是否意味着你可以"培育自己的'猫王'"？）

鉴于身体这种也许能以我们选择的任何方式持续生长的能力，我们应该如何建立一个评判生存、死亡和身份的道德框架？在这生机勃勃的身体中，我们位居何处？我们会不会只是某种"我们的本质"的特殊实现形式，这种形式植根于我们的鲜活肉体中并且更普遍？

我们在此处寻觅的似乎是我们个性的根源。当发现在生物学上无法定位个性时，我们可能会感到震惊。

---

[1] 最明显的例外是已故哲学家德里克·帕菲特（Derek Parfit）所做的工作。他的作品《理与人》（*Reasons and Persons*）正在变成以计算机模拟、辅助生殖技术和克隆等全新造人技术可能产生的众多影响为对象的哲学推理的出发点。

回过头来看，约翰·多恩（John Donne）[1] 的名言"无人是孤岛"（no man is an island）可以被解读为一种防御，一种社会自我对早期现代世界主张的个人独立和离群的有力反驳。正如丹尼尔·笛福的《鲁滨孙漂流记》——上述现代观点产生后诞生的第一则伟大寓言——描述的那样，成为孤岛将经历两方面的恐惧：一方面，你可能再也无法享受与他人的交流；另一方面，你自足甚至舒适的独立生活也可能受到侵犯。

与多恩所言不同，我们的存在不可避免是完全唯我论的。我们被困在自己的头脑中，对我们的感官不能体验的东西一无所知。因此，我们只能推断，而从来不能体验他人的想法。文学、艺术和灵性的某些方面都试图缓解这种（通常是温和的，但也可能是令人煎熬的）内在禁锢。然而，真正的谜团是，心智和身体的生物学基础是如何相互作用，让我们产生两者浑然一体的错觉的。对于每一种感觉信号输入，我们都需要一定的时间对其加以处理，而且不同种类的感觉信号所需的处理时间也各不相同。这些感觉输入是如何整合到一起，使我们每个人产生自己是一个活在当下的意识实体这种感受的？这个问题的答案仍然被锁在我们称为"意识"的黑匣子里。我们只能推测，大脑之所以进化出这种能力，是因为这种能力有用：这种对身份和个性的感受也许会赋予我们控制感，使我们能够在这个世界上更好地生存。

不过，奇怪的是，意识有时候并不是必要的。托马斯·内格尔曾提出过一个著名的论断：我们不知道也不可能知道成为蝙蝠意味着什么。想象成为真菌是什么感觉就更困难了，我也不知道"成为像盘基网柄菌这样的黏菌是什么感觉？"这样的问题有没有意义。在不同

---

[1] 约翰·多恩（1572—1631），英国玄学派诗人，作品包括十四行诗、宗教诗、爱情诗等，对后世的叶芝、海明威等诗人和作家均有影响。——译者注

的条件下，黏菌可以是单细胞生物，也可以是多细胞生物。当谈到单细胞生物时，很难说它们还会有太多的"感觉"。然而，这些生物也能存活于世，并且发展壮大。据我们所知，似乎没有理由认为真菌、植物和细菌需要"意识"：意识是一种对自我的感觉，超越了以自保的方式对刺激做出反应的能力。

无论其中的机制甚至原因是什么，人类的大脑显然可以产生对个体性的感知。这让我们倾向于认为这是理所当然的。当然，有理由认为，也存在能感知个体性的狗、蝙蝠，甚至细胞。这种个体化的存在正是"有机体"这个词所要表达的。

尽管科学有时被称为"有组织的常识"，但要使常识科学化是非常困难的。当你真正着手研究的时候，"个体"这个概念几乎不可能用科学的术语来定义。

我们的第一直觉或许是根据身体的边界来定义这一概念。（即使是细菌也有边界，对吧？）但在我看来，我的迷你大脑可以让上述定义站不住脚。一方面，迷你大脑中的组织不就是我活生生的一部分吗？但很明显的是，我的身体无论如何都不只是人类细胞的简单集合，而且是由数百个物种的细胞组成的复杂生态系统。正如我在前文中介绍的那样，这个群落（尤其是但不仅仅是我肠道中的微生物）的活动不仅会影响我的新陈代谢，还会影响我的情绪和其他精神状态，这些特征给人的感觉是很像主观之"我"的一部分。不管怎么说，如果没有它们，"我"会变得很糟糕。

这是自然界中的常态。不同物种的细胞通过共生而联合在一起，通常还会分担代谢和发育的责任，这种现象无处不在：植物从自身根系的细菌（根瘤菌）中获得氮——一种对新陈代谢和生长发育非常重要的元素——根系中也有真菌（菌根）在执行其他基本功能；珊瑚依靠共生藻类提供的营养存活；有些海绵动物体积的 40% 是细菌。

"看来，"微生物学家詹姆斯·夏皮罗写道，"我们需要把有机体看作一个基于群落或系统意义的更宽泛的术语，而不是像传统观点一样，认为每个有机体都有独立并垂直遗传的基因组。"[2] 毫无疑问，这需要微生物学家们超越传统的视角看问题，因为他们关注的恰恰是细胞以及细胞所处的环境层面上的生命，而在这一维度上，"生命"的意义变得错综复杂。我们当然可以用细胞之间"合作"的故事来鼓舞人心，并对抗达尔文式适者生存的无情叙事。但这样做似乎既不必要，也不是特别有用。我们必须承认，在增殖的细胞中，各种随机的遗传变异会受到自然选择不同程度的影响，进化也就随之而来。生物学原本就是如此，因此我们有时候应该避免让其偏离原本的样貌。

共生现象的普遍性表明，用基因来定义一个有机体通常也没有意义。有一点现在可能已经比较清楚了：基因组是"我们的本质"这种观点从一开始就是站不住脚的。不仅如此，基因组也不是有机体个体性的本质。共生意味着我们需要自身的基因组无法提供的东西。随着越来越多物种的基因组被测序，我们经常被鼓励将物种等同于基因组序列，将基因组序列等同于有机体的身份。然而，没有一种复杂有机体的基因组包含了其健康生长和生存所需的一切。

尽管我们的基因组并不"完整"，但它总是独一无二的吧？这正是基因测序公司极力推广的卖点，其目的是拍消费者马屁：让我们来揭示你的独特性。当然，这些公司明白，对于同卵双胞胎来说，这完全没有用（我觉得效果会适得其反）。基因测序公司的说法也不适用于那些在细胞构成上有镶嵌性或者说嵌合性现象的人（见第 88 页）。而且基因组也肯定不适合用来定义具有普遍意义的生物个体性，因为这样无法涵盖通过细胞分裂进行无性生殖（从而克隆自身）的细菌。因此，生物的个体性与其基因组之间不存在本质的联系。在我看来，没有人会认为克隆的猕猴与原来的猕猴在某种程度上是"同一个体"。事实上，在反对人类生殖性克隆的各种理由中，显得最无力的一个就是克隆不尊重人的"完整性"。这种观点认为，克隆技术给了不同的人相同的基因组。这其实只是在换一种方式表达斯科特·吉尔伯特"DNA 即灵魂"的迷思。

面对这些事实，一些生物学家寻求通过其他方式来定义生物个体性。能否用免疫系统来定义呢？毕竟，免疫系统的建立正是为了将"自我"的（因而是安全的）组织、细胞及其碎片与"非自我"（因而具有潜在的危险性）区分开。但免疫系统不仅是在保护机体免受外界的威胁，而且还会搜寻来自机体内部的威胁，例如癌细胞、失控的共生有机体，甚至母体排斥的胎儿。正如吉尔伯特和他的合作者在他们的著述中写到的那样，免疫系统除了担任身体的"武装力量"外，还担任"海关职员"：你有出现在这里的许可文件吗？他们还写道："免疫系统不仅使机体免受环境中其他有害生物的侵害，还使身体参与到'他者'的群落中，而这些'他者'对身体健康有积极的作用。"[3]

这些定义面临的挑战令人绝望，因此一些研究者试图从行为上来定义个体：个体是"自主的"和"目标导向的"，会向着某个目标行动。但在生物学领域，引入目的论带来的问题通常比能解决的问题更多。变形虫有目标吗？

这看起来像是在吹毛求疵。毕竟，我们都很清楚，我们每个人就是一个个体！但哲学家艾伦·克拉克（Ellen Clarke）指出，假如真是这样，那么如果生物学名副其实的话，就应该解释一下个体的含义。克拉克认为，个体是"通过自然选择进行进化这一过程内在逻辑的核心"[4]，因为进化"看见"的是个体，而个体的生死决定了基因是否能被传递下去。克拉克得出的结论是，很显然，在进化和生命这个问题上，"我们缺乏一个理论来告诉我们哪些东西是重要的"[5]。

僧帽水母：一个其实是群落的"有机体"

（图片来源：图库 Shutterstock）

这是因为什么是"重要的"（以及什么应该是重要的）取决于我们所提的问题和我们观察的尺度。简而言之，没有任何理由认为对细胞"重要"的就是对我们"重要"的，就像不能认为对夸克"重要"的就是对行星"重要"的一样。因此，细胞生物学层面的认知会搅扰我们的自我意识也就不足为奇了。

关于这一点，我知道的最好例证是一种我们都不愿遇到的生物：僧帽水母。这种水母有令人讨厌的刺，它摇曳的触须可以释放出足以杀死一条鱼的毒液。虽然看起来和水母几乎别无二致，但僧帽水母其实根本不是水母。一只僧帽水母其实并不是一个个体，而是由一种叫水螅体的小型多细胞动物组成的群体。自然界中有好几种水螅体这样的"群落动物"（colonial animal），它们被统称为"个虫"，珊瑚是另一个例子。

与僧帽水母不同，我们体内的细胞是完全整合到一起的，而不是简单容纳在体内的独立动物。但这并不意味着一个人就不是一个群落：人体内的各种细胞（有的是人类细胞，有的不是）通力合作，使人进化出了一种认为自身是一个独特实体的玄妙想法。我很好奇，由水螅体聚集而成的僧帽水母有类似的错觉吗？

　　生物学上的个体性的概念变得越来越复杂，不仅仅是给需要个体性这一概念的理论招来麻烦这么简单，还把一些奠定生物学基础的关于自然的概念连根拔起了。

　　从某种程度上讲，坚持"生物世界是由独立的有机体组成的群体"这一概念，不仅是明智的，而且是必要的，就像在一个充满量子通量并且没有硬边界（hard edge）的微观物理世界里，我们必须坚持物体的概念一样。我们都知道，经典物理学中较大的物体——一本书、一支笔，或者一艘航空母舰——在微观尺度上都是轮廓不清的，其边界是不断流动的原子。但情况远比这更复杂。量子物理学告诉我们，在理论上，如果我们试图寻找组成物质的亚原子粒子，那么这些粒子可以出现在宇宙中的任何地方，只不过出现在不同地方的概率不一定相同。量子力学领域的研究还发现了很多奇怪的现象，这些现象与我们日常感知到的清晰身份和边界相悖：一旦粒子之间发生相互作用，它们就会纠缠到一起并彼此依存；每个粒子都能"感觉"到所有其他粒子；粒子和物体在不断地分裂成若干拷贝；等等。然而，如果我们不用"物体"这个概念来"粉饰太平"的话，那么科学不仅会变得几乎寸步难行，而且也无法为我们所感知的现实提供一个合乎逻辑的表述。

　　对生物学上的"个体"概念而言，情况也是如此：放弃这一概念是愚不可及的。然而当我们提及它时，我们必须牢记的一点是，我们这样做是为了描绘世界在一个层面上的图景。在谈及"个体"时，我们说的不是某种基本事实。事实上，生物学告诉我们，试图用简短的文字来概括任何生物都是不明智的（包括使用"个体"这个词）。这并不是因为生物学没有规律，而是因为进化处于生物学相当核心的位置。大自然能够"找到"的任何给物种带来选择优势的方式，都有可能被某些生物采纳。生物学家认为可不可能真的无关紧要：生物学领域不存在金科玉律。如果我们真的相信进化（我们当然应该相信），那么我们就不会试图用附加的法则去约束它，就不会宣称这是不可能的或者那是不可能的。相反，我们会坚信，进化总能找到好的实现策略。

　　通过随机突变实现自然选择的达尔文式进化是生物进化的主要推动力之一，它为我们理解自然界的事物提供了极大的帮助。但自然选择并不能解释一切，进化也会受其他因素的驱动。例如，随机漂变（drift）[1] 也会推动进化。在这种情况下，随机突变的发生并没有选择压力。非达尔文式的改变时有发生，例如，一些细胞会主动修饰自身的基因组（比如说，修饰自身的突变倾向）以更好地存活和生长，或者基因组被某些环境因素修饰的细胞可以将这种变化传递给子代细胞。没有理由认为这些现象是有争议的或者是给人提出挑战的，更不用认为这些例子是在"否定达尔文"，因为根本不存在禁止这些情况发生的"生物学定律"，就这么简单。

　　这些情况反映出了用讲故事的方式来阐述生物学问题的弊端之一。我们总是试图使用一些简单的故事：基因信息的流动是单向的，自私的基因努力存活下来，基因造就了我们，等等。我们人类一贯如

---

[1]　随机漂变也被称为"基因漂变"，指的是由于随机因素的影响，种群中的基因库在代际发生改变的现象。例如，因为随机因素的影响，两个等位基因在第二代中的频率与根据第一代中两个等位基因的频率，按照遗传学定律计算出的频率不相同的现象。随机漂变对比较小的种群往往有较大的影响。——译者注

此。我们可以随心所欲地制定法则或定律，但生物界对此不屑一顾。它"就简行事"，而且太过复杂、例外太多、太"心血来潮"，任何隐喻或者故事都无法准确地描述它。

对于生物的个体性而言，情况也是如此。如果"个体性"被证实只是一个能带来方便的假象，那么这也并不会推翻建立于其上的生物学思想（不过很可能会使这些思想复杂化）。对于人这种尺度的大型生物而言，个体性通常是一种有价值的近似。毫无疑问，这正是我们的大脑进化出用个体性这样的术语来赋予世界概念的原因。但个体性这个概念对细胞来说并不是非常有用。有一种说法很有道理：如果我们是有意识的电子，那么我们将不会有物体的概念。同样，如果我们是有意识的细胞，那么我们对一个个生物体的认识将和现在截然不同。一路走来，我们从来都不是个体。

至少我们的细胞是这样告诉我们的。听听细胞怎么说不会有坏处。用一种不恰当的拟人说法来说（我认为在这里，不恰当的代价是值得的）：细胞有某种智慧，而我们应该"不耻下问"。

我的迷你神经系统类器官并不是"培养皿中的大脑"。从来没有一点迹象表明它拥有意识或者认知能力。

但假如我们能为它提供必要的血管系统和发育信号，使它不断生长并变得更像大脑，情况会怎么样呢？或者想象一下，假如我们可以培养出类似大脑不同部位的神经组织，然后把这些组织连接成一个"大脑组装体"（brain assembloid），情况会怎么样呢？对于意识，我们目前仍然没有任何理论，甚至一个明确的定义都没有。但我们有理由相信，意识可能产生于大脑皮层的某个特定区域。如果我们能制造出酷似这个脑区的大脑类器官，情况又会怎么样呢？

如果真的能够制造出这样的结构，那么应该赋予它什么样的地位？它是否能够进行任何可以被称作"思考"的活动，甚至产生理性？它会有什么性质的体验？它会是"谁"？

在一项名为"凭空创造"的计划中，当我加入"培养皿中的大脑"这一项目时，我认为这样的问题不仅愚蠢而且非常自以为是。然而，当我的迷你大脑成形时，几位顶尖的神经科学家和生物伦理学家在《自然》杂志上发表了一篇评论文章，他们对这些可能性非常重视。作者们表示，这些事情可能要很久后才会成为现实，但我们需要现在就开始考虑相关的问题。他们认为，"随着大脑的替代品变得更大、更复杂，其拥有类似人类感知能力的可能性或许不再那么遥远"[6]。这种能力"可能包括（在某种程度上）感受快乐、疼痛或者悲伤的能力，存储和提取记忆的能力，甚至拥有某种控制感或者自我意识的能力"[7]。在汉克·格里利（该论文的作者之一）看来，我们需要思考应该建立怎样的监管体系来监管这样的研究。他还认为，在这些问题变得迫在眉睫之前，我们也许还有 5 ~ 10 年的时间。

在复杂性上，现在能够培养出的迷你大脑完全比不上人脑。例如，成人的大脑中有 860 亿个神经元，而豌豆大小的迷你大脑中通常只有 100 万 ~ 200 万个神经元。大脑类器官中神经元的活性也要低得多，发放信号（"放电"）的频率只有真实大脑中神经元频率的 3% ~ 4%。此外，在形态和结构的复杂性上，大脑类器官中的神经元也比不上真实大脑中的神经元。

然而，认为大脑类器官可能拥有一定程度的意识并不像听起来那么荒谬。如果单看上述数字的话，我们很可能会被迷惑到。例如，我们脑中 80% 的神经元都位于小脑中，但即使是完全没有小脑的人，也有可能产生意识：一名不幸的中国女性就有这种极端的先天发育缺陷，但她仍然有意识。要建立关于世界的心理模型并保证大脑完全正常地运作，大脑中的神经元需要不断接收有关感官体验的信息。我们也能实现这一点：在类器官发育的过程中，我们可以为类器官提供这些感官体验的信息。例如，一个研究团队曾培养出一种视网膜的类器官，当用光照射这一区域时，视网膜上的神经元就会产生电活动。麦德琳·兰卡斯特曾经将大脑类器官的神经元与肌肉组织连接到一起，并观察到了肌肉对神经活动的反应，因此这种连接在理论上赋予了类器官一种影响和响应环境的能力。

克里斯托弗·科赫是上述《自然》杂志评论文章的作者之一，他用相当尖锐的措辞对迷你大脑的地位提出了质疑："我们必须思考的一个问题是，这东西是否处于痛苦之中？"[8] 有些令人惊讶的是，即使是专家也不知道这些问题的答案。在没有体内神经借以感受痛觉的神经感受器（neuroreceptor）的情况下，"疼痛"究竟意味着什么？（大脑中没有这些感受器。）那篇《自然》杂志评论文章的作者承认，"如果对什么是意识以及意识有哪些构成要素缺乏更深入的理解，那么就很难知道在实验性的大脑模型中，我们应该探寻什么信号"。

谁将决定——事实上，是什么将决定——一个有知觉的大脑类器官是生还是死？大脑类器官是否需要有指定的"监护人"来保证其福利，就像为涉及监护权纠纷的儿童指定监护人一样？我们是否有责任为具有知觉的迷你大脑提供富含刺激的环境、美好的回忆以及浪漫的伴侣？身份的概念对这样的东西（或者叫实体？个人？）究竟意味着什么？

然而，我自己的迷你大脑有它终结的一天。克里斯和塞利娜一培养出我的迷你大脑，就用甲醛对它进行了固定[1]。他们把固定后的迷你大脑包埋在一种凝胶中，然后把它切成组织切片并染色，在显微镜下观察和拍照。尽管心中始终萦绕着一些挥之不去的情绪，但我认为我对我的迷你大脑尽到了人文关怀的责任。

在这项迷你大脑培养的探险之旅中，用我自己的血肉培养出的迷你大脑超越了终有一死的躯体。我不禁好奇，这就是终点了吗？"液氮中仍然保存有你的成纤维细胞和诱导多能干细胞，"克里斯告诉我，"这些细胞被及时地冷冻了起来，随时可以被复苏……"⁹

---

[1]　此处的"固定"是指利用甲醛处理组织，使组织和细胞保持其固有的形态和结构。——译者注

致谢

"没有某某某的帮助，这本书不可能完成"，这样的文字经常看起来像是程式化的感激之词，但对这本书来说还真不是这样。我可以肯定地说，我自己不可能用我手臂上的一块组织制造出一个大脑的类器官。事实上，直到我第一次见到伦敦大学学院的塞利娜·雷时，我才知道这是可能的。她和克里斯·拉夫乔伊在分享他们关于这一惊人过程的知识和技能方面，一直非常乐于助人、古道热肠且慷慨大方，我万分感谢他们让我踏上了这一趟旅程。

"培养皿中的大脑"项目的动力来自艺术家查理·墨菲，他的精力和想象力帮助我坚持到底。查理自己对这段经历的呈现（大多数是以精美的玻璃制品的形式）令人鼓舞。我还要感谢罗斯·帕特森做了活检这项脏活（当然，其实从临床的角度来说这项工作是很洁净的）。

我还有更多的人和机构要感谢。我很高兴和荣幸能参与伦敦惠康收藏馆中心（The Hub at Wellcome Collection）2016—2018 年的常驻项目"凭空创造"。这个雄心勃勃的项目由伦敦大学学院的赛博·克拉奇领导，他有着惊人的天赋、耐心、远见和幽默感。他的团队致力于改变人们对痴呆的认识、改善痴呆患者的生活，以及增强对痴呆患者的关爱，我非常感谢他邀请我加入这个团队。与这个团队合作是一件很愉快的事，团队成员包括卡罗琳·埃文斯、凯莉·诺兰、埃米莉·布拉德胡德、珍妮特·荣豪斯、哈里特·马丁、朱利安·韦斯特、保罗·卡米奇、费格斯·沃尔什、尼克·福克斯、吉尔·温德尔、苏珊娜·霍华德、查理·哈里森、汉娜·泽利格、米莉·范德贝利·威廉姆斯、托尼·伍兹、布里迪·罗林斯，以及，哦，天哪，我可能忘了其他我应该提及的人或一些我从未谋面的人，为此我请求他们的原谅。

在准备此书以及撰写相关文章的过程中，我得到了许多专家的建议。有时他们不会知道（我当时也不知道）他们的知识和智慧会出现在我的书里。其他一些人欣然同意阅读部分文本，并纠正我的错误。另一些人则为这项研究提供了重要的材料，包括克里斯汀·鲍德温、巴兹·鲍姆、马丁·伯查尔、阿里·布里凡罗、丹·戴维斯、莎拉·富兰克林、汉克·格里利、罗纳德·格林、阿隆·克莱因、克里斯托弗·科赫、麦德琳·兰卡斯特、詹妮弗·刘易斯、艾莉森·默多克、维尔纳·诺伊豪瑟、布里吉特·内里奇、凯西·尼亚坎、安德鲁·雷诺兹、亚当·卢瑟福、斋藤通纪、阿尼尔·塞斯、玛尔塔·沙巴齐、迪帕克·斯里瓦斯塔瓦、阿奇姆·苏拉尼和约瑟夫·瓦坎蒂。他们再一次提醒我，忙碌的科学家和作家总是那么慷慨。

我在英国和美国的编辑们总是提出明智的建议，为此我要感谢黑泽尔·埃里克森、迈尔斯·阿奇博尔德和卡伦·梅里坎加斯·达林。卡伦获取了一些对本书体贴和有益的评论，我也感谢这些评论的匿名作者。如果没有经纪人克莱尔·亚历山大的支持、鼓励和信任，我不确定我能写出什么，但可能会和本书大不相同。

坦白说，我们正经历着一个艰难的时期。我在这本书中描述的研究和思想创造了一些令人忐忑的可能性，但这也展现了——对我来说——很多人想让事情变得更好的决心，以及他们在这方面的聪明才智。此外，我还前所未有地感到，来自朋友和家庭的支持、陪伴和爱是无比重要的。我很幸运拥有这一切，我也很感激。

菲利普·鲍尔

2018 年于伦敦

序

1. R. Dawkins, *The Selfish Gene*, 35. Oxford University Press, Oxford, 1976.

第 1 章

1. "Observationes D. Anthonii Lewenhoeck de Natis è semine genital Animalculis," *Philosophical Transactions of the Royal Society* **12**, 1040–1043, here 1041 (1677–78).
2. T. Schwann, *Microscopic Researches into the Accordance in the Structure and Growth of Animals and Plants*, transl. H. Smith, 165. Sydenham Society, London, 1847.
3. T. Schwann, *Microscopic Researches into the Accordance in the Structure and Growth of Animals and Plants*, transl. H. Smith, 2. Sydenham Society, London, 1847.
4. E. W. von Brücke, "Die Elementarorganismen," *Sitzungsberichte der Kaierlichen Akademie Wien* **44**, 381–406 (1861).
5. Otis, 18 (2000).
6. Otis, 21 (2000).
7. E. B. Wilson, *The Cell in Development and Inheritance*, 13. Macmillan, New York, 1896.
8. J. Gray, *A Textbook of Experimental Cytology*, 2. Cambridge University Press, Cambridge, 1931.
9. Landecker, 4 (2007).
10. Harold, 69 (2001).
11. Harold, 69–70 (2001).
12. Harold, 65 (2001).
13. Gilbert (2015).

第 2 章

1. Rosenfeld (1969).
2. Gilbert & Pinto-Correia, 91 (2017).
3. Keller, 21 (1995).
4. Keller, 27 (1995).
5. Nijhout, 444 (1990).
6. Zimmer, 384 (2018a).

插曲 I

1. Reynolds (2008a).
2. Reynolds (2008a).
3. Shapiro, 106 (2011).

第 3 章

1.   Landecker, 67 (2007).
2.   Nicholas, 148 (1961).
3.   Witkowski, 283 (1979).
4.   Skloot, 68 (2010).
5.   Friedman, 49 (2008).
6.   Landecker, 92.
7.   Landecker, 98.
8.   Wells, Huxley & Wells, 878 (1931).
9.   Wells, Huxley & Wells, 31 (1931).
10. Huxley (1926).
11. Huxley (1926).
12. Wells, Huxley & Wells, 31.
13. Squier, 224 (2004).
14. Squier, 79 (2004).
15. Squier, 80 (2004).
16. Squier, 84 (2004).
17. Squier, 87 (2004).
18. Landecker, 142.
19. Landecker, 161.
20. Skloot, 198.
21. Skloot, 198.
22. Landecker, 174, 179.
23. Landecker, 164.
24. Waldby & Mitchell, 34 (2006).
25. 见：https://agendapub.com/index.php/community/blog/105-the-curiouscase-of-john-moore-s-spleen。
26. *The Merchant of Venice*, Act I, Scene iii.
27. Waldby & Mitchell, 23.
28. Waldby & Mitchell, 7.
29. O. Catts & I. Zurr, "Artists working with life (sciences) in contestable settings," *Interdisciplinary Science Reviews* **43**, 40–53, here 47 (2018).
30. O. Catts & I. Zurr, "Artists working with life (sciences) in contestable settings," *Interdisciplinary Science Reviews* **43**, here 46 (2018).

31. O. Catts & I. Zurr, "Artists working with life (sciences) in contestable settings," *Interdisciplinary Science Reviews* **43**, here 45 (2018).

插曲 II

1. Davies, 137 (2019).
2. Raff, 121 (1998).
3. L. Lynch, public talk, "Schrödinger at 75: the future of biology" Dublin, 6 September 2018.
4. L. Lynch, public talk, "Schrödinger at 75: the future of biology" Dublin, 6 September 2018.
5. Yong, 80 (2016).

第 4 章

1. Yamanaka (2012).
2. Yamanaka (2012).
3. 见：https://www.nobelprize.org/nobel_prizes/medicine/laureates/2012/advanced-medicineprize2012.pdf。
4. A. Klein, personal communication.
5. Willyard, 521 (2015).
6. M. Lancaster, TED x CERN talk, 30 November 2015. 见：https://www.youtube.com/watch?v=EjiWRINEatQ。
7. Madeline Lancaster, personal communication.
8. Lancaster, personal communication.
9. Selina Wray, personal correspondence.
10. J. Loeb, letter to Ernst Mach, 26 February 1890. In Pauly, 51 (1990).
11. D. Srivastava, personal communication.
12. Alvarado & Yamanaka, 115 (2014).

第 5 章

1. Carrel, 106 (1935).
2. Carrel, 107 (1935).
3. Carrel, 107 (1935).
4. Wilson, 33 (2011).
5. Wilson, 32 (2011).
6. Haldane, 64 (1924).
7. Anon. "Review of *Daedalus, or Science & the Future*," *Nature* **113**, 740 (1924).
8. Burke, 3 (1938).
9. Rostand, 83 (1959).
10. Wilson, 31.
11. Marta Shahbazi, personal communication.
12. Vacanti, 397–398 (2007).

13. Vacanti, 398 (2007).

14. Martin Birchall, personal communication.

15. Martin Birchall, personal communication.

16. Martin Birchall, personal communication.

17. Khademhosseini, Vacanti & Langer 68 (2009).

18. Squier, 274–275 (2004).

19. Joseph Vacanti, personal communication.

20. Joseph Vacanti, personal communication.

21. Vladimir Mironov, personal communication.

22. Takebe *et al.* (2017).

23. Conger (2018).

24. Rashid, Kobayashi & Nakauchi (2014).

第 6 章

1. Franklin, Hopwood & Johnson, 17 (2009).

2. Edwards, Bavister & Steptoe (1969).

3. Morgan, 4 (2009).

4. Dronamraju, 84 (1995).

5. Dronamraju, 36 (1995).

6. Burke (1938).

7. Wilson, 38 (2011).

8. Čapek (1921).

9. Čapek (1921).

10. Burke.

11. Wilson, 50.

12. Wilson, 50.

13. Wilson, 52.

14. Rosenfeld, 47 (1969).

15. Rosenfeld, 47, 49 (1969).

16. P. Singer & D. Wells, *The Reproduction Revolution: New Ways of Making Babies*, 52. Oxford University Press, Oxford, 1984.

17. P. Gwynne, "All about that baby," *Newsweek* 7 August 1978, 44.

18. Genesis, 30: 1–2.

19. Gilbert & Pinto-Correia, 24–25 (2017).

20. Shelley, 68 (1818/2012).

21. Morgan, 62 (2009).

22. Franklin, 1 (2013a).

23. Franklin, 308 (2013a).

24. Franklin, 234 (2013a).

25. van Dyck, 189–190 (1995).

26. Franklin, 73 (2013a).

27. Franklin, 29 (2013a).

28. Franklin, 148 (2013a).

29. Alison Murdoch, personal communication.

30. M. Warnock *et al.*, "Report of the Committee of Inquiry into human fertilisation and embryology," HM Stationery Office, Para 11.9. London, 1984. 见：http://www.hfea.gov.uk/2068.html。

31. Azim Surani, personal communication.

32. Genesis 2:21.

33. Werner Neuhausser, personal communication.

34. Surani, personal communication.

35. Neuhausser, personal communication.

36. E. Dolgin, "Making babies: How to create human embryos with no egg or sperm," *New Scientist* 11 April 2018. 见：https://www.newscientist.com/article/mg23831730-300-making-babies-how-to-create-human-embryos-with-no-egg-or-sperm/。

37. A. Smajdor, talk at "Crossing frontiers: moving the boundaries of human reproduction," Progress Educational Trust, London, 8 December 2017. 见：https://www.progress.org. uk/conference2017。

38. Greely, 190 (2016).

39. Greely, 190 (2016).

第 7 章

1. Shelley, 168 (1818/2012).

2. Shelley, 168 (1818/2012).

3. Shelley, 168 (1818/2012).

4. Shelley, 168 (1818/2012).

5. Shelley, 214 (1818/2012).

6. Shelley, 415 (1818/2012).

7. Shelley, 236–237 (1818/2012).

8. Čapek (1921).

9. Friedman, 125 (2008).

10. Rosenfeld, 44 (1969).

11. Pera (2017).

12. Rivron *et al.* (2018).

13. Alison Murdoch, personal communication.

14. D. Rorvik, *Brave New Baby*, 32. Doubleday, New York, 1971.

15. Lanphier *et al.* (2015).

16. Marchione (2018).

17. E. J. Topol, "Editing babies? We need to learn a lot more first," *New York Times* 27 November 2018. 见：https://www. nytimes.com/2018/11/27/opinion/genetically-edited-babies-china. html。

18. J. Doudna, *Berkeley News* 26 November 2018. 见：https://news.berkeley.edu/2018/11/26/ doudna-responds-to-claim-of-first-crispr-edited-babies/。

19. Lander et al., 165 (2019).

20. Lander et al., 165 (2019).

21. Ronald Green, personal communication.

22. Janssens (2018).

23. Hank Greely, personal communication.

24. Hank Greely, personal communication.

25. Hank Greely, personal communication.

26. Hank Greely, personal communication.

27. Alto Charo, personal communication.

28. Alto Charo, personal communication.

29. Ronald Green, personal communication.

30. Z. Corbyn, " 'Genetic testing is a responsibility if you're having children,' " *The Observer* 8 January 2016. 见：https://www.theguardian.com/science/2016/jan/08/anne-wojcicki-dna-genetics-testing-23andme-interview。

31. Green, personal communication.

32. Wilmut, Campbell & Tudge, 17 (2000).

33. J. Cohen (2018).

34. Lauritzen (ed.), 114 (2001).

35. Lauritzen (ed.), 114 (2001).

36. Bernal, 38 (1970).

37. Bernal, 39 (1970).

38. Stapledon, 209 (1972).

39. Stapledon, 221 (1972).

40. More & Vita-More (2013).

41. Ettinger (1972).

42. More & Vita-More, 322.

43. Ettinger, 4.

44. Ettinger, preface (unnumbered).

45. More & Vita-More, 449.

46. More & Vita-More, 55.

插曲 III

1. Squier, 219 (2004).

2. Squier, 220 (2004).

3. R. Dahl, "William and Mary". 见: http://user.ceng.metu.edu.tr/~ucoluk/yazin/William_and_Mary.html。

4. 见: https://alcor.org/FAQs/faq01.html。

5. 见: https://alcor.org/FAQs/faq01.html。

6. More & Vita-More, 164 (2013).

7. Christof Koch, personal communication.

8. More & Vita-More, 164 (2013).

9. More & Vita-More, 164 (2013).

10. *The Philosophical Writings of Descartes*, Vol. II, transl. J. Cottingham, R. Stoothoff & D. Murdoch, 315. Cambridge University Press, Cambridge, 1984.

11. *The Philosophical Writings of Descartes*, Vol. II, transl. J. Cottingham, R. Stoothoff & D. Murdoch, 315. Cambridge University Press, Cambridge, 1984.

12. G. Harman, *Thought*, 5. Princeton University Press, Princeton, 1973.

13. A. Brueckner, *Mind* **101**, 123–128 (1992).

14. T. Nagel, *The View from Nowhere*, 73. Cambridge University Press, Cambridge, 1986.

15. Mialet (2013).

16. Mialet (2013).

第8章

1. Zimmer (2018b).

2. Shapiro, 102 (2011).

3. Gilbert, Sapp & Tauber, 333 (2012).

4. Clarke, 313 (2010).

5. Clarke, 313 (2010).

6. Farahany *et al.,* 430 (2018).

7. Farahany *et al.,* 430 (2018).

8. A. Boyle, "Where does consciousness come from? Brain scientist closes in on the claustrum," *GeekWire* 3 November 2017. 见: https://www.geekwire.com/2017/consciousness-come-brain-scientist-closes-claustrum/。

9. Chris Lovejoy, personal communication.

J. Aach, J. Lunshof, E. Iyer & G. M. Church, "Addressing the ethical issues raised by synthetic human entities with embryo-like features," *eLife* **6**, e20674 (2017).

A. S. Alvarado & S. Yamanaka, "Rethinking differentiation: stem cells, regeneration, and plasticity," *Cell* **157**, 110–119 (2014).

J. Andersen & S. P. Pasca, "Complementing the forebrain," *Nature* **563**, 44–45 (2018).

Anon., "Genome editing: proceed with caution," *The Lancet* **392**, 253 (2018).

C. Ariyachet *et al.*, "Reprogrammed stomach tissue as a renewable source of functional β cells for blood glucose," *Cell Stem Cell* **18**, 410–421 (2016).

T. Armstrong, *Modernism, Technology and the Body.* Cambridge University Press, Cambridge, 1998.

A. Atala, S. B. Bauer, S. Soker, J. J. Yoo & A. B. Retik, "Tissue-engineered autologous bladders for patients needing cystoplasty," *The Lancet* **367**, 1241–1246 (2006).

P. Ball, *Unnatural: The Heretical Idea of Making People.* Bodley Head, London, 2011.

P. Ball, "Self-repairing organs could save your life in a heartbeat," *New Scientist* 9 May 2018. https://www.newscientist.com/article/2168531-self-repairing-organs-could-save-your-life-in-a-heartbeat/

A. Banga, E. Akinci, L. V. Greder, J. R. Dutton & J. M. W. Slack, "*In vivo* reprogramming of Sox9$^+$ cells in the liver to insulin-secreting ducts," *Proceedings of the National Academy of Sciences USA* **109**, 15336–15341 (2012).

S. Baruch, D. Kaufman & K. L. Hudson, "Genetic testing of embryos: practices and perspectives of US *in vitro* fertilization clinics," *Fertility and Sterility* **89**, 1053–1058 (2008).

L. Beccari, N. Moris, M. Girgin, D. A. Turner, P. Baillie-Johnson, A.-C. Cossy, M. P. Lutolf, D. Duboule & A. M. Arias, "Multi-axial self-organization properties of mouse embryonic stem cells into gastruloids," *Nature* **562**, 272–276 (2018).

Y. Belkaid & T. W. Hand, "Role of the microbiota in immunity and inflammation," *Cell* **157**, 121–141 (2014).

J. D. Bernal, *The World, the Flesh and the Devil: An Inquiry into the Future of the Three Enemies of the Rational Soul.* Jonathan Cape, London, 1970.

J. D. Biggers, "IVF and embryo transfer: historical origin and development," *Reproductive BioMedicine Online* **25**, 118–127 (2012).

M. J. Boland, J. L. Hazen, K. L. Nazor, A. R. Rodriguez, W. Gifford, G. Martin, S. Kupriyanov & K. K. Baldwin, "Adult mice generated from induced pluripotent stem cells," *Nature* **461**, 91–94 (2009).

S. Brenner, "Sequences and consequences," *Philosophical Transactions of the Royal Society B* **365**, 207–212 (2010).

J. Briscoe & S. Small, "Morphogen rules: design principles of gradient-mediated embryo patterning," *Development* **142**, 3996–4009 (2015).

N. Burke, "Could you love a chemical baby?," *Tit-Bits* 16 April 1938.

M. Caiazzo *et al.*, "Direct generation of functional dopaminergic neurons from mouse and human fibroblasts," *Nature* **476**, 224–227 (2011).

E. Callaway, "Second Chinese team reports gene editing in human embryos," https://www.nature.com/news/second-chinese-team-reports-gene-editing-in-human-embryos-1.19718 (8 April 2016).

E. Callaway, "Most popular human cell in science gets sequenced," *Nature News* 15 March 2013. https://www.nature.com/news/most-popular-human-cell-in-science-gets-sequenced-1.12609

J. Cao et al., "The single-cell transcriptional landscape of mammalian organogenesis", *Nature* **566**, 496–501 (2019).

K. Čapek, *R.U.R.*, transl. D. Wyllie. 1921. http://ebooks.adelaide.edu.au/c/capek/karel/rur

N. Carey, *The Epigenetics Revolution*. Icon, London, 2012.

A. L. Carlson, N. K. Bennett, N. L. Francis, A. Halikere, S. Clarke, J. C. Moore, R. P. Hart, K. Paradiso, M. Wernig, J. Kohn, Z. P. Pang & P. V. Moghe, "Generation and transplantation of human neurons in the brain using 3D microtopographic scaffolds," *Nature Communications* 7, 10862 (2016).

A. Carrel, *Man, the Unknown*. Penguin, West Drayton, 1948.

A. N. Chang *et al.*, "Neural blastocyst complementation enables mouse forebrain organogenesis," *Nature* **563**, 126–129 (2018).

E. Clarke, "The problem of biological individuality," *Biological Theory* **5**, 312–325 (2010).

I. G. Cohen, "Disruptive reproductive technologies," *Science Translational Medicine* **9**, 10.1126/scitranslmed.aag2959 (2017).

J. Cohen, "An 'epic scientific misadventure': NIH head Francis Collins ponders fallout from CRISPR baby study," *Science* 30 November 2018. https://www.sciencemag.org/news/2018/11/epic-scientific-misadventure-nih-head-francis-collins-ponders-fallout-crispr-baby-study

M. A. Cohen, K. J. Wert, J. Goldmann, S. Markoulaki, Y. Buganim, D. Fu & R. Jaenisch, "Human neural crest cells contribute to coat pigmentation in interspecies chimeras after in utero injection into mouse embryos," *Proceedings of the National Academy of Sciences USA* **113**, 1570–1575 (2016).

K. Conger, "Growing human organs," *Stanford Medicine* **Winter** (2018). https://stanmed.stanford.edu/2018winter/caution-surrounds-research-into-growing-human-organs-in-animals.html

C. Crowley, M. Birchall & M. Seifalian, "Trachea transplantation: from laboratory to patient,"

Journal of Tissue Engineering and Regenerative Medicine **9**, 357–367 (2015).

D. Cyranoski, "'Reprogrammed' stem cells implanted into patient with Parkinson's," *Nature News* 14 November 2018, doi: 10.1038/d41586-018-07407-9

D. Cyranoski, "Egg engineers," *Nature* **500**, 392–394 (2013).

D. Cyranoski, "CRISPR-baby scientist fails to satisfy critics," *Nature* **564**, 13–14 (2018).

D. Cyranoski, "'Reprogrammed' stem cells to treat spinal-cord injuries for the first time", *Nature News* 22 February, doi: 10.1038/d41586-019-00656-2 (2019).

D. Cyranoski, "What's next for CRISPR babies?", *Nature* **566**, 440–442 (2019).

D. Cyranoski & H. Ledford, "Genome-edited baby claim provokes international outcry," *Nature* **563**, 607–608 (2018).

P. Davies, *The Demon in the Machine.* Allen Lane, London, 2019.

D. Davis, *The Beautiful Cure: Harnessing Your Body's Natural Defences.* Bodley Head, London, 2018.

R. L. Davis, H. Weintraub & A. B. Lassar, "Expression of a single transfected cDNA converts fibroblasts to myoblasts," *Cell* **51**, 987–1000 (1987).

A. De Los Angeles *et al.*, "Hallmarks of pluripotency," *Nature* **525**, 469–478 (2015).

A. Deglincerti, G. F. Croft, L. N. Pietilla, M. Zernicka-Goetz, E. D. Siggia & A. H. Brivanlou, "Self-organization of the *in vitro* attached human embryo," *Nature* **533**, 251–254 (2016).

S. Ding, "Deciphering therapeutic reprogramming," *Nature Medicine* **20**, 816–817 (2014).

W. F. Doolittle & S. L. Baldouf, "Origin and evolution of the slime molds (Mycetozoa)," *Proceedings of the National Academy of Sciences USA* **94**, 12007–12012 (1997).

K. R. Dronamraju (ed.), *Haldane's Daedalus Revisited.* Oxford University Press, Oxford, 1995.

A. D. Ebert, J. Yu, F. F. Rose Jr, V. B. Mattis, C. L. Lorson, J. A. Thomson & C. N. Svendsen, "Induced pluripotent stem cells from a spinal muscular atrophy patient," *Nature* **457**, 277–280 (2009).

R. G. Edwards, B. D. Bavister & P. C. Steptoe, "Early stages of fertilization *in vitro* of human oocytes matured *in vitro*," *Nature* **221**, 632–635 (1969).

M. Eiraku & Y. Sasai, "Self-formation of layered neural structures in three-dimensional culture of ES cells," *Current Opinion in Neurobiology* **22**, 768–777 (2012).

L. Eme, A. Spang, J. Lombard, C. W. Stairs & T. J. G. Ettema, "Archaea and the origin of eukaryotes," *Nature Reviews Microbiology* **15**, 711–723 (2017).

R. C. W. Ettinger, *Man into Superman.* St Martin's Press, New York, 1972.

N. A. Farahany *et al.*, "The ethics of experimenting with human brain tissue," *Nature* **556**, 429–432 (2018).

S. Franklin, *Biological Relatives: IVF, Stem Cells, and the Future of Kinship.* Duke University Press, Durham NC, 2013a.

S. Franklin, "Embryo watching: how IVF has remade biology," *Tecnoscienza* **4**, 23–43 (2013b).

S. Franklin, "Origin stories revisited: IVF as an anthropological project," *Culture, Medicine and Psychiatry* **30**, 547–555 (2006).

S. Franklin, "Rethinking reproductive politics in time, and time in UK reproductive politics: 1978–

2008," *Journal of the Royal Anthropological Institute* **2014**, 109–125 (2014).

S. Franklin, "Revisiting reprotech: Firestone and the question of technology," in M. Merck & S. Sandford (eds), *Further Adventures of The Dialectic of Sex*, 29–60. Palgrave Macmillan, New York, 2010.

S. Franklin, "Conception through a looking glass: the paradox of IVF," *Reproductive BioMedicine Online* **27**, 747–755 (2013c).

S. Franklin, *Embodied Progress: A Cultural Account of Assisted Conception*. Routledge, London, 1997.

S. Franklin, N. Hopwood & M. Johnson (eds), *40 Years of IVF*, booklet to accompany a meeting at Christ's College Cambridge, 14 February 2009.

S. Franklin & H. Ragoné (eds), *Reproducing Reproduction: Kinship, Power, and Technological Innovation*. University of Pennsylvania Press, Philadelphia, 1998.

D. M. Friedman, *The Immortalists: Charles Lindbergh, Dr Alexis Carrel and Their Daring Quest to Live Forever*. JR Books, London, 2008.

L. Fu, X. Zhu, F. Yi, G. H. Liu & J. C. Izpisua Belmonte, "Regenerative medicine: transdifferentiation *in vivo*," *Cell Research* **24**, 141–142 (2014).

X. Gao, X. Wang & J. Chen, "*In vivo* reprogramming reactive glia into iPSCs to produce new neurons in the cortex following traumatic brain injury," *Scientific Reports* **6**, 22490 (2016).

S. F. Gilbert, "DNA as our soul: don't believe the advertising," *Huffington Post* 18 November 2015. https://www.huffingtonpost.com/scott-f-gilbert/dna-as-our-soul-believing_b_8590902.html

S. F. Gilbert, "A holobiont birth narrative: the epigenetic transmission of the human microbiome," *Frontiers in Genetics* **5**, article 282 (2014).

S. F. Gilbert, "Developmental biology, the stem cell of biological disciplines," *PLoS Biology* **15**, e2003691 (2017).

S. F. Gilbert, J. Sapp & A. I. Tauber, "A symbiotic view of life: we have never been individuals," *Quarterly Review of Biology* **87**, 325–341 (2012).

S. F. Gilbert (ed.), *A Conceptual History of Modern Embryology*. Plenum, New York, 1991.

S. Gilbert & C. Pinto-Correia, *Fear, Wonder, and Science in the New Age of Reproductive Biotechnology*. Columbia University Press, New York, 2017.

D. S. Glass & U. Alon, "Programming cells and tissues," *Science* **361**, 1199–1200 (2018).

H. T. Greely, *The End of Sex and the Future of Human Reproduction*. Harvard University Press, Cambridge Mass., 2016.

Z. Guo, L. Zhang, Z. Wu, Y. Chen, F. Wang & G. Chen, "*In vivo* direct reprogramming of reactive glial cells into functional neurons after brain injury and in an Alzheimer's disease model," *Cell Stem Cell* **14**, 188–202 (2014).

J. B. Gurdon, "The egg and the nucleus: a battle for supremacy," Nobel lecture 2012. https://www.nobelprize.org/prizes/medicine/2012/gurdon/lecture/

J. A. Hackett & M. A. Surani, "Regulatory principles of pluripotency: from the ground state up," *Cell Stem Cell* **15**, 416–430 (2014).

J. B. S. Haldane, *Daedalus, or Science & the Future*. Kegan Paul, Trench, Trubner & Co., London, 1924.

J. B. S. Haldane, *What Is Life?* Lindsay Drummond, London, 1949.

X. Han *et al.*, "Forebrain engraftment by human glial progenitor cells enhance synaptic plasticity and learning in adult mice," *Cell Stem Cell* **12**, 342–353 (2013).

D. Hanahan & R. A. Weinberg, "Hallmarks of cancer: the next generation," *Cell* **144**, 646–674 (2011).

F. M. Harold, *The Way of the Cell*. Oxford University Press, Oxford, 2001.

S. E. Harrison, B. Sozen, N. Christodoulou, C. Kyprianou & M. Zernicka-Goetz, "Assembly of embryonic and extra-embryonic stem cells to mimic embryogenesis *in vitro*," *Science* eaal1810 (2017).

K. Hayashi, S. Ogushi, K. Kurimoto, S. Shimamoto, H. Ohta & M. Saitou, "Offspring from oocytes derived from *in vitro* primordial germ cell-like cells in mice," *Science* **338**, 971–975 (2012).

K. Hayashi, H. Ohta, K. Kurimoto, S. Aramaki & M. Saitou, "Reconstitution of the mouse germ cell specification pathway in culture by pluripotent stem cells," *Cell* **146**, 519–532 (2011).

K. K. Hirschi, S. Li & K. Roy, "Induced pluripotent stem cells for regenerative medicine," *Annual Reviews of Biomedical Engineering* **16**, 277–294 (2014).

N. Hopwood, "'Giving body' to embryos: modelling, mechanism, and the microtome in late nineteenth-century anatomy," *Isis* **90**, 462–496 (1999).

N. Hopwood, "Producing development: the anatomy of human embryos and the norms of Wilhelm His," *Bulletin of the History of Medicine* **74**, 29–79 (2000).

J. Huxley, "The tissue-culture king," *Cornhill Magazine* **60**, 422–458 (1926). Available at http://www.revolutionsf.com/fiction/tissue/

I. Hyun, A. Wilkerson & J. Johnston, "Embryology policy: revisit the 14-day rule," *Nature* **533**, 169–171 (12 May 2016).

A. C. J. W. Janssens, "Those designer babies everyone is freaking out about – it's not likely to happen," *The Conversation* 10 December 2018. https:// theconversation.com/those-designer-babies-everyone-is-freaking-out-about-its-not-likely-to-happen-103079

C. Y. Johnson, "Lab-grown brain bits open windows to the mind – and a maze of ethical dilemmas," *Washington Post* 2 September 2018.

N. L. Jorstad, M. S. Wilken, W. N. Grimes, S. G. Wohl, L. S. VandenBosch, T. Yoshimatsu, R. O. Wong, F. Rieke & T. A. Reh, "Stimulation of functional neuronal regeneration from Müller glia in adult mice," *Nature* **548**, 103–107 (2017).

E. F. Keller, *Refiguring Life: Metaphors of Twentieth-Century Biology*. Columbia University Press, New York, 1995.

A. Khademhosseini, J. P. Vacanti & R. Langer, "Progress in tissue engineering," *Scientific American* **300**, 64–71 (2009).

T. Kikuchi *et al.*, "Human iPS cell-derived dopaminergic neurons function in a primate Parkinson's disease model," *Nature* **548**, 592–596 (2017).

G. J. Knott & J. A. Doudna, "CRISPR-Cas guides the future of genetic engineering," *Science* **361**, 866–869 (2018).

P. Koch & J. Ladewig, "A little bit of guidance: mini brains on their route to adolescence," *Cell Stem Cell* **21**, 157–158 (2017).

D. B. Kolesky, K. A. Human, M. A. Skylar-Scott & J. A. Lewis, "Three-dimensional bioprinting of thick vascularized tissues," *Proceedings of the National Academy of Sciences USA* **113**, 3179–3184 (2016).

D. B. Kolesky, R. L. Truby, A. S. Gladman, T. A. Busbee, K. A. Homan & J. A. Lewis, "3D bioprinting of vascularized, heterogeneous cell-laden tissue constructs," *Advanced Materials* **26**, 3124–3130 (2014).

J. Ladewig, P. Koch & O. Brüstle, "Leveling Waddington: the emergence of direct programming and the loss of cell fate hierarchies," *Nature Reviews Molecular Cell Biology* **14**, 225–236 (2013).

J. Lambert, "Should evolution treat our microbes as part of us?," *Quanta* 20 November 2018. https://www.quantamagazine.org/should-evolution-treat-our-microbes-as-part-of-us-20181120/

M. A. Lancaster & J. A. Knoblich, "Organogenesis in a dish: modeling development and disease using organoid technologies," *Science* **345**, 283 and supplement 1247125 (2014).

M. A Lancaster, M. Renner, C.-A. Martin, D. Wenzel, L. S. Bicknell, M. E. Hurles, T. Homfray, J. M. Penninger, A. P. Jackson & J. A. Knoblich, "Cerebral organoids model human brain development and microcephaly," *Nature* **501**, 373–379 (2013).

H. Landecker, *Culturing Life: How Cells Became Technologies.* Harvard University Press, Cambridge Mass., 2007.

E. Lander *et al.*, "Adopt a moratorium on heritable genome editing," *Nature* **567**, 165–168 (2019).

E. Landhuis, "Tapping into the brain's star power," *Nature* **563**, 141–143 (2018).

N. Lane, *Life Ascending: The Ten Great Inventions of Evolution.* Profile, London, 2009.

E. Lanphier, F. Urnov, S. E. Haecker, M. Werner & J. Smolenski, "Don't edit the human germ line," *Nature* **519**, 410–411 (2015).

P. Lauritzen (ed.), *Cloning and the Future of Human Embryo Research.* Oxford University Press, New York, 2001.

H. Ledford, "CRISPR fixes disease gene in viable human embryos," *Nature* **548**, 13–14 (2017).

P. Li, H. Hu, S. Yang, R. Tian, Z. Zhang, W. Zhang, M. Ma, Y. Zhu, X. Guo, Y. Huang, Z. He & Z. Li, "Differentiation of induced pluripotent stem cells into male germ cells *in vitro* through embryoid body formation and retinoic acid or testosterone induction," *BioMed Research International* doi:10.1155/2013/608728 (2013).

Y.-C. Li, K. Zhu & T.-H. Young, "Induced pluripotent stem cells, from *in vitro* tissue engineering to *in vivo* allogenic transplantation," *Journal of Thoracic Disease* **9**, 455–459 (2017).

S. Lidgard & L. K. Nyhart (eds), *Biological Individuality: Integrating Scientific, Philosophical, and Historical Perspectives.* University of Chicago Press, Chicago, 2017.

M. Lie, "Reproduction inside/outside: medical imaging and the domestication of assisted reproductive technologies," *European Journal of Women's Studies* **22**, 53–69 (2015).

M.-L. Liu, T. Zang & C.-L. Zhang, "Direct lineage reprogramming reveals disease-specific phenotypes of motor neurons from human ALS patients," *Cell Reports* **14**, 1–14 (2016).

M.-L. Liu, T. Zang, Y. Zou, J. C. Chang, J. R. Gibson, K. M. Huber & C.-L. Zhang, "Small molecules enable neurogenin 2 to efficiently convert human fibroblasts into cholinergic neurons," *Nature Communications* **4**, 2183 (2013).

T.-Y. Lu, B. Lin, J. Kim, M. Sullivan, K. Tobita, G. Salama & L. Yang, "Repopulation of decellularized mouse heart with human induced pluripotent stem cell-derived cardiovascular progenitor cells," *Nature Communications* **4**, 2307 (2013).

S. Luo *et al.*, "Divergent lncRNAs regulate gene expression and lineage differentiation in pluripotent cells," *Cell Stem Cell* **18**, 637–652 (2016).

H. Ma *et al.*, "Correction of a pathogenic gene mutation in human embryos," *Nature* **548**, 413–419 (2017).

J. Maienschein, *Whose View of Life? Embryos, Cloning, and Stem Cells.* Harvard University Press, Cambridge Mass., 2003.

M. Marchione, "Chinese researcher claims first gene-edited babies," *AP News* 26 November 2018. https://www.apnews.com/4997bb7aa36c45449b488e19 ac83e86d

E. Martin, "The egg and the sperm: how science has constructed a romance based on stereotypical male–female roles," *Journal of Women in Culture and Society* **16**, 485–501 (1991).

W. Martin & E. V. Koonin, "Introns and the origin of nucleus-cytosol compartmentalization," *Nature* **440**, 41–45 (2006).

I. Martyn, T. Y. Kanno, A. Ruzo, E. D. Siggia & A. H. Brivanlou, "Self-organization of a human organizer by combined Wnt and Nodal signaling," *Nature* **558**, 132–135 (2018).

H. Masumoto & J. K. Yamashita, "Human iPS cell-derived cardiac tissue sheets: a platform for cardiac regeneration," *Current Treatment Options in Cardiovascular Medicine* **18**, 65 (2016).

K. S. Matlin, J. Maienschein & M. D. Laubichler, *Visions of Cell Biology.* University of Chicago Press, Chicago, 2018.

H. Matsunari *et al.*, "Blastocyst complementation generates exogenic pancreas *in vivo* in apancreatic cloned pigs," *Proceedings of the National Academy of Sciences USA* **110**, 4557–4562 (2013).

T. Matsuo, H. Masumoto, S. Tajima, T. Ikuno, S. Katayama, K. Minakata, T. Ikeda, K. Yamamizu, Y. Tabata, R. Sakata & J. K. Yamashita, "Efficient long-term survival of cell grafts after myocardial infarction with thick viable cardiac tissue entirely from pluripotent stem cells," *Scientific Reports* **5**, 16842 (2015).

P. Mazzarello, "A unifying concept: the history of cell theory," *Nature Cell Biology* **1**, E13–E15 (1999).

K. W. McCracken, E. M. Catá, C. M. Crawford, K. L. Sinagoga, M. Schumacher, B. E. Rockich, Y.-H. Tsai, C. N. Mayhew, J. R. Spence, Y. Zavros & J. M. Wells, "Modelling human development and disease in pluripotent stem-cell-derived gastric organoids," *Nature* **516**, 400–404 (2014).

P. B. Medawar, *The Uniqueness of the Individual*. Methuen, London, 1957.

H. Mialet, "On Stephen Hawking, Vader, and being more machine than man," *Wired* 8 January 2013. https://www.wired.com/2013/01/hawking-machine-man-robots/

C. C. Miranda, T. G. Fernandes, M. M. Diogo & J. M. S. Cabral, "Towards multi-organoid systems for drug screening and applications," *Bioengineering* **5**, E49 (2018).

M. More & N. Vita-More (eds), *The Transhumanist Reader*. Wiley-Blackwell, Chichester, 2013.

L. Morgan, "Embryo tales," in S. Franklin & M. Lock (eds), *Remaking Life and Death: Toward an Anthropology of the Biosciences*, 261–291. School of American Research Press, Santa Fe NM, 2003.

L. M. Morgan, *Icons of Life: A Cultural History of Human Embryos*. University of California Press, Berkeley, 2009.

S. A. Morris, "Human embryos cultured *in vitro* to 14 days," *Royal Society Open Biology* **7**, 170003 (2017).

C. Mummery, I. Wilmut, A. van de Stolpe & B. A. J. Roelen, *Stem Cells: Scientific Facts and Fiction*. Academic Press, London, 2011.

S. V. Murphy & A. Atala, "3D bioprinting of tissues and organs," *Nature Biotechnology* **8**, 773–785 (2014).

J. S. Nicholas, "Ross Granville Harrison 1870–1959," *Biographical Memoirs of the National Academy of Sciences*. National Academy of Sciences, Washington, DC, 1961.

H. F. Nijhout, "Metaphors and the role of genes in development," *Bioessays* **12**, 441–446 (1990).

Nuffield Council on Bioethics, *Genome Editing and Human Reproduction: Social and Ethical Issues*. Nuffield Council on Bioethics, London, 2018.

P. Nurse, "Life, logic and information," *Nature* **454**, 424–426 (2008).

H. Okae, H. Toh, T. Sato, H. Hiura, S. Takahashi, K. Shirane, Y. Kabayama, M. Suyama, H. Sasaki & T. Arima, "Derivation of human trophoblast stem cells," *Cell Stem Cell* **22**, 50–63 (2018).

L. Otis, *Membranes: Metaphors of Invasion in Nineteenth-Century Literature, Science, and Politics*. Johns Hopkins University Press, Baltimore, 2000.

F. W. Pagliuca, J. R. Millman, M. Gürtler, M. Segel, A. Van Dervort, J. H. Ryu, Q. P. Peterson, D. Greiner & D. A. Melton, "Generation of functional human pancreatic β cells *in vitro*," *Cell* **159**, 428–439 (2014).

S. P. Pasca, "Assembling human brain organoids," *Science* **363**, 126–127 (2019).

P. J. Pauly, *Controlling Life: Jacques Loeb and the Engineering Ideal in Biology*. University of California Press, Berkeley, 1990.

M. Pera, "Embryogenesis in a dish," *Science* **356**, 137–138 (2017).

M. F. Pera, "Human embryo research and the 14-day rule," *Development* **144**, 1923–1925 (2017).

U. Pfisterer, A. Kikeby, O. Torper, J. Wood, J. Nelander, A. Dufour, A. Björklund, O. Lindvall, J. Jakobsson & M. Parmar, "Direct conversion of human fibroblasts to dopaminergic neurons," *Proceedings of the National Academy of Sciences USA* **108**, 10343–10348 (2011).

B. Pijuan-Sala et al., "A single-cell molecular map of mouse gastrulation and early organogenesis",

Nature **566**, 490-495 (2019).

R. Plomin, *Blueprint: How DNA Makes Us Who We Are*. Allen Lane, London, 2018.

J. Pollak, M. S. Wilken, Y. Ueki, K. E. Cox, J. M. Sullivan, R. J. Taylor, E. M. Levine & T. A. Reh, "ASC1 reprograms mouse Müller glia into neurogenic retinal progenitors," *Development* **140**, 2619–2631 (2013).

J. Qiu, "Chinese government funding may have been used for 'CRISPR babies' project, document suggests", *STAT News* 25 February 2019. https://www. statnews.com/2019/02/25/crispr-babies-study-china-government-funding/

M. C. Raff, "Social controls on cell survival and cell death," *Nature* **356**, 397–400 (1992).

M. C. Raff, "Cell suicide for beginners," *Nature* **396**, 119–122 (1998).

T. Rashid, T. Kobayashi & H. Nakauchi, "Revisiting the flight of Icarus: making human organs from PSCs with large animal chimeras," *Cell Stem Cell* **15**, 406–409 (2014).

A. Regalado, "A new way to reproduce," *MIT Technology Review* 7 August 2017. https://www.technologyreview.com/s/608452/a-new-way-to-reproduce/

A. S. Reynolds, "The redoubtable cell," *Studies in History and Philosophy of the Biological and Biomedical Sciences* **41**, 194–201 (2010).

A. S. Reynolds, "Haeckel and the theory of the cell-state: remarks on the history of a bio-political metaphor," *History of Science*, **Summer, xlvi**, 123–152 (2008b).

A. S. Reynolds, "Amoebae as exemplary cells: the protean nature of an elementary organism," *Journal of the History of Biology* **41**, 307–337 (2008a).

A. S. Reynolds, "The cell's journey: from metaphorical to literal factory," *Endeavour: A quarterly magazine reviewing the history and philosophy of science in the service of mankind* **31**, 65–70 (2007).

A. S. Reynolds, "The theory of the cell state and the question of cell autonomy in nineteenth and early-twentieth century biology," *Science in Context* **20**, 71–95 (2007).

A. S. Reynolds, *The Third Lens: Metaphor and the Creation of Modern Cell Biology*. University of Chicago Press, Chicago, 2018.

A. S. Reynolds & N. Huelsmann, "Ernst Haeckel's discovery of Magosphaera planula: a vestige of metazoan origins?" *History and Philosophy of the Life Sciences* **30**, 339–386 (2008).

A. Rezania, J. E. Bruin, P. Arora, A. Rubin, I. Batushanksy, A. Asadi, S. O'Dwyer, N. Quiskamp, M. Mojibian, T. Albrecht, Y. H. Yang, J. D. Johnson & T. J. Kieffer, "Reversal of diabetes with insulin-producing cells derived *in vitro* from human pluripotent stem cells," *Nature Biotechnology* **32**, 1121–1133 (2014).

N. Rivron *et al.*, "Debate ethics of embryo models from stem cells," *Nature* **564**, 183–185 (2018).

R. E. Rodin & C. A. Walsh, "Somatic mutation in pediatric neurological diseases," *Pediatric Neurology* 10.1016/j.pediatrneurol.2018.08.008 (2018).

A. Rosenfeld, "Challenge to the miracle of life," *Life* 13 June 1969, 38–51.

J. Rostand, *Can Man Be Modified?*, transl. J. Griffin. Basic Books, New York, 1959.

M. Saito & H. Miyauchi, "Gametogenesis from pluripotent stem cells," *Cell Stem Cell* **18**, 721–735

(2016).

Y. Sasai, "Next-generation regenerative medicine: organogenesis from stem cells in 3D culture," *Cell Stem Cell* **12**, 520–530 (2013).

T. Sato, K. Katagiri, T. Yokonishi, Y. Kubota, K. Inoue, N. Ogonuki, S. Matoba, A. Ogura & T. Ogawa, "*In vitro* production of fertile sperm from murine spermatogonial stem cell lines," *Nature Communications* **2**, 472 (2011).

A. K. Seth & M. Tsakiris, "Being a beast machine: the somatic basis of selfhood," *Trends in Cognitive Science* **22**, 969–981 (2018).

M. N. Shahbazi & M. Zernicka-Goetz, "Deconstructing and reconstructing the mouse and human early embryo," *Nature Cell Biology* **20**, 878–887 (2018).

M. N. Shahbazi *et al.*, "Self-organization of the human embryo in the absence of maternal tissues," *Nature Cell Biology* **18**, 700–708 (2016).

Y. Shao, K. Taniguchi, R. F. Townshend, T. Miki, D. L. Gumucio & J. Fu, "A pluripotent stem cell-based model for post-implantation human amniotic sac development," *Nature Communications* **8**, 208 (2017).

J. A. Shapiro, *Evolution: A View from the 21st Century*. FT Press, Upper Saddle River NJ, 2011.

M. Shelley, *Frankenstein*. Second Norton Critical Edition, ed. J. P. Hunter. W. W. Norton, New York, 2012.

H. Shen, "Embryo assembly 101," *Nature* **559**, 19–22 (2018).

M. Simunovic & A. H. Brivanlou, "Embryoids, organoids and gastruloids: new approaches to understanding embryogenesis," *Development* **144**, 976–985 (2017).

V. K. Singh, M. Kalsan, N. Kumar, A. Saini & R. Chandra, "Induced pluripotent stem cells: applications in regenerative medicine, disease modeling, and drug discovery," *Frontiers in Cell and Developmental Biology* **3**, Article 2 (2015).

A. Skardal, T. Shupe & A. Atala, "Organoid-on-a-chip and body-on-a-chip systems for drug screening and disease modeling," *Drug Discovery Today* **21**, 1399–1411 (2016).

R. Skloot, *The Immortal Life of Henrietta Lacks*. Macmillan, London, 2010.

B. Sozen, G. Amadei, A. Cox, R. Wang, E. Na, S. Czukiewska, L. Chappell, T. Voet, G. Michel, N. Jing, D. M. Glover & M. Zernicka-Goetz, "Self-assembly of embryonic and two extra-embryonic stem cell types into gastrulating embryo-like structures," *Nature Cell Biology* **20**, 979–989 (2018).

S. M. Squier, *Babies in Bottles: Twentieth-Century Visions of Reproductive Technology*. Rutgers University Press, New Brunswick NJ, 1994.

S. M. Squier, *Liminal Lives: Imagining the Human at the Frontiers of Biomedicine*. Duke University Press, Durham NC, 2004.

D. Srivastava & N. DeWitt, "*In vivo* cellular reprogramming: the next generation," *Cell* **166**, 1386–1396 (2016).

M. Stadtfeld & K. Hochedlinger, "Induced pluripotency: history, mechanisms, and applications," *Genes and Development* **24**, 2239–2263 (2010).

O. Stapledon, *Last and First Men/Last Men in London*. Penguin, Harmondsworth, 1972.

P. C. Steptoe, R. G. Edwards & J. M. Purdy, "Human blastocysts grown in culture," *Nature* **229**, 132–133 (1971).

Z. Su, W. Niu, M.-L. Liu, Y. Zou & C.-L. Zhang, "*In vivo* conversion of astrocytes to neurons in the injured adult spinal cord," *Nature Communications* **5**, 3338 (2014).

K. Takahashi & S. Yamanaka, "Induced pluripotent stem cells in medicine and biology," *Development* **140**, 2457–2461 (2013).

N. Takata & M. Eiraku, "Stem cells and genome editing: approaches to tissue regeneration and regenerative medicine," *Journal of Human Genetics* **63**, 165–178 (2018).

T. Takebe *et al.*, "Massive and reproducible production of liver buds entirely from human pluripotent stem cells," *Cell Reports* **21**, 2661–2670 (2017).

B. Tasic *et al.*, "Shared and distinct transcriptomic cell types across neocortical areas," *Nature* **563**, 72–78 (2018).

M. Y. Turco *et al.*, "Trophoblast organoids as a model for maternal-fetal interactions during human placentation," *Nature* https://www.nature.com/articles/s41586-018-0753-3 (2018).

J. P. Vacanti, "Tissue engineering and regenerative medicine," *Proceedings of the American Philosophical Society* **151**, 395–402 (2007).

S. C. van den Brink, P. Baillie-Johnson, T. Balayo, A.-K. Hadjantonakis, S. Nowotschin, D. A. Turner & A. M. Arias, "Symmetry breaking, germ layer specification and axial organization in aggregates of mouse embryonic stem cells," *Development* **141**, 4231–4242 (2014).

J. van Dyck, *Manufacturing Babies and Public Consent*. Macmillan, Basingstoke, 1995.

T. Vierbuchen, A. Ostermeier, Z. P. Pang, Y. Kokubu, T. C. Südhof & M. Wernig, "Direct conversion of fibroblasts to functional neurons by defined factors," *Nature* **463**, 1035–1041 (2010).

G. Vogel, "Human organs grown in pigs? Not so fast," *Science* 26 January 2017. http://www.sciencemag.org/news/2017/01/human-organs-grown-pigs-not-so-fast

D. E. Wagner, C. Weinreb, Z. M. Collins, J. A. Briggs, S. G. Megason & A. M. Klein, "Single-cell mapping of gene expression landscapes and lineage in the zebrafish embryo," *Science* 10.1126/science.aar4362 (2018).

C. Waldby & R. Mitchell, *Tissue Economies: Blood, Organs, and Cell Lines in Late Capitalism*. Duke University Press, Durham NC, 2006.

A. Warmflash, B. Sorre, F. Etoc, E. D. Siggia & A. H. Brivanlou, "A method to recapitulate early embryonic spatial patterning in human embryonic stem cells," *Nature Methods* **11**, 847–854 (2014).

R. Weinberg, *One Renegade Cell: The Quest for the Origins of Cancer*. Weidenfeld & Nicolson, London, 1998.

R. Weinberg, "Coming full circle – from endless complexity to simplicity and back again," *Cell* **157**, 267–271 (2014).

D. J. Weiss, M. Elliott, Q. Jang, B. Poole & M. Birchall, "Tracheal bioengineering: the next steps. Proceeds of an International Society of Cell Therapy Pulmonary Cellular Therapy Signature Series Workshop, Paris, France. April 22, 2014," *Cytotherapy* **16**, 1601–1613 (2014).

H. G. Wells, J. Huxley & G. P. Wells, *The Science of Life*. Cassell, London, 1931.

C. Willyard, "Rise of the organoids," *Nature* **523**, 520–522 (2015).

I. Wilmut, K. Campbell & C. Tudge, *The Second Creation*. Headline, London, 2000.

D. Wilson, *Tissue Culture in Science and Society*. Palgrave Macmillan, London, 2011.

J. A. Witkowski, "Alexis Carrel and the mysticism of tissue culture," *Medical History* **23**, 279–296 (1979).

C. R. Woese, "A new biology for a new century," *Microbiology and Molecular Biology Reviews* **68**, 173–186 (2004).

J. Wu *et al.*, "Interspecies chimerism with mammalian pluripotent stem cells," *Cell* **168**, 473–486 (2017).

J. Wu, H. T. Greely, R. Jaenisch, H. Nakauchi, J. Rossant & J. C. Izpisua Belmonte, "Stem cells and interspecies chimaeras," *Nature* **549**, 51–59 (2016).

Y.-Y. Wu, F.-L. Chiu, C.-S. Yeh & H.-C. Kuo, "Opportunities and challenges for the use of induced pluripotent stem cells in modeling neurodegenerative disease," *Open Biology* **8**, 180177 (2019).

J. Xu, Y. Du & H. Deng, "Direct lineage reprogramming: strategies, mechanisms, and applications," *Cell Stem Cell* **16**, 119–134 (2015).

P.-F. Xu, N. Houssin, K. F. Ferri-Lagneau, B. Thisse & C. Thisse, "Construction of a vertebrate embryo from two opposing morphogen gradients," *Science* **344**, 87–89 (2014).

S. Yamanaka, "The winding road to pluripotency," Nobel lecture 2012. https://www.nobelprize.org/prizes/medicine/2012/yamanaka/lecture/

C. Yamashiro, K. Sasaki, Y. Yabuta, Y. Kojima, T. Nakamura, I. Okamoto, S. Yokobayashi, Y. Murase, Y. Ishikura, K. Shirna, H. Sasaki, T. Yamamoto & M. Saitou, "Generation of human oogonia from induced pluripotent stem cells *in vitro*," *Science* 10.1136/science.aat1674 (2018).

D. Yates, "Reprogramming the residents," *Nature Reviews Neuroscience* **14**, 739 (2013).

E. Yong, *I Contain Multitudes*. Random House, London, 2016.

E. Yong, "A reckless and needless use of gene editing on human embryos," *The Atlantic* 26 November 2018. https://www.theatlantic.com/science/archive/2018/11/first-gene-edited-babies-have-allegedly-been-born-in-china/576661/

E. Yong, "The CRISPR baby scandal gets worse by the day," *The Atlantic* 3 December 2018. https://www.theatlantic.com/science/archive/2018/12/15-worrying-things-about-crispr-babies-scandal/577234/

R. Zhang, P. Han, H. Yang, K. Ouyang, D. Lee, Y.-F. Lin, K. Ocorr, G. Kang, J. Chen, D. Y. R. Stainier, D. Yelon & N. C. Chi, "*In vivo* cardiac reprogramming contributes to zebrafish heart regeneration," *Nature* **498**, 497–501 (2013).

Q. Zhou, J. Brown, A. Kanarek, J. Rajagopal & D. A. Melton, "*In vivo* reprogramming of adult pancreatic exocrine cells to β-cells," *Nature* **455**, 627–632 (2008).

C. Zimmer, *She Has Her Mother's Laugh*. Picador, London, 2018a.

C. Zimmer, "Carl Zimmer's Game of Genomes," *STAT News* 2018b. https:// www.statnews.com/feature/game-of-genomes/season-one/